JN239473

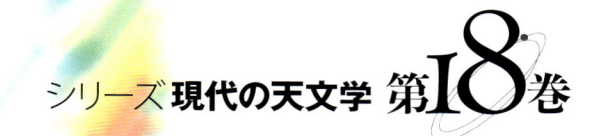

シリーズ **現代の天文学 第18巻**

アストロバイオロジー

田村元秀・井田 茂・田近英一・山岸明彦 [編]

Modern Astronomy Series

日本評論社

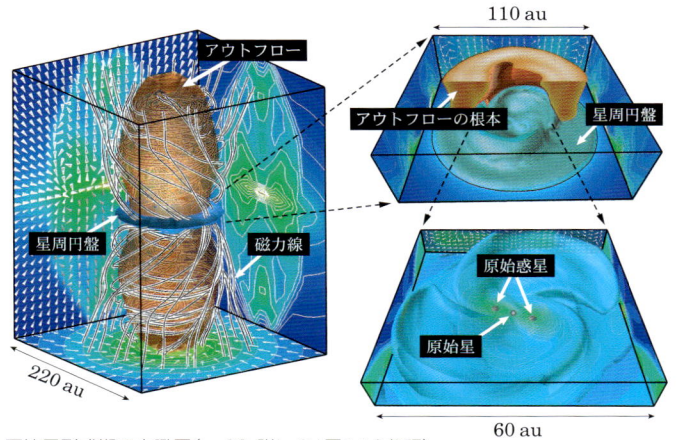

□絵1　原始星形成期の鳥瞰図（p. 33, 詳しくは図1.13参照）

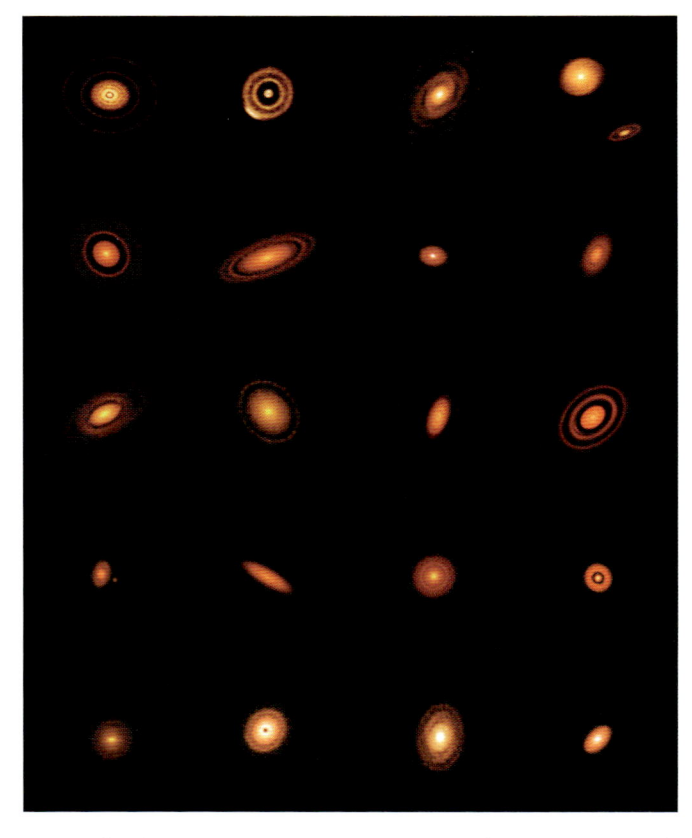

□絵2　DSHARPプロジェクトによる20天体の原始惑星系円盤のダスト連続波放射のサブミリ波画像
(p. 45, ALMA（ESO/NAOJ/NRAO）, S. Andrews *et al.* ; NRAO/AUI/NSF, S. Dagnello)

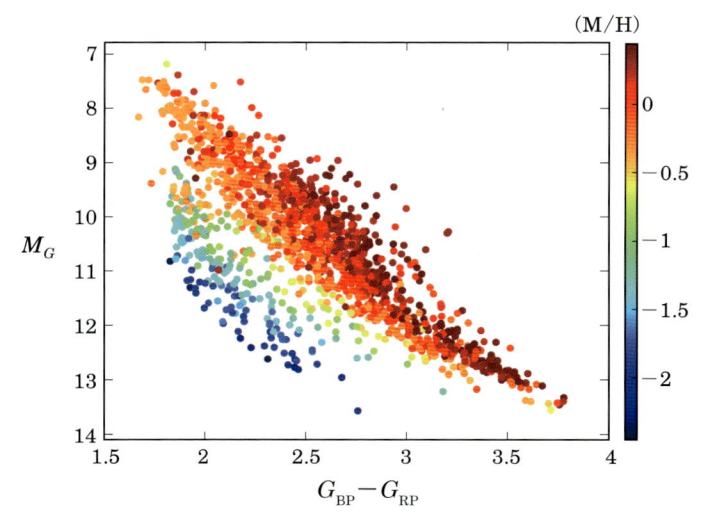

□絵3　太陽系近傍のM型矮星1474天体の色等級図 (p. 58, Hejazi *et al.* 2020, *AJ*, 159, 30). ガイア衛星の測光による. 分子吸収帯の強さから見積もった金属量 (M/H) との対応関係が示されており, 低金属量の星がこの図の左下に位置している. M_G と $G_{BP} - G_{RP}$ は, それぞれガイア測光システムによる絶対等級と色指数を表す

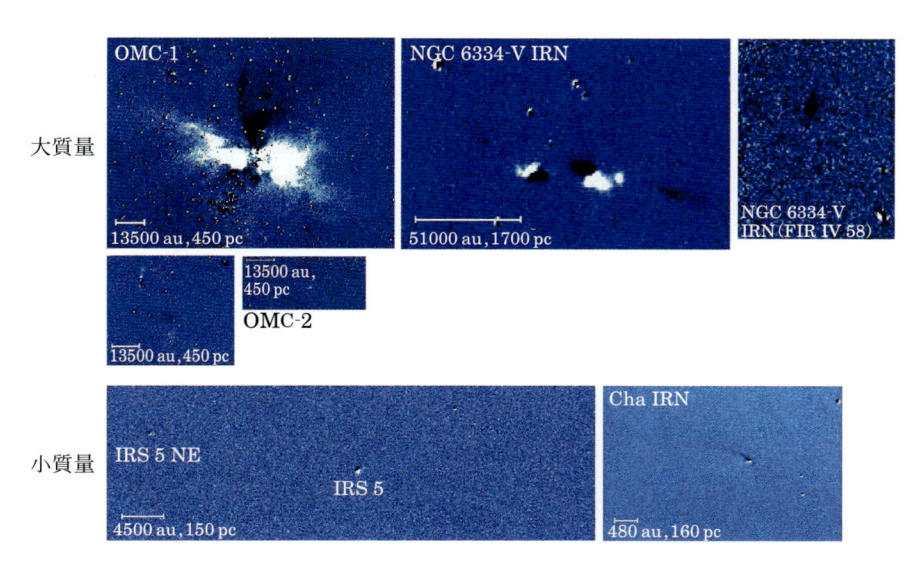

□絵4　さまざまな質量の中心星を含む星惑星形成領域の赤外円偏光 (p. 137, Kwon *et al.* 2013, 2014 ほか). 白がプラス, 黒がマイナス, 青がゼロの円偏光度をあらわす

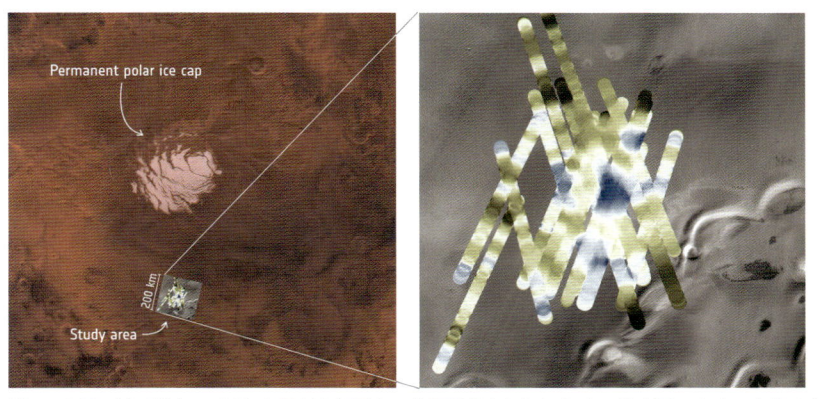

□絵5　火星の地下湖（p. 183）.左図が南極冠との位置関係をあらわす.右の拡大図の中央の青色の部分が電波の反射が強く液体の水が存在すると考えられる領域.中心の三角形に見える領域が地下湖と考えられる（Orosei *et al.* 2018, ESA/NASA）

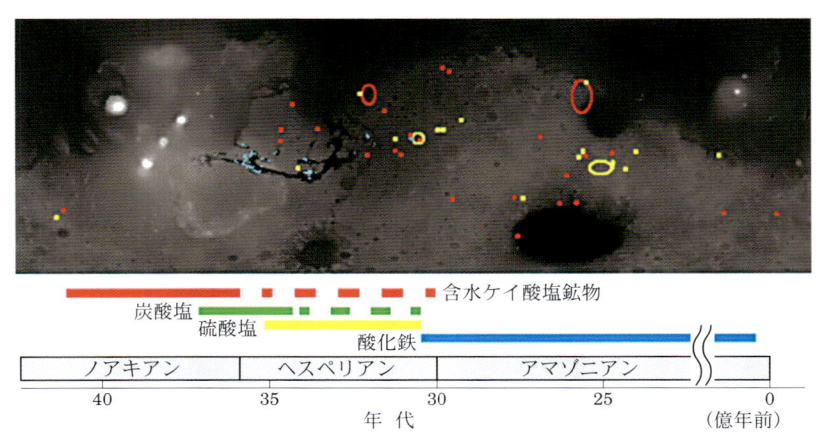

□絵6　変質鉱物の分布図（上）.鉱物種の色分けは地質年代区分図（下）に示されたものと対応している（p. 184, Bibiring *et al.* 2006 およびEhlmann *et al.* 2014 を基に作成）

□絵7　キュリオシティローバーによって撮影された,湖底堆積物層に発達した硫酸塩などからなる脈（白い部分）（p. 188, NASA/JPL-Caltech/MSSS）

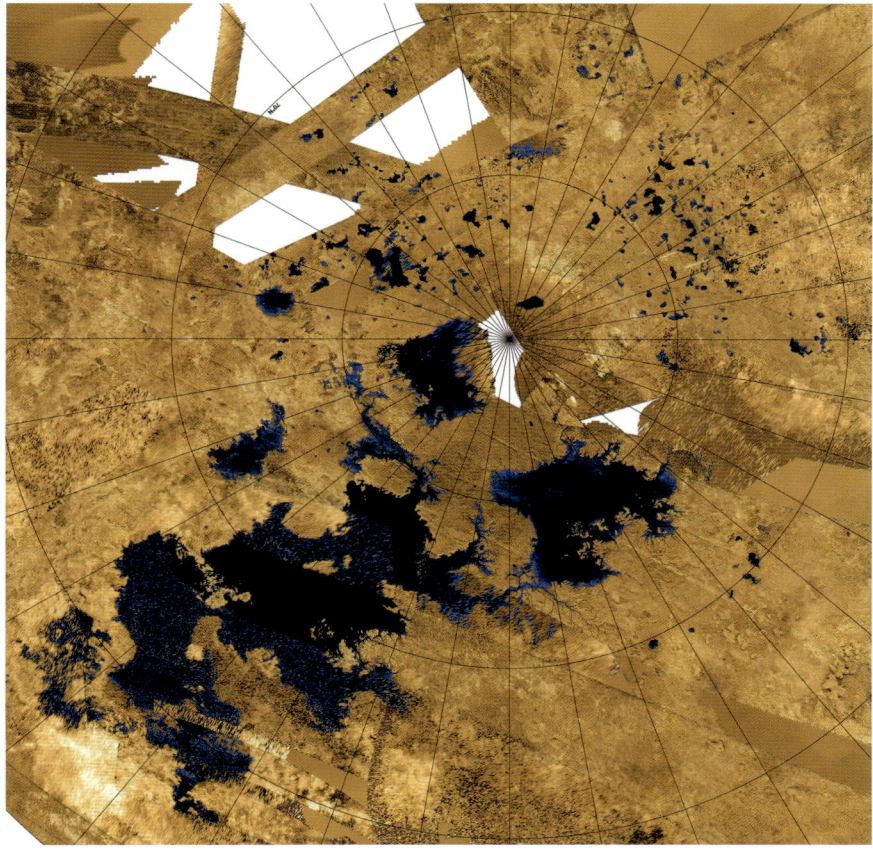

□絵8［左頁上］　地下海とプルーム活動をもつ土星氷衛星エンセラダスの表面と断面モデル図（p. 202, NASA）
□絵9［左頁下］　カッシーニが赤外線・電波で観測した土星衛星タイタン地表に存在する液体メタンの海と湖
　　　　　　　（p. 213, NASA）
□絵10［上左］　超炭素質南極微隕石（p. 218, Yabuta *et al.* 2017）
□絵11［上右］　「はやぶさ2」が探査した小惑星リュウグウ（p. 226,©JAXA, 東大など）.
□絵12［下］　「はやぶさ2」が持ち帰ったリュウグウの石. 第1回目の着地で採取された試料（p. 227,©JAXA）.

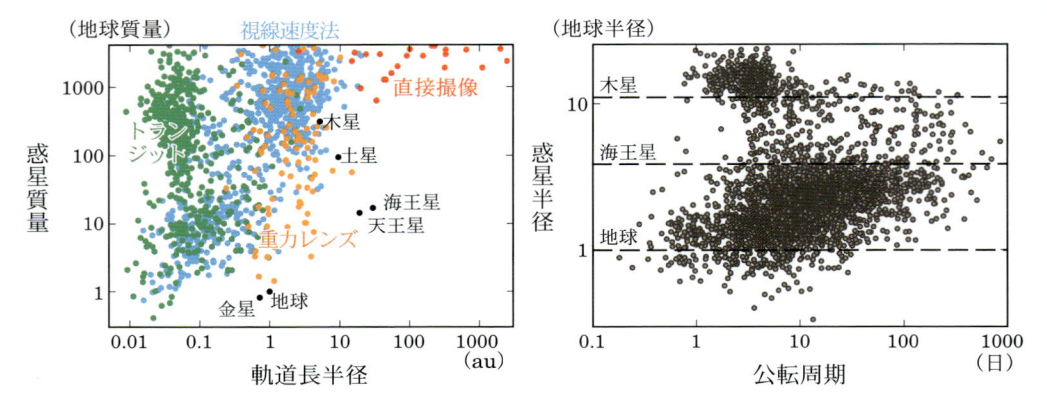

□絵13　これまでに発見された太陽系外惑星の分布（p. 249）．左図: 惑星質量と軌道長半径の関係（色の違いは惑星の発見方法に対応），右図: 惑星半径と公転周期の関係．データはNASA Exoplanet Archive 参照

□絵14　Pale Blue Dot（p. 271, NASA）．地球は，右側の茶色の帯の真ん中近くに見える青白い小さな点にしか見えない

はじめに

　アストロバイオロジーの定義は，生命の起源・進化・分布・未来について，地球上のみならず地球外に関しても研究する学問，とされている．我々の「世界」の外にも生命はあるのかという問いは，2500 年以上前の古代ギリシャ時代からあったように，アストロバイオロジーのテーマ自身は古くて根源的なものである．一方，アストロバイオロジーという言葉自体の誕生は新しく，後にニュージーランド大学の学長を務めたブラウン（John Macmillan Brown）が 1903 年にスウェーベン（Godfrey Sweven）のペンネームで書いた SF 小説 *Limanora: The Island of Progress* の中で最初に使われた言葉のようである．さらに，その言葉を最初に「定義」したのは，フランスのスタンフェルド（Ary Sternfeld）とされる．興味深いことに，彼は 1935 年にフランスの科学誌 *La Nature* の記事の中で，自然科学と天文学の進展は，異世界におけるハビタビリティ（生命生存可能性）を議論する新しい学問，アストロバイオロジー，を生み出すと書いた．これこそ，「現代」のアストロバイオロジーの定義そのものに合っており，時代に先駆けた予言であったと言えるだろう．

　実際，20 世紀中葉になると生物学と宇宙科学の両面で大きな進展があった．生物学では，1953 年のワトソンとクリックによる DNA の二重らせん構造の発見を契機とした研究の発展により分子生物学という新しい学問分野が誕生した．また，同年のミラーとユリーによるアミノ酸合成実験などにより，生命の起源に向けた科学的アプローチが開始された．宇宙科学でも，米露の熾烈な宇宙競争を背景に，1957 年のスプートニク 1 号の打ち上げから，わずか 10 年強でアポロ 11 号による人類の月面到達が実現された．また，1960 年はドレーク（Frank Drake）による地球外知的生命探査のオズマ計画が開始された年でもあった．

　アストロバイオロジー（astrobiology）という用語は今日，もっとも一般的であり，本書ではこれを用いることにした．この分野は，過去には exobiology，cosmobiology，bioastronomy とも呼ばれたが，今ではいずれも限定的な使用に留まっている．Exobiology は，ノーベル医学生理学賞受賞者である米国の医学

者レーダーバーグ（Joshua Lederberg）が提案した．NASA は，1959 年に最初の exobiology プロジェクトをサポートし，1970 年代のバイキング計画による火星における生命探査に繋がった．しかし，期待された火星生命の証拠は発見されず，1960–70 年代の数多くの太陽系内天体探査の後は，スローガンとしてはいったん下火となった．

　ブルックリン大学のラフレール（Laurence J. Lafleur）は 1941 年に「Astrobiology」というタイトルの記事を *Leaflets of the Astronomical Society of the Pacific* に出版した．ここでは地球外の生命が対象とされた．用語の初出としては，これを引用することも多い．同じく 1940 年代に，ロシアの天文学者チホフ（Gavriil Adrianovich Tikhov）も火星上の植物の探査に astrobotany や astrobiology という言葉を用いた．その後，1995 年に NASA のハントレス（Wesley Huntress）らが改めて astrobiology という用語を広めた頃には，太陽系外惑星の発見（1995 年，2019 年度ノーベル物理学賞），火星隕石中の生命の化石ではないかという報告（1996 年），土星の衛星エウロパの地下海仮説（1998 年），極限環境微生物学の発展など，アストロバイオロジーの諸分野は質的にも量的にも新展開を遂げるタイミングが訪れていた．生命科学の立場から見たアストロバイオロジーの歴史の詳細については 2.1 節を参照されたい．

　このように，「現代」のアストロバイオロジーはまだ 20 数年の歴史しかない新しい科学といってよい．しかし，この間のアストロバイオロジーの進展は著しく，20 数年間でそれぞれの分野も大きな発展を遂げた．なかでも太陽系外惑星の研究により，わずか 30 年弱で 5000 個を優に超える惑星が発見され，なかには地球に似た環境を持つ可能性のある近傍の惑星も発見されるなど，現代天文学でももっともホットな分野のひとつとなっている．まさに天文学の枠を超える広大なアストロバイオロジー分野ではあるが，現代の天文学シリーズの一巻として著されるべき好機がきたといっても良いだろう．このようなアストロバイオロジーの究極の目的は，地球の生物だけを対象とする従来の生物学を超えた，宇宙を舞台とする普遍的生物学の創成でもある．

　本書は，広くアストロバイオロジーに興味を持つ学生や研究者を対象に書かれた教科書である．そのため，生物学に詳しくない天文学分野の人にも，天文学以外の分野の人にも分かりやすいように配慮した．また，新しい分野であるため日

本語の専門書は限られているので，本シリーズでは特例ではあるが，巻末の参考文献には欧文の原著論文やレビュー論文も含めた．また，用語の定義など分野による違いがある場合は相互参照をするようにした．

第1章は，生命を育むもっとも大きな器である宇宙の紹介から始まる．138億年の宇宙史において，生命の材料である元素の起源や分子・ダストの理解を深め，太陽系や地球のような惑星の起源に迫る．また，生命の環境を規定する恒星の知識を得ることができる．

第2章は，生命とは何かを理解するために，アストロバイオロジーの歴史を含む生命科学の紹介を筆頭に，地球上の生命の進化を振り返り，地球上および系外惑星における光合成を議論する．また，量子生物学に関する2つのトピック，地球上の極限環境生物と生命の起源，生命のホモキラリティと宇宙との関係，人工生命の考察を扱う．

第3章は，地球に次いでもっとも身近な研究対象である太陽系内天体における生命の可能性とハビタビリティを議論している．太陽系内のハビタブルと考えられる環境の中でも，本書ではおもに火星・氷天体・彗星・隕石と地球そのものにおけるアストロバイオロジーを紹介する．

第4章は，再び太陽系を超えた場が舞台となる．将来的には，無限の生命研究の場を提供しうる太陽系外の天体，とりわけ，最近の進展が著しい太陽系外惑星の観測とそこにおける生命の可能性に迫る研究の最新の知見をまとめている．さらに進んで，知的生命探査への期待や，将来の最近傍恒星におけるその場探査のための恒星間飛行の紹介の後に，宇宙と生命の未来が語られる構成となっている．

それでは，アストロバイオロジーという大海への船出の時が来たようだ．

To boldly go! And, bon voyage!

2024 年 7 月

田村元秀

目次背景画像：7つの地球型惑星を持つトラピスト-1惑星系の想像図（NASA）
章タイトル背景画像：「第二の金星」と呼ばれる地球型惑星グリーゼ12bの想像図.
系外惑星上の生命の兆候を探る上で重要な天体である（NASA）

第 I 章

宇宙における生命の材料とその環境

1.1 宇宙史と元素の起源

1.1.1 宇宙と人体の元素組成

　生命は元素からできている．これはあえて言うまでもないほど自明である．しかし少し角度を変えて，生命はいかなる元素からつくることができるのか，と問いかけるならば，途端に誰にも答えられない大難問になる．宇宙あるいはこの地球上で比較的多く存在する元素の中から，生体高分子をつくる性質を備えたものが選ばれた，と考えるのが自然であろう．

　表 1.1 に，太陽，地球（のマントル），海水，人体を構成する代表的な元素の相対的質量存在比を示す．人体の質量の 60% 以上を占める水は，酸素と水素からなる．さらに，生体分子は炭素を主成分とする有機化合物からなる．有機化合物は無機化合物の約 50 倍以上もの異なる種類があるが，それは炭素原子の 4 方向の結合手のおかげで多様な立体構造をもつ分子が構築できるためである．

　さて，これはどこまで「地球上の」生命だけに限られる特殊事情なのだろうか．最終的には，地球外生命を発見して検証する，あるいは，地球上で普遍的な人工生命を誕生させる，といったブレイクスルーがない限り，正解はわからない．一方で，表 1.1 から明らかなように，宇宙に存在する主要元素[*1]が，人体

[*1] 通常は，太陽の元素組成によって代表させるが，銀河系内の恒星のスペクトル観測によって，それらの元素組成も，ほぼ太陽組成に近い分布にしたがっている．

表 1.1　太陽，地球のマントル，海水，人体を構成する代表的な元素の相対的質量存在比．カッコ内の地球の水素と炭素は大気の値を示しており，それら以外は，存在比の順に並べてある（1.2 節も参照）．

太陽	(%)	地球	(%)	海水	(%)	人体	(%)
水素	70.7	酸素	48.9	酸素	85.8	酸素	65
ヘリウム	27.4	ケイ素	26.3	水素	10.8	炭素	18
酸素	0.96	アルミニウム	7.7	塩素	1.9	水素	10
炭素	0.31	鉄	4.7	ナトリウム	1.1	窒素	3
ネオン	0.17	カルシウム	3.4	マグネシウム	0.13	カルシウム	1.5
鉄	0.14	ナトリウム	2.7	硫黄	0.09	リン	1.2
窒素	0.11	カリウム	2.4	カルシウム	0.04	カリウム	0.2
ケイ素	0.07	マグネシウム	2.0	カリウム	0.04	硫黄	0.2
マグネシウム	0.07	（水素）	0.74	臭素	0.007	塩素	0.2
硫黄	0.04	（炭素）	0.02	炭素	0.003	ナトリウム	0.1

（地球生命）の主成分と一致していることは示唆的である．ただし，炭素や窒素など，人体と地球・海水と存在比が大きく異なるものもあることは注意されたい（1.2 節参照）．

　以下の節で紹介するように，これら，水素，ヘリウム，酸素，炭素は，宇宙の熱的歴史と天体形成史のなかで合成された元素である．宇宙を支配するその初期条件と物理法則の帰結であるという意味において，地球あるいは太陽系といった特殊な場所に限らない普遍性をもつ．とすれば，地球外生命もまた，宇宙でもっとも普遍的なこれらの元素を利用していると予想するのは，決しておかしなことではない[*2]．

1.1.2　元素合成の現場：宇宙初期と恒星内部

　物理法則にしたがって多種多様な元素がこの宇宙に存在すること自体は不思議ではない．問うべきなのは，それらがいつどこでどのようにして形成されたの

[*2] ちなみに，宇宙で水素に次いで 2 番めに多いヘリウムは，極度に安定な原子であるため，分子を構成することができない．したがって，生命はヘリウムを利用することが困難なのである．表 1.1 に示されているように地球上にはほとんど存在しないため，ヘリウムは太陽の輝線として発見され（1868 年），その後元素として同定された．そのため太陽にちなんでヘリウムと名付けられている．

か，すなわち元素の「起源」である．

数ある元素のなかでもっとも単純なものは，一個の陽子をその原子核とする水素である．仮に，宇宙に水素原子しかないとすればむしろ不思議ではないかもしれない．実際，地上で人工的に元素を創ることは容易ではない．陽子同士のクーロン反発力を乗り越えて核反応を起こし，さらに重い原子核を合成するためには超高温・高密度の状態が必要である．地上での核融合が（少なくとも現時点では）実現される見込みがきわめて薄いのはそのためである．一方，宇宙においては，初期宇宙あるいは恒星の中心部でそのような状態が実現している．

まず，宇宙の元素合成に関する重要な先駆的研究例を年代に沿って並べておこう．

1920 年 エディントン（A. Eddington）：恒星内部の水素の核融合によってヘリウムが合成され，さらに次々と核反応が進むことで重元素が生み出される可能性を提案．

1938 年 ベーテ（H. Bethe）：恒星内部で水素から重水素，さらにそれらからヘリウムが合成される核反応の詳細な経路を明らかにした．

1946 年 ガモフ（G. Gamow）：初期宇宙がほぼ中性子から成り立っていると仮定し，すべての原子核を高温・高密度の「原始火の玉」宇宙で合成するアイディアを提案．

1957 年 バービッジ（M. Burbidge），バービッジ（G. Burbidge），ファウラー（W. Fowler），ホイル（F. Hoyle）：恒星内部での元素合成理論の古典ともいえる研究の集大成を発表．

エディントンは，恒星内部の物理的理解という動機のもとに，恒星のエネルギー源として水素からヘリウムへの核融合というアイディアを提案した．この時期は量子力学の勃興期でしかなかったこと，さらには第一次世界大戦中にあったことをも考えれば，驚くべき独創性である．ただ具体的な核反応過程の特定には量子力学の完成が必要であった．それが天文学者ではなく物理学者であったベーテが初めて成し遂げることのできた理由である．

恒星のエネルギー源の解明の結果としての元素合成ではなく，そもそも宇宙における元素の存在比を説明しようという立場から初期宇宙における元素合成を提案したのがガモフである．つまりビッグバン宇宙論とはそもそも元素の起源を説

明するために考えられたものであると言っても良いくらいだ．ガモフは，初期宇宙はほとんど中性子で満たされていると仮定した[*3]．中性子間にはクーロン力が働かないので，重元素の原子核も合成しやすい．そのため，現在の元素をすべて宇宙初期に一挙に合成しようと考えたのだった．この理論は，その後，彼の学生であったアルファー（R. Alpher）と，ベーテ，　ガモフ の 3 人の連名で発表され，その頭文字から $\alpha\beta\gamma$ 理論と呼ばれている．

　しかし，水素（陽子 1 個，質量数 1），ヘリウム（陽子 2 個 ＋ 中性子 2 個，質量数 4），リチウム（陽子 3 個 ＋ 中性子 4 個，質量数 7），ベリリウム（陽子 4 個 ＋ 中性子 5 個，質量数 9），ホウ素（陽子 5 個 ＋ 中性子 6 個，質量数 11），炭素（陽子 6 個 ＋ 中性子 6 個，質量数 12），・・・ というように，自然界には質量数 5 と 8 をもつ安定元素が存在しない．したがって，ヘリウムが合成されたとしても，水素とヘリウム，あるいは 2 つのヘリウムから安定元素を合成することは困難である．このボトルネックのために，宇宙初期ではヘリウムより重い元素を合成することはできない．

　さらに，初期宇宙が中性子を主成分としているという仮定はもちろん正しくない．林忠四郎は，弱い相互作用の理論を宇宙初期に適用すればこの原始物質の組成は物理法則によって決まることを見抜いた．その結果，元素合成が開始される時期の宇宙の「始原的物質」は陽子と中性子が個数密度にして 6：1 の組成であることを発見した．この値によれば，現在の宇宙においてヘリウムの質量存在比が約 1/4 であるという観測事実を見事に説明する（図 1.1）．

　このような研究を経て，ヘリウムまでの軽元素は宇宙初期で，それ以上の重元素は恒星内部で，という元素の起源が確立した．前者はビッグバン元素合成と呼ばれている．後者の物理過程を確立したのが，バービッジ夫妻，ファウラー，ホイルの 4 人による 1957 年の論文である．この中で，ノーベル賞を受賞したファウラーを除く 3 人は，ビッグバンモデルを否定し，宇宙は膨張してはいるが進化せず時間的にはいつ見ても同じであるという「定常宇宙論」を強く主張した．そもそも，ビッグバンとは，「あのドカンと爆発するとかいうトンデモ説」という揶揄をこめてホイルが命名したものである[*4]．

　[*3] ガモフは，この始原的物質を，あらゆる物質のもととなる原始物質という意味のイレム（Ylem）と名付け，好んで使用した．

　[*4] ガモフは，原始火の玉モデルと呼んでいた．

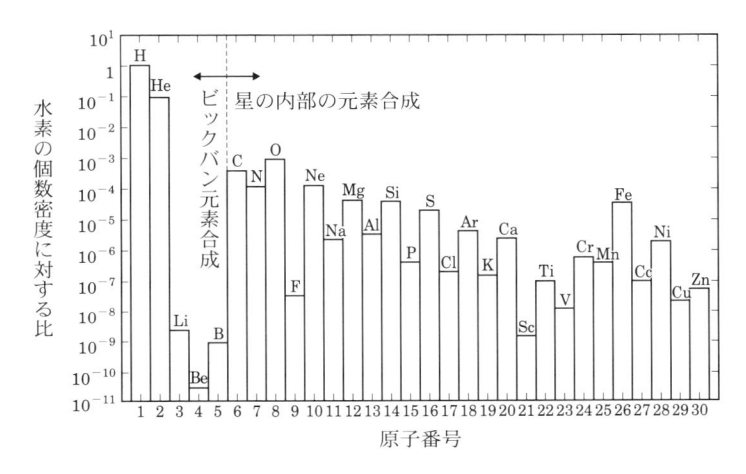

図 **1.1**　太陽近傍の存在する元素の個数密度の水素に対する相対
比（須藤靖 2020 より）

　実際，その当時ビッグバンモデルは必ずしも受け入れられてはいなかった．
1958 年に世界中の主要な物理学者を集めて開催された「宇宙の構造と進化」に
関するソルベイ会議にガモフが招待されなかったのは，定常宇宙論への反対者の
筆頭であったためとされている．

　ちなみに，原子核が合体してより大きな原子核が形成されるためには，陽子同
士のクーロン斥力が障壁となる．この原子核反応では，このクーロン障壁を考慮
した量子トンネル効果の計算が重要であるが，それを初めて行ったのはガモフで
ある．また，1965 年の宇宙マイクロ波背景放射の発見以来，ビッグバンモデル
は今や完全に確立している．この業績に対してペンジアス（A. Penzias）とウィ
ルソン（R. Wilson）は 1978 年にノーベル賞を受賞したが，個人的にはもしガ
モフが存命であれば彼も共同受賞したのではないかと考える．

　一方，1983 年にファウラーがノーベル賞を受賞した（1.1.4 節参照）際に，ホ
イルが共同受賞しなかったことに驚いた天文学者は多い．これはホイルの性格と
最後まで強硬にビッグバンを否定していたことが関係しているのではないかとい
う説がある．このように，元素の起源をめぐる研究の歴史は，ビッグバンと定常
宇宙論に関するガモフとホイルの論争が深く関わっている．

1.1.3 ビッグバン元素合成と軽元素の起源

宇宙が誕生して約 1 分経過した頃から，

$$p + n \rightarrow D + \gamma \tag{1.1}$$

という反応によって重水素 D（陽子 1 個＋中性子 1 個）が合成され始める．ただし重水素は

$$D + D \;\rightarrow\; n + {}^3He, \qquad {}^3He + D \rightarrow p + {}^4He \tag{1.2}$$
$$D + D \;\rightarrow\; p + {}^3H, \qquad {}^3H + D \rightarrow n + {}^4He \tag{1.3}$$
$$D + D \;\rightarrow\; \gamma + {}^4He \tag{1.4}$$

という反応を通じて，順次，三重水素 ${}^3H$（陽子 1 個 ＋ 中性子 2 個），${}^3He$（陽子 2 個 ＋ 中性子 1 個），を経て ${}^4He$（陽子 2 個 ＋ 中性子 2 個）になり，重水素形成直前にあった中性子は実質的にはほとんどすべて ${}^4He$ となる[*5]．

すでに述べたように自然界では，水素，ヘリウム，の次は，リチウム（質量数 7），ベリリウム（質量数 9），ホウ素（質量数 11），となっており，質量数 5，あるいは 8 の安定元素は存在しない．このため，水素とヘリウムだけからの 2 体反応では，さらにより重い原子核を作ることは困難で，宇宙初期に生成される元素は，

$$ {}^4He + {}^3H \;\rightarrow\; {}^7Li + \gamma, \tag{1.5}$$
$$ {}^4He + {}^3He \;\rightarrow\; {}^7Be + \gamma, \qquad {}^7Be + e \rightarrow {}^7Li + \nu_e \tag{1.6}$$

などを通じて生成されるリチウム（${}^7Li$）までに限られる．

1.1.4 恒星内部でのトリプルアルファ反応と重元素の起源

水素とヘリウムの 2 体反応の積み重ねによって重元素合成が進行しない事情は，宇宙初期のみならず恒星内部でも同じである．しかしこれでは生命の基本構成元素である炭素（質量数 12）が合成されないことになる．ただし，温度と密度が時間とともに急速に減少する宇宙初期とは異なり，恒星内部は高温高密度の状態が長時間維持される．そのため，適切な核反応経路が存在すれば，時間をかけて炭素，さらに重元素を合成できるであろう．

[*5] ここでは元素記号は電子を含む中性原子ではなく，その元素の原子核の意味で用いられている．

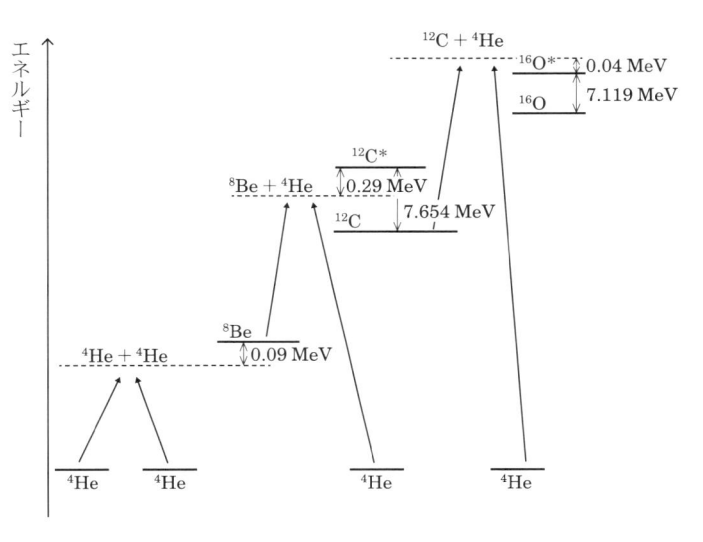

図 1.2 トリプルアルファ反応に関連するエネルギーレベルの比較（須藤靖『ものの大きさ：自然の階層・宇宙の階層［改訂版］』，東京大学出版会）

このように考えたホイルは，当時知られていなかった以下の経路（トリプルアルファ反応）を提案した．

$$^4\mathrm{He} + {}^4\mathrm{He} \rightarrow {}^8\mathrm{Be} \quad (-0.09\,\mathrm{MeV}), \tag{1.7}$$

$$^8\mathrm{Be} + {}^4\mathrm{He} \rightarrow {}^{12}\mathrm{C}^* \quad (-0.29\,\mathrm{MeV}), \tag{1.8}$$

$$^{12}\mathrm{C}^* \rightarrow {}^{12}\mathrm{C} + \gamma \quad (+7.65\,\mathrm{MeV}). \tag{1.9}$$

図 1.2 に示されているように，基底状態にある 2 つの $^4\mathrm{He}$ のエネルギーの総和は，質量数 8（陽子 4 個，中性子 4 個）のベリリウム（$^8\mathrm{Be}$）の基底状態のエネルギーにきわめて近い．そのため，0.09 MeV 以上の運動エネルギーをもつ $^4\mathrm{He}$ が衝突すれば，ある割合で（1.7）式の右辺の $^8\mathrm{Be}$ が合成される．しかしながら，この $^8\mathrm{Be}$ は不安定[*6]で，わずか 10^{-16} 秒程度の半減期で $^4\mathrm{He}$ 2 つに崩壊してしまうため，その前に 3 つめの $^4\mathrm{He}$ が $^8\mathrm{Be}$ と衝突しなくては炭素合成反応が進まない．

[*6] 安定なベリリウムは質量数 9（陽子 4 個，中性子 5 個）の $^9\mathrm{Be}$ である．

　たとえば太陽のような恒星の中心部で水素の核融合を終え，ヘリウムが主成分となったとする．その場合の星の中心温度は約 1 億度（エネルギーに換算すると 0.1 MeV），すなわち（1.7）式で ^{8}Be を合成するために必要な温度となっている．この場合，高エネルギーで飛び回っている ^{4}He 同士が衝突して ^{8}Be を合成する一方で，^{8}Be は崩壊して ^{4}He となる．その結果（1.7）式の反応は一方的に進むのではなく，星の内部では平均的にその右辺と左辺がつり合った平衡状態が実現する．言い換えれば，そのような星の内部にはごく微量ではあるもののつねにある割合の ^{8}Be が存在しているのだ．そのため，星の内部ではヘリウムは衝突しているというよりも，時間をかけてじわじわと燃焼しているようなイメージがふさわしい*7．したがって，十分時間をかけさえすればそのわずかな ^{8}Be に ^{4}He が衝突することは起こりうる．

　ところが ^{4}He–^{8}Be 系のエネルギーは，炭素 ^{12}C の基底状態のエネルギーよりもはるかに大きいため（図 1.2），このままでは運良く ^{4}He と ^{8}Be が衝突したとしても，それらが ^{12}C になる確率はきわめて低い．そこでホイルは「人間が誕生するために必須の炭素が合成されている以上，それを可能とする未知の反応経路があるに違いない」と考えて，^{4}He–^{8}Be 系のエネルギーすぐ近くに炭素の準安定状態 ^{12}C* があるはずだと予想した．その場合，（1.8）式のように，衝突した ^{4}He と ^{8}Be はいったん ^{12}C* となる．その後（1.9）式のように，エネルギー（光）を放出して安定な基底状態の ^{12}C となる．このように当時知られていなかった ^{12}C* の存在を仮定すれば，原子核反応のエネルギー的な共鳴を通じて炭素の合成が可能となる．

　実際，ホイルの助言のもとに行われた原子核実験によって，まさに彼が予言した通りのエネルギーをもつ炭素の共鳴状態 ^{12}C* の存在が確認された．この反応は，実質的に 3 つのヘリウム（α 粒子）が同時に衝突して炭素を合成する過程であることから，トリプルアルファ反応と呼ばれ，恒星内部の炭素合成反応として確立した．この業績に対して，ホイルの共同研究者であったファウラーが 1983 年のノーベル物理学賞を受賞したのである．

　ところで，この炭素はさらにヘリウムと衝突して

---

　*7 実際，天文学では，太陽の内部の水素からヘリウムへの核融合反応を水素燃焼と呼ぶ．さらにその水素燃焼が終わった後の赤色巨星段階でのヘリウムから重元素合成をヘリウム燃焼と呼ぶ．

$$^{12}\text{C} + ^4\text{He} \rightarrow ^{16}\text{O} + \gamma \quad (+7.16\,\text{MeV}) \tag{1.10}$$

という反応を通じて，炭素とほぼ同程度の酸素が合成される．

ちなみに，^{6}Li, ^{9}Be, ^{10}B, ^{11}B は，恒星内部で合成され宇宙空間にまき散らされた C, N, O と，宇宙線（陽子とヘリウムが主成分）との衝突による破砕反応：

$$^4\text{He} + ^4\text{He} \rightarrow ^6\text{Li} + \text{p} + \text{n} \tag{1.11}$$

$$\text{p} + ^{12}\text{C} \rightarrow ^{11}\text{B} + 2\text{p} \tag{1.12}$$

$$\text{p} + ^{14}\text{N} \rightarrow ^9\text{Be} + ^4\text{He} + 2\text{p} \tag{1.13}$$

$$^4\text{He} + ^{12}\text{C} \rightarrow ^7\text{Li} + 2\,^4\text{He} + \text{p} \tag{1.14}$$

$$^{14}\text{N} + \text{p} \rightarrow ^{10}\text{B} + 3\text{p} + 2\text{n} \tag{1.15}$$

によって形成されると考えられている．

1.1.5 元素組成の普遍性とバイオシグネチャー探査

本章では，現在の宇宙に存在する元素が宇宙の進化史と密接に関係していることを紹介してきた．宇宙の大部分を占める水素とほとんどのヘリウムは，誕生後わずか数分間の初期宇宙において合成されたものである．炭素以上の重元素は大質量星の内部で合成され，星の進化の最終段階である超新星爆発によって宇宙全体にばらまかれた．それらを材料として生まれた恒星は，再びその内部で元素を合成しやがてそれらを宇宙空間に撒き散らす．この一連の天体の形成史の繰り返しによって元素が宇宙全体に循環し，その一部がやがて生命の構成物質となる．

この事実は，世界的ベストセラーとなったセーガン（C. Sagan）の『コスモス』の中で

> "The nitrogen in our DNA, the calcium in our teeth, the iron in our blood, the carbon in our apple pies were made in the interiors of collapsing stars. We are made of starstuff."

と表現されている．日本語で「我々は星の子供」と訳されることもあるこの言葉は，宇宙生物学の文脈においても重要な示唆に富んでいる．表 1.1 に示したように，地球上の生命が宇宙でもっとも多く存在する元素である，水素，酸素，炭素を主成分としているという事実は，それが決して地球だけの特殊な性質ではなく，

より一般に宇宙に存在するであろう生命でも普遍的に成り立つ可能性を強く示唆している．実際，炭素と酸素を合成する物理過程は，偶然に左右されたものではなく，物理法則に支配された必然的なものであることが明らかになっている．

　宇宙における生命に予想もつかない多様性があるのは当然だ．第 0 近似として何らかの普遍性を仮定して探査を実行することも必要である．地球外生命が地球生命と同じ RNA や DNA，さらには同じ 20 種類のアミノ酸を用いているかどうかはわからない．それらは，物理法則だけで決まったわけではなく，誕生と進化における偶然の産物かもしれないからである．しかし，この宇宙における元素組成の普遍性を前提とすれば，地球外生命が地球生命と同じく宇宙でありふれた元素を積極的に利用し，また地球とそれなりに似た環境のもとで誕生・進化すると考えても，さほど不自然ではなかろう．その意味において，遠くの系外惑星に，地球上に大量に存在する酸素分子や水分子を検出することは，天文学的なバイオシグネチャー（生命の兆候）探査の第一歩である．詳しくは 4.2, 4.4 節を参照されたい．

1.2　星間ダストと星間分子

　前節のように，ほぼ水素とヘリウムで構成された誕生から間もない宇宙に，恒星が誕生すると，恒星進化の過程で重元素の合成が進み，それらは恒星の終焉とともに星周空間に拡散する．そうした恒星の一生が世代を重ね何度も繰り返されることで，銀河の星間空間は化学的に豊かな姿となる．特に，太陽系が有機物を有するに至った過程を理解する試みは，古くから人類にとって好奇心の対象であったが，現代の天文学においても重要な研究課題である．近年の電波や赤外線波長域の観測技術の進展を背景に，星間有機物に関する研究はめまぐるしく進展している．

　2021 年以降，星間分子の発見は急速に進展し，2024 年現在で，宇宙空間には300 種類以上の分子が見つかっている．そのうち，炭素原子を含む 6 個以上の原子から構成される複雑な有機分子は 150 種類程度存在する．これらの多くの分子は，ミリ波で回転遷移の放射スペクトルを観測したり，赤外線で振動遷移の放射/吸収スペクトルを観測したり，可視光から近赤外線で捉えられる線幅の広い吸収線群（Diffuse Interstellar Bands; DIBs）を観測することで発見される．し

かしながら，太陽系における有機物そして生命の起源を考えるとき，複雑な有機物分子がどう形成され，太陽系にいかにしてもたらされたのかは，いまだよく理解されていない．固体微粒子（ダスト）の表面は，気相と比べて，原子や分子どうしの遭遇確率が増し，複雑な有機物を効果的な化学反応を実現する上で好都合だと考えられている．このため，特に濃い分子雲のなかで原始星が輝き出すことによって紫外線が供給され，星周空間に単純な分子から化学的に複雑な有機物が生み出されるという過程は，ボトムアップシナリオと呼ばれ，複雑な有機分子形成の主要な反応経路と考えられる．一方，大質量星の終焉期であるウォルフ・ライエ（Wolf-Rayet）星や新星の赤外線観測から有機物を含むダストが星周空間で合成していることが知られている．太陽系が生まれるより前に太陽系の近傍で終焉を迎えた星の星周空間で合成された有機物を含むダストが，星間空間を旅して，太陽系の原始星周環境に届き，有機物を供給したという過程は，トップダウンシナリオと呼ばれ，より簡単に複雑な有機分子を供給し得る反応経路として注目されつつある．本節では星間ダストと星間分子について，各々が宇宙の化学的な芳醇化の歴史の中で果たす役割を念頭に，最新の研究成果を踏まえて記述する．

1.2.1　星間分子

　星間空間の物質の大部分は水素であるが，生命のもととなる炭素や窒素，酸素などの元素は，恒星の内部で水素の核融合反応により生成され，宇宙の進化とともに増加する．太陽系の元素組成は，水素が約71%，ヘリウムが約27%，その他の炭素，酸素，窒素などの元素が約2%である（表1.1）．形成初期の銀河では，炭素，酸素，窒素などの元素は現在に比べてごくわずかであり，銀河系内にも，水素・ヘリウムより重い元素の量（金属量）が，太陽系に比べ1%以下の球状星団が存在する．一方で，地球の元素組成は，太陽系の元素組成に比べ，特に炭素や窒素などの揮発性元素が大きく減少している（図1.3（左））．また，太陽系内の彗星や隕石中の炭素，窒素，酸素の元素組成を比較すると，大きく変化している（図1.3（右））．このような変化はどのようにして生じたのだろうか．また，系外惑星系においては，どのように分布しうるのだろうか．ここではおもに，星間空間の星・惑星形成領域における気相・固相（氷）中の揮発性元素を含む有機分子について，ボトムアップの生成過程の概要と観測を紹介する．

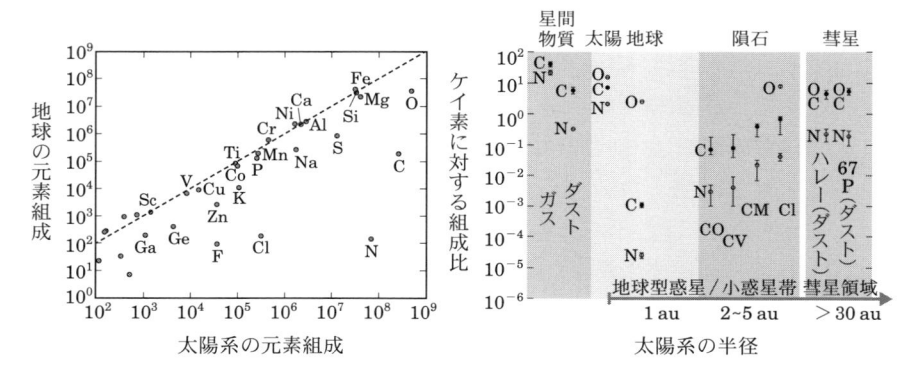

図 **1.3**　（左）太陽系と地球における元素組成比の比較．（右）太陽系内の天体における揮発性元素のケイ素に対する組成比（隕石の CO, CV, CM, CI は隕石の種類を表す（218 ページの脚注 2 参照））（Pontoppidan *et al.* 2014, in Protostars & Planets VI, Bergin *et al.* 2015, *PNAS*, 112, 8965, Nomura *et al.* 2024, *Elements*, 20, 13）．

（1）星間空間における複雑な有機分子の生成過程

　星間空間の大部分の領域では密度が低く，化学反応により分子を生成するのに時間がかかるうえ，大質量星からの紫外線が存在するため，分子は生成されてもすぐに解離してしまう．したがって，星間空間の大部分の領域では，元素はイオンあるいは原子の状態で存在する．しかし星間空間中の一部の領域では密度が濃く，紫外線がダストにより吸収されて遮蔽されるため，分子が解離されずに存在することができる．このような領域を分子雲と呼ぶ．銀河系の星間ガスにおける分子雲の割合は，体積比では 0.01％程度であるが，質量比では 25％程度になる．

　分子雲の中でもより密度の濃い領域は分子雲コアと呼ばれ，温度が 10 K 程度，ガス密度が 10^4–10^6 cm^{-3} 程度となる（個数密度は，天文分野では習慣的に個を省き cm^{-3} などと記す）．このような分子雲コアの中心領域は低温高密度であり，気相の原子・分子がダスト表面に凍結（吸着）して氷を生成する．原子・分子とダストの衝突率はダスト密度に比例し，以下のように表される．

$$k_{ads} = n_d \sigma_d v S$$

ここで，n_d はダストの数密度，σ_d はダストの衝突断面積（ダストの半径を a と

表 **1.2** さまざま原子・分子のダストへの束縛エネルギー

	E_{bin} (K)		E_{bin} (K)		E_{bin} (K)		E_{bin} (K)		E_{bin} (K)
H_2	370	O_2	1110	S	2000	$HCOOCH_3$	4000	H_2O	5710
H	450	CH_4	1230	C_2H_2	2880	HCOOH	5000	CH_3CN	6250
N	810	CO	1390	CO_2	3200	HCN	5340	CH_3OH	6620
N_2	1070	O	1750	H_2S	3430	NH_3	5360	C	15980

(Minissale *et al.* 2022, ACS-ESC, 6, 597)

すると，$\sigma_d = \pi a^2$)，v はガスの熱速度，S は原子・分子のダストへの付着係数である．ダストとガスの質量比を 1：100 と仮定すると，典型的な分子雲コアでは，吸着のタイムスケール（k_{ads}^{-1}）は $3 \times 10^5 (n_{gas}/10^4\,\mathrm{cm}^{-3})^{-1}$ 年程度になる（n_{gas} はガスの数密度）．一方で氷粒子が気相に蒸発（昇華）する確率は，ダスト温度 T_d に強く依存し，以下のように表される．

$$k_{des} = v_0 \exp(-E_{bin}/T_d)$$

ここで，v_0 はダストに吸着した原子・分子の格子振動数で，$10^{11-18}\,\mathrm{s}^{-1}$ 程度の値を持つ．E_{bin} は原子・分子の束縛エネルギーである．k_{des} に比べ k_{ads} が大きくなると原子や分子がダストに凍結するようになる．よって，低温高密度の分子雲コアの中心では，束縛エネルギーの高い原子・分子はダストに吸着する（シリーズ現代の天文学 11『天体物理学の基礎 I ［第 2 版］』2.4 節参照）．さまざまな原子・分子の束縛エネルギーを表 1.2 に示す．ただし，これらの値は v_0 と合わせて扱われるものであり，注意が必要である．また，ダスト表面の状態によって値は変化し，実験室での測定もまだまだ限られているため，大きな不定性をともなう．星や惑星は，このような分子雲コアの中心で形成される（1.3, 1.4 節参照）．

　星間空間において，有機分子はどのように生成されるのだろうか．低温（〜 10 K）の分子雲中では，暖かな（〜 300 K）地球上とは異なり，活性化エネルギーが必要な反応や吸熱反応は，ほとんど進まない．したがって，中性分子同士の気相における反応は進みにくい．一方で星間空間には，分子を解離，あるいは電離する宇宙線や紫外線が存在する．分子が一度解離または電離すると，密度が小さい星間空間では再結合に時間がかかるため，ラジカルやイオンが豊富に存在する

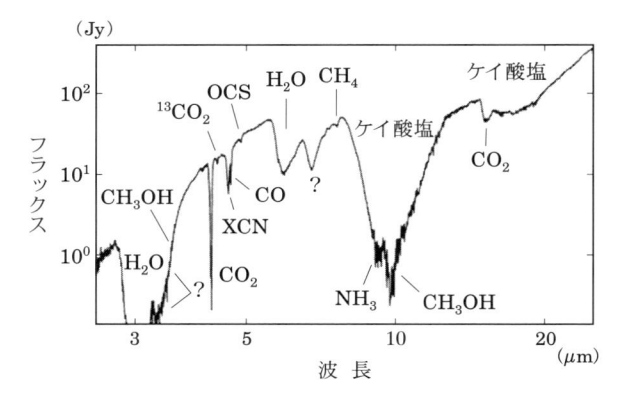

図 **1.4**　大質量星形成領域におけるさまざまな分子の氷の赤外線
分光観測．水素付加反応により生成される分子が多く存在する
（Gibb *et al.* 2000, *ApJ*, 536, 347）．

ことになる．ラジカルやイオンと中性分子の反応はほとんど活性化エネルギーを
伴わないため，低温の分子雲中では，これらの反応により，より多数の原子から
なる分子が生成される．しかし，CH_3OH や $HCOOCH_3$ などの複雑な有機分子
を生成しようとすると，分子イオンが電子と再結合する際，解離してしまうなど
の理由により，分子の生成率が低くなる．一方で，星形成領域では，このような
複雑な有機分子が豊富に存在することが観測により知られている．この観測を説
明するためには，上述のように低温高密度の分子雲コア中心領域でダストに凍結
した原子・分子が，ダスト表面反応をおこしていると考えられている．すなわち，
低温下の気相中ではほとんど進まない化学反応が，ダスト表面で効率よく進む．
　極低温（$< 20\,K$）下においては，水素のような軽い元素のみが効率よくダス
ト表面を移動し，比較的重い原子・分子に水素が付加する．その結果，H_2O や
CH_4, NH_3, H_2S, CH_3OH といった，水素との化学結合を多く含み，不対電子を
もたない分子，すなわち，水素で飽和した分子が生成される．実際，赤外線分光
観測により，このような分子が分子雲コア中に氷として存在するのが観測された
（図 1.4）．一方で，星形成領域では，$HCOOCH_3$ など，水素付加反応だけでは
説明できない複雑な有機分子も観測された．このような分子の生成過程として，
暖かな（30–$50\,K$）ダスト表面での反応が提案されている．30–$50\,K$ 程度になる
と，水素分子は気相に蒸発してしまう一方で，比較的重い原子・分子が効率よく

ダスト表面を移動できるようになる．ここで，水素で飽和した分子は安定で，反応にエネルギーを必要とするものが多いが，これらが紫外線で解離して生成されるラジカルは反応性が高い．このようなラジカルが，ダスト表面を移動して反応をおこすことで，$HCOOCH_3$ などの非飽和分子が生成される．

　このような星間空間におけるダスト表面反応は，地上の室内実験でも再現されている．たとえば，メタノールが水氷表面で，一酸化炭素への水素付加反応により生成される過程や，重水素化する過程が実験的に検証された．また，水素付加反応でできた分子を組成に持つ氷を 30–50 K 程度に暖め，紫外線を照射すると，複雑な有機分子が新たに生成されることが実験で確認された．

（2）星形成領域などにおける有機分子の観測

　分子雲コアの中心領域で原始星が形成されると，星からの放射などで周囲のダストが暖められ，ダスト表面のさまざまな分子の氷（氷分子とも呼ぶ）が気相に蒸発する．さらに高温環境下（100–300 K）では，氷から蒸発した分子が気相で反応して新たに複雑な分子を生成する．その結果，さまざまな種類の複雑な有機分子の遷移線が観測されるようになる．歴史的には，複雑な有機分子の観測は，明るくて観測しやすい大質量星形成領域でおもに行われてきた．しかし近年は，より暗い，低質量原始星天体（中心星が太陽質量程度以下の原始星天体）での複雑な有機分子探査も行われるようになった．星形成領域において，複雑な有機分子は 1970 年代から検出されているが，最近は特に大型ミリ波・サブミリ波望遠鏡アルマ（ALMA）など高感度観測装置の発展により，取り分けこの数年では，毎年数十種類の分子が新たに検出されている．図 1.5 に大質量星形成領域における分子輝線スペクトルの観測例，表 1.3（17 ページ）に 2024 年現在，星間空間で検出された複雑な有機分子を示す．最近検出された分子種としては，たとえば，アミノ酸に類似した分岐型の構造を持つプロピルシアノイド（i-C_3H_7CN），地球上では微生物によっても生成されるクロロメタン（CH_3Cl），核酸の塩基の一つのアデニンの前駆体でもあるグリコロニトリル（$HOCH_2CN$）や Z-シアノメチルアミン（Z-HNCHCN）などがある．また，NaCl や KCl といった塩も星形成領域で検出されている．二炭糖であるグリコールアルデヒド（$HOCH_2CHO$）や尿素のもとにもなるシアナミド（NH_2CN）は，これまで大

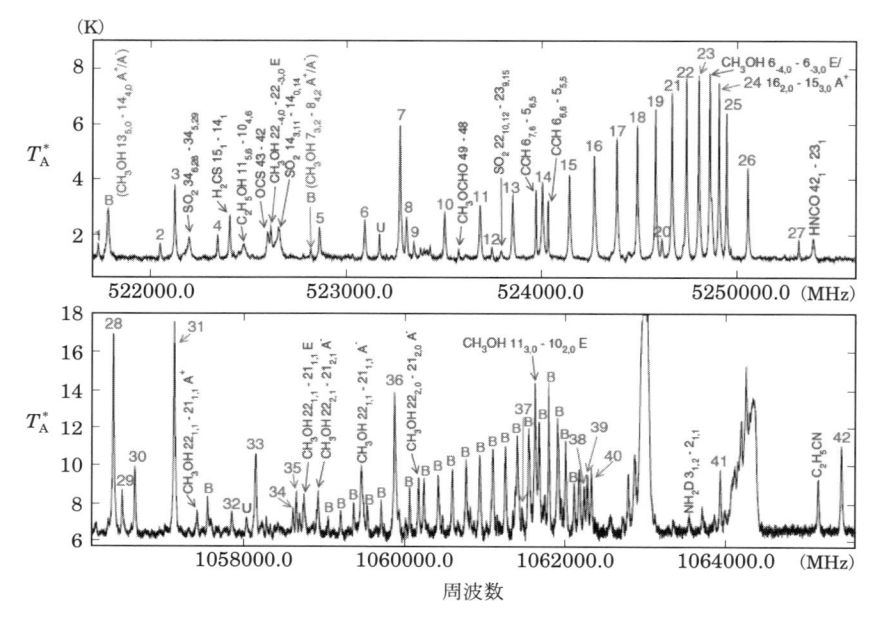

図 1.5　ハーシェル宇宙天文台による大質量星形成領域におけ
る複雑な有機分子輝線の観測（Wang *et al.* 2011, *A&A*, 527,
A95）．数字と B が記された輝線は CH₃OH 輝線．その他の輝
線には，分子種とその遷移の量子数が記されている．

質量星形成領域では検出されていたが，最近低質量原始星天体でも検出された．
　複雑な有機分子は，銀河中心においては原始星天体が存在しない領域でも観測
されている．これは，銀河中心付近の高速度乱流により，衝撃波が生じたためと
考えられている．磁場を伴う衝撃波中では，負に帯電したダストと中性粒子の間
に速度差が生じるため，中性粒子がダスト表面の氷を削り，氷中の分子が気相中
に放出される．実際，原始星に付随するアウトフロー中の衝撃波面付近で，複雑
な有機分子をはじめとして，ダスト表面反応により生成されたと考えられる分子
種が観測されている．また，銀河系内だけではなく，近傍銀河においても，最近
はさまざまな複雑な有機分子が検出されている．大小マゼラン星雲中では，気相
の有機分子だけではなく，赤外線天文衛星「あかり」により氷中の分子も検出さ
れており，低金属量の分子雲中での有機分子の生成過程が検討されている．さら

表 1.3　これまでに星間空間で検出された複雑な有機分子

6 原子	7 原子	8 原子	9 原子	10 原子	11 原子
C_5H	C_6H	CH_3C_3N	CH_3C_4H	CH_3C_5N	HC_9N
$l\text{-}H_2C_4$	CH_2CHCN	$HC(O)OCH_3$	CH_3CH_2CN	$(CH_3)_2CO$	CH_3C_6H
C_2H_4	CH_3C_2H	CH_3COOH	$(CH_3)_2O$	$(CH_2OH)_2$	C_2H_5OCHO
CH_3CN	HC_5N	C_7H	CH_3CH_2OH	CH_3CH_2CHO	$CH_3OC(O)CH_3$
CH_3NC	CH_3CHO	C_6H_2	HC_7N	CH_3CHCH_2O	$CH_3C(O)CH_2OH$
CH_3OH	CH_3NH_2	CH_2OHCHO	C_8H	CH_3OCH_2OH	$c\text{-}C_5H_6$
CH_3SH	$c\text{-}C_2H_4O$	$1\text{-}HC_6H$	$CH_3C(O)NH_2$	$c\text{-}C_6H_4$	$HOCH_2CH_2NH_2$
HC_3NH^+	H_2CCHOH	CH_2CHCHO	C_8H^-	H_2CCCHC_3N	H_2CCCHC_4H
HC_2CHO	$C_6H\text{-}$	CH_2CCHCN	C_3H_6	C_2H_5NCO	$C_{10}H^-$
NH_2CHO	CH_3NCO	H_2NCH_2CN	CH_3CH_2SH	HC_7NH^+	$H_2C(CH)_3CN$
C_5N	HC_5O	CH_3CHNH	CH_3NHCHO	$E\text{-}CH_3CHCHCN$	
$l\text{-}HC_4H$	$HOCH_2CN$	CH_3SiH_3	HC_7O	$Z\text{-}CH_3CHCHCN$	
$l\text{-}HC_4N$	$HCCCHNH$	$H_2NC(O)NH_2$	$HCCCHCHCN$	$CH_3C(CN)CH_2$	
$c\text{-}H_2C_3O$	HC_4NC	$HCCCH_2CN$	H_2CCHC_3N	CH_2CHCH_2CN	
H_2CCNH	$c\text{-}C_3HCCH$	HC_2NH^+	$H_2CCCHCCH$	$HOCH_2C(O)NH_2$	
$C_5N\text{-}$	$l\text{-}H_2C_5$	CH_2CHCCH			
$HNCHCN$	MgC_5N	MgC_6H			
SiH_3CN	CH_2C_3N	$C_2H_3NH_2$			
C_5S	NC_4NH^+	$(CHOH)_2$			
MgC_4H	MgC_5N^+	$HC_2(H)C_4$			
CH_3CO^+		C_7N^-			
MgC_4H		CH_3CHCO			
C_3H_3		MgC_6H^+			
H_2C_3S					
$HCCCHS$					
C_5O					
C_5H^+					
$HCCNCH^+$					
$c\text{-}C_3C_2H$					
HC_4S					
$HMgC_3N$					
MgC_4H^+					
$H_2C_3H^+$					
H_2C_3N					
$(HO)_2CO$					

12 原子	12 原子以上
$c\text{-}C_6H_6$	C_{60}
$n\text{-}C_3H_7CN$	C_{70}
$i\text{-}C_3H_7CN$	C_{60}^+
$C_2H_5OCH_3$	$c\text{-}C_6H_5CN$
$1\text{-}c\text{-}C_5H_5CN$	$HC_{11}N$
$2\text{-}c\text{-}C_5H_5CN$	$1\text{-}C_{10}H_7CN$
$n\text{-}C_3H_7OH$	$2\text{-}C_{10}H_7CN$
$i\text{-}C_3H_7OH$	$c\text{-}C_9H_8$
$(CH_3)_2C\text{=}CH_2$	$1\text{-}c\text{-}C_5H_5CCH$
	$2\text{-}c\text{-}C_5H_5CCH$
	$c\text{-}C_5H_4CCH_2$
	$2\text{-}C_9H_7CN$
	C_6CH_5CCH
	$CH_3OCH_2CH_2OH$

には，クェーサーを背景に，赤方偏移 0.5 以上の銀河中でも複雑な有機分子が吸収線で検出されている．

　また，太陽系内の彗星でも，星形成領域におけるものと類似した複雑な有機分

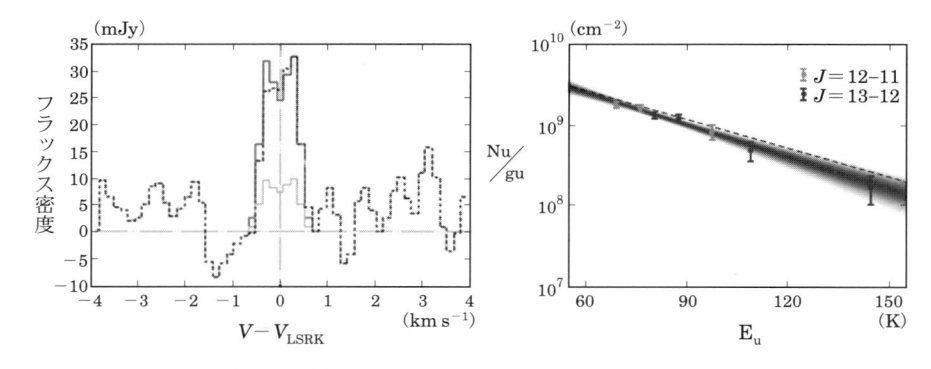

図 **1.6**　うみへび座 TW 星まわりの円盤からの複雑な有機分子の観測．（左）CH$_3$OH 輝線スペクトル．観測（破線）をモデル（実線）がよく再現している．（右）CH$_3$CN の複数の輝線の観測値（誤差棒つき丸印）で作成した回転ダイアグラム．これより，分子の柱密度と励起温度が求まった[8]（Walsh *et al.* 2016, *ApJL*, 823, L10; Loomis *et al.* 2018, *ApJ*, 859, 131）．

子が観測されており，いずれもダスト表面反応により生成されたと考えられる．また，土星衛星タイタンの大気中でも，特に窒素を含むさまざまな複雑な有機分子が観測されており，その生成過程が検討されている．

（3）惑星系形成領域における有機分子の観測

　惑星形成の現場である原始惑星系円盤中でも，最近，アルマ望遠鏡により複雑な有機分子が検出された（図 1.6）．原始惑星系円盤は低質量原始星天体よりもさらに光度が低く，アルマ以前はスピッツァー宇宙望遠鏡や大型地上赤外線望遠鏡により HCN, C$_2$H$_2$, CH$_4$ などが観測されたほか，ミリ波・サブミリ波帯でも HCN, CN, H$_2$CO などの小さな有機分子が観測されたのみであった．アルマ以降は，HC$_3$N, c-C$_3$H$_2$, CH$_3$CN, CH$_3$OH, HCOOH, H$_2$CS, CH$_3$OCH$_3$, CH$_3$OCHO, c-H$_2$COCH$_2$ といった，比較的大きな有機分子の検出が可能となった．

---

[8] 分子の遷移線の上位準位の占有数（Nu）の観測値と上位準位の縮退数（gu），上位準位のエネルギー（Eu）より，分子の柱密度と励起温度が求まる．詳しくは，本シリーズ第 16 巻『宇宙の観測 II——電波天文学［第 2 版］』第 2 章（3）を参照のこと．

　原始惑星系円盤のおもな熱源は中心星である[*9]. したがって，熱源からの距離が遠く，かつ，中心星からの照射光が直接届かない円盤外縁赤道面付近は，分子雲コア中心領域のように低温高密度であり，気相分子がダスト表面に凍結してダスト表面反応が進行していると考えられる. 実際アルマ望遠鏡により，CO スノーライン（CO が凍結している領域と蒸発している領域の境界領域）が撮像観測されている. 円盤で観測された CH_3OH は，この CO スノーラインの外側に分布しており，水素付加によるダスト表面反応により生成されたと考えられる. このような領域では，低温のため，生成された CH_3OH は熱的に気相に蒸発できない. したがって，観測された気相の CH_3OH は，紫外線や宇宙線，あるいは反応熱などの局所的な非熱的過程で氷から脱離したと考えられる. 原始惑星系円盤で観測された CH_3OH の存在量と別の観測で得られた H_2O の存在量を彗星観測の結果と比較すると原始惑星系円盤と彗星との存在量比に類似性がある. このようにして，惑星形成領域から惑星系への物質進化の研究が近年進展している.

　原始惑星系円盤ガス中の揮発性元素はやがて散逸し，恒星とガス惑星を除き，惑星系にはおもに固体成分のみが残る. 円盤外縁の低温領域で多くの揮発性元素は彗星のように氷に取り込まれることで惑星系に残る. 円盤内縁の暖かな領域では，より蒸発しにくい，より複雑な分子に取り込まれた揮発性元素のみが残る. さらに高温の岩石惑星形成領域では，小惑星由来の隕石のように，高分子の難揮発性物質に取り込まれたわずかな揮発性元素だけが惑星系に残る. この違いが，図 1.3 のような太陽系内の揮発性元素量の変化につながったと定性的には考えられる. しかし，この変化を定量的に理解するためには，解くべき課題が残されている. 1.2.2 節で説明する星間ダスト中には，ケイ素よりも炭素が豊富に含まれるが，現在の太陽系内縁天体に含まれる炭素の量は，ケイ素の 10% 以下である. 太陽系天体が形成される過程で，炭素質ダストがどのようにして揮発性物質となり，太陽系外に散逸したかは，まだよくわかっていない. またさらに，惑星系形成の過程で，どのくらいの量の揮発性元素が，どのようにして岩石天体中の難揮発性物質に取り込まれたのかを理解する必要もある. 地球には炭素が枯渇しているが，太陽系外惑星の中には，炭素が豊富な惑星もあるかもしれない. 炭素や窒

[*9] 円盤外縁では，おもに中心星からの照射加熱が効率的に働く. 一方で円盤内縁では，中心星への円盤ガス降着により解放されるエネルギーがおもな加熱源になる場合もある.

素，酸素は生体の主要元素であるため，惑星内に含まれうる揮発性元素量の多様性を理解することは，系外惑星系における生物の多様性の理解にもつながる．

1.2.2　星間ダスト

　星間空間には，原子ガスや分子ガスのほか，固体微粒子が存在し，それらは星間ダストと呼ばれる．星間ダストは容易に手にすることができないため，その担い手の候補物質に対して，量子化学計算やダストの合成実験を通じて得られた物理的性質および化学的性質の知見を，実観測データと比較することにより，その物性を理解するという手法が採られてきた．

　一般的に，星間ダストの主要な構成員として，炭素質ダストとケイ酸塩ダストが挙げられる．天の川銀河の星間物質の減光曲線は，粒子サイズ a の -3.5 乗の冪乗則

$$n(a) \propto a^{-3.5} \qquad (a \sim 0.001\text{--}0.25\,\mu m)$$

に従うサイズ分布（J.S. Mathis, W. Rumpl, K.H. Nordsieck らが 1977 年に発表した論文の著者の頭文字をとって MRN サイズ分布と呼ばれる）をもつ炭素質ダストとケイ酸塩ダストによって，第一次近似としてよく説明される．特に，小さなサイズの炭素質ダストは星間有機物とも強い関係性を持つと考えられ，多環式芳香族炭化水素分子およびそのクラスター，フラーレン，カーボンナノチューブ，カーボンオニオンなど大型の有機物分子やナノ粒子を含む．このうちフラーレン C_{60} および C_{70} は 2010 年にヤン・カミ（Jan Cami）らにより惑星状星雲 Tc1 に発見された．

　星間ダストのうち，粒子半径が 1/10 マイクロメートル（μm）より大きなダストは「古典的ダスト」と呼ばれ，平均強度 $J(\lambda)$ の星間放射場に晒されると，暖められてエネルギー平衡に達し，主として赤外線波長域に熱放射する．半径 a の球状の粒子の場合，各粒子が吸収するエネルギー

$$\int_0^\infty \pi a^2 Q_{abs}(a,\lambda) 4\pi J(\lambda) d\lambda$$

と，各粒子が放射するエネルギー

$$\int_0^\infty 4\pi a^2 Q_{abs}(a,\lambda) \pi B_\lambda(T_d,\lambda) d\lambda$$

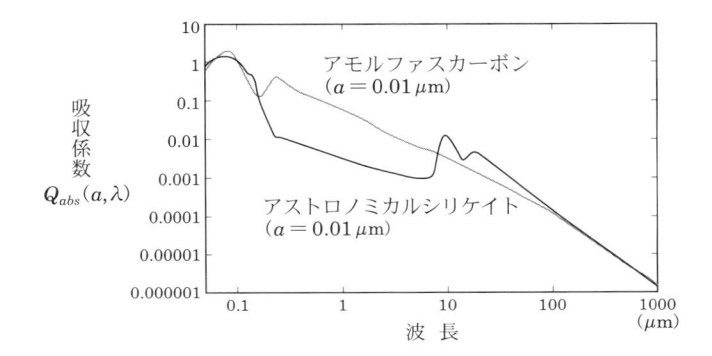

図 **1.7** ケイ酸塩ダストと炭素質ダストの吸収係数の波長依存
性. ケイ酸塩ダストについては粒子半径 $0.01\,\mu m$ のアストロノ
ミカルシリケイト（Draine 1985），炭素質ダストについては粒
子半径 $0.01\,\mu m$ のアモルファスカーボン（ACAR サンプル，
Zubko 1996）を例示する.

のつり合いから，ダストの平衡温度 T_d が決まる．ここで，$Q_{abs}(a,\lambda)$ は吸収係
数（図 1.7 参照）で，物質の種類や化学状態，サイズ，波長，温度などに依存す
る．$B_\lambda(T_d,\lambda)$ は温度 T_d の黒体放射を表すプランク関数を単位波長あたりにし
て波長の関数として表したものである.

　したがって，入力されるエネルギーに対応する紫外線と，出力されるエネル
ギーに対応する赤外線による観測が，星間ダストの性質を探る上で鍵となる.

　図 1.8 は，天の川銀河の星間物質が放つ赤外スペクトルエネルギー分布を示
す．スペクトルの長波長側は，2 つの異なった温度を持つダストからの熱放射ス
ペクトルの重なりで説明できる．古典的なサイズの星間ダストは星間放射場に
よって数十 K 程度に暖められ，遠赤外線波長域の連続光放射を担う．一方，スペ
クトルの短波長側では著しい超過や未同定のバンド放射が見られる．これは，古
典的ダストより小さなサイズを持つダストや大型有機分子の存在を示している.

　サイズの小さな星間ダストは，一つの紫外線光子を吸収することで一時的に高
温になり，次の光子を吸収するまでの間に冷えるというように，非平衡に加熱と
冷却を繰り返す状態をとる．このため，ダスト粒子の比熱や放射場の硬度（エネ
ルギーの高さ）と強度により，確率的な温度分布を示すことになり，古典的サイ
ズのダストの熱放射より短波長域に赤外超過成分を生む．また，$3\text{--}17\,\mu m$ にか

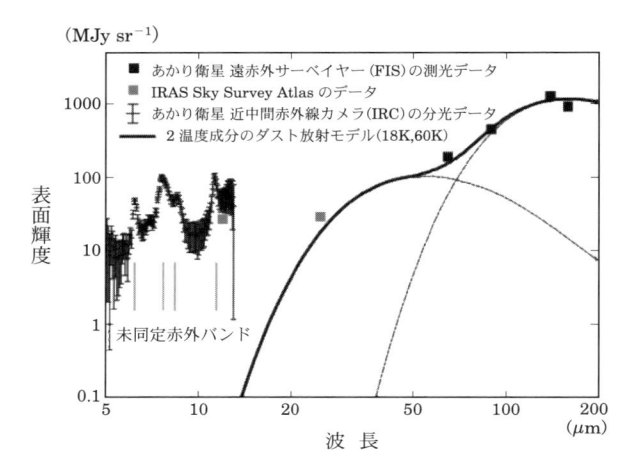

図 **1.8**　天の川銀河の銀河拡散光の赤外スペクトルエネルギー分布の一例

けて見られる未同定赤外バンドの主要な成分は，多環式芳香族炭化水素などの大型の有機物分子が，紫外線光子を吸収することで励起され，分子内に含まれる原子同士の結合の光子振動を用いて吸収したエネルギーを効率的に多数の赤外線光子へ変換して放出していると推定されている．これについては 1.2.2（2）節で詳述する．

　一方で，星間ダストに吸収または散乱されるエネルギーの分光学的な特徴は，恒星などを光源とし観測者と恒星の間に存在する星間ダストによる減光の波長依存性から観測的に調べることができる（図 1.9）．このうち，天の河銀河の星間物質による紫外線波長域の星間減光曲線に見られる 2175 Å のこぶ状（bump）の構造は，1965 年にシュテヒャ（T.P. Stecher）らによって発見されて以来，星間有機物に関係する特徴として研究の対象とされてきた．

　天文学観測によって，星間物質による紫外線の減光曲線や赤外線放射スペクトルを調査し，星間有機物の性質に制限を与える試みがなされてきたが，物質の同定は容易でない．このため，星間有機物 として炭素や窒素がどのような形態で存在し，それらが太陽系に存在する有機物にどのような化学進化上のつながりがあるかを理解することは，現代のアストロバイオロジー研究における難問である．一方で，近年の地球惑星科学分野の技術革新によって地球外の物質を実際に手に

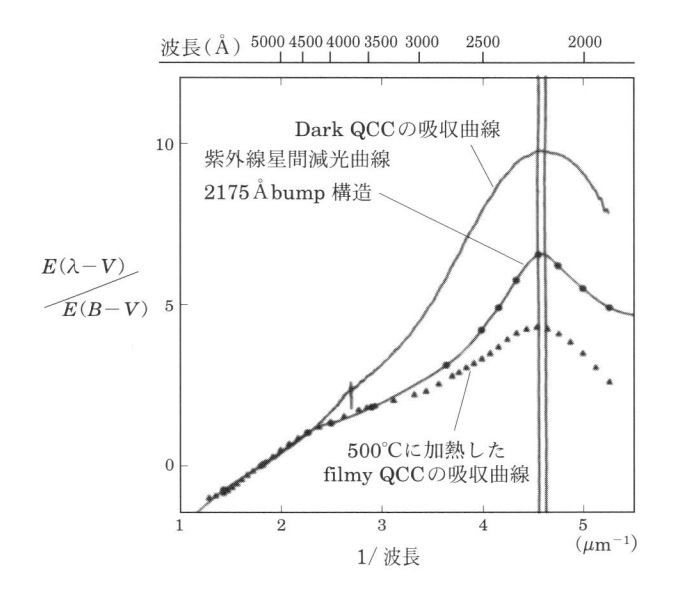

図 **1.9** Savage & Mathis（1979）で報告された平均的な紫外線星間減光曲線と実験室で合成された膜状急冷炭素質物質（filmyQCC）を 500°C に加熱処理した粒子および黒色急冷炭素質物質（DarkQCC）の紫外吸収曲線. 両者に見られるスペクトル構造と観測される 2175 Å の吸収バンドの類似性が指摘された（Sakata *et al.* 1995）.

することが可能となった. 特に，サンプルリターンミッションによってもたらされる地球外の実物質中に含まれる有機物の分析が進展すれば，以下に述べる天文学観測に基づく星間有機物の研究に革新的な進展を生む可能性が期待できる.

（1）星間減光曲線の 2175 Å 構造の担い手

これまでに，星間減光曲線に見られる 2175 Å のこぶ状の構造の原因となる物質を同定することを目的とした多くの研究が行われてきた. 小さなグラファイト粒子は，この波長付近に $\pi \rightarrow \pi^*$ 遷移による強い吸収ピークを示すことから，この吸収バンドの担い手との関連が指摘されるようになった. わが国では，電気通信大学の坂田朗が 2.45 GHz マイクロ波電源を用いたプラズマ生成装置を使ってメタンガスプラズマを急冷凝縮することで合成した急冷炭素質物質

（Quenched Carbonaceous Composite; QCC）の物性の研究が進められた．その結果，QCC を加熱処理して得られる物質の紫外線吸収スペクトルが，観測される 2175 Å の構造のピーク位置をよく再現することがわかった．得られた物質に含まれる共役二重結合（-C=C-C=C-）が観測される 2175 Å 構造の有力な担い手として提案されている．

　一方，これに似た紫外線分光特性を示すものに，マーチソン隕石から抽出した有機物がある．2175 Å 構造の原因となる物質の理解は，後述の未同定赤外バンドの原因となる物質の理解とともに，星間有機物と太陽系有機物の関連をひも解くための重要な手がかりと考えられている．

（2）未同定赤外バンド放射の理解

　未同定赤外バンドの発見は，1973 年に惑星状星雲の赤外線スペクトルに 11.3 μm にピークをもつバンド放射が発見されたことに遡る．その後，欧州の赤外線宇宙天文台（Infrared Space Observatory; ISO）および日米の赤外線宇宙望遠鏡（Infrared Telescope in Space; IRTS）が登場して大気の窓に限定されない赤外線天文衛星観測が始まると，さまざまな天体の赤外線スペクトル中に波長 3.3 μm, 6.2 μm, 8.6 μm, および 11.3 μm にピークをもつ特徴的なバンド放射が観測されることが分かった（図 1.8）．これらは，未同定赤外バンドと呼ばれている．未同定赤外バンドの波長は，芳香族の炭素–炭素結合や炭素–水素結合の伸縮または屈伸等の振動遷移のエネルギーに対応することから，その担い手が有機物であることが広く受け入れられている．しかしながら，米国のスピッツァー宇宙望遠鏡や日本の赤外線天文衛星「あかり」が登場すると，近傍銀河から赤方偏移 $z \sim 3$ の銀河に至るまで系外銀河での星間物質の赤外スペクトル中にも未同定赤外バンドの存在が明らかになった．これらのことから，未同定赤外バンドの原因となる物質は，天の川銀河から系外銀河に至るまで，星周空間および星間空間に普遍的に存在する星間有機物であると考えられている．ひとたび，星間有機物の物質同定が進み，どこで生み出され，どのように進化の一生を遂げるかが理解されるようになれば，未同定赤外バンドは，その普遍性ゆえに遠方銀河の星間物理環境を診断し，宇宙の有機化学進化の歴史を解き明かす重要な情報となる可能性を秘めている．

プジェとレジェ（Puget & L'eger）によって 1984 年に提案された多環式芳香族炭化水素（Polycyclic Aromatic Hydrocarbon; PAH）仮説は，これまでもっとも広く受け入れられてきたモデルである．PAH 分子は，(1) 1 個の紫外線光子を吸収することで励起し，(2) 吸収したエネルギーを 10^{-12} から 10^{-10} 秒というきわめて短時間であらゆる振動モードに分配し，(3) 各振動モードのエネルギーに対応する大量の赤外光子に換えて解放する，という一連の放射機構を実現する．

一方で，わが国で研究が進められた急冷炭素質物質のほか，水素化アモルファスカーボン，石炭，堆積岩中の固体有機物であるケロジェン，芳香族脂肪族混合有機物ナノ粒子（Mixed Aromatic/Aliphatic Organic Nanoparticle; MAON），窒素含有急冷炭素質物質などの有機物ナノ粒子が，未同定赤外バンドの担い手として提案されている．これらのナノ粒子の場合，吸収した紫外線光子のエネルギーがきわめて短時間（10^{-12} 秒）で粒子内に拡散し，PAH 分子のような放射機構が実現できないため，光乖離領域や銀河拡散光に見られる未同定赤外バンドの原因となる物質としてはふさわしくない．一方，それらのナノ粒子は，星周環境で数百度を超える平衡温度に暖められて，熱放射を通じて，観測される未同定赤外バンドの原因物質となることは可能である．さらに，新星など終焉期の星周囲で観測される未同定赤外バンドの特徴を MAON などのナノ粒子がきわめてよく再現することから，そうした終焉期の星々の周りで作られたナノ粒子が，光化学反応を通じてフラーレンをはじめとするより多様な星間有機物を供給する可能性も示唆されている．

MAON の分子構造は，炭素質隕石物質中の不溶性有機物（Insoluble Organics Matter; IOM）の構造と類似している．したがって，未同定赤外バンドの原因の同定は，新星などの終焉期の星周環境で作られた有機物，星間有機物，太陽系有機物から炭素質隕石中の不溶性有機物への進化過程が明らかとなり，次世代のアストロバイオロジー分野の研究への展開を支える鍵となることが期待される．

1.3 星形成の理論と観測

生命の住処である惑星の起源を理解することは生命の起源を考える上で重要である．その惑星は恒星の周りを適当な距離を保って回ることで生命の維持に適切な温度環境を維持している．したがって，惑星を育む恒星について理解すること

はアストロバイオロジーにとっても重要である．この節では，近年理解が進んだ銀河系円盤部の星形成過程について概観する．ここでは，銀河系とは天の川銀河を指すことに注意されたい．

　恒星の光度はその質量の 3–5 乗程度に比例して大きいことが分かっている．星の光度はエネルギー源を消費する速度に比例しているので，大きい星は早くエネルギーを消失することになる．つまり，恒星の質量が大きければ大きいほどその寿命は短い．

　太陽質量の 20 倍程度もある大質量星の寿命は百万年程度と短い．一方，太陽の寿命は約百億年程度であり，太陽よりも小さい星の寿命はそれよりも長い．宇宙年齢は 138 億年であるため，太陽よりも幾分小さい星は銀河系の形成期にできたものでも，まだ寿命が尽きていない．したがって，そのような古い星の銀河系における存在量を調べることによって，銀河系の星形成史を探ることができる（次項参照）．

1.3.1　銀河系における星形成率

　現在の銀河系における星形成率は 1 年間あたり太陽質量の 3 倍弱程度である．誕生する星の大多数は寿命が宇宙年齢程度かそれよりも長い小質量星である．もし，銀河系が生まれてから今まで星形成が現在の星形成率程度の速度で継続していたとすると，宇宙年齢 138 億年間には総量として太陽質量の数百億倍程度の星が生まれることになる．これは現在の銀河系の質量（1 千億太陽質量程度）に匹敵する．実際には銀河系形成期の星形成率は現在よりも数倍程度大きかったことが推定されている．銀河系に存在する星質量を理解するうえで，現在の星形成率は現時点での平均値として理解できそうである．

　図 1.10 は銀河系に存在する古い星の分布を観測して，銀河系の過去の星形成史を詳細に推定した結果を表示したものである．このように，銀河系が生まれた直後の星形成率は年間 10 太陽質量程度であるが，年齢が 40 億年くらいに達した以降は現在まで年間 3 太陽質量程度の形成率に下がっていることがわかる．銀河系の中で重元素量は，年齢 40 億年頃は現在と比較するとかなり少なかったはずであり，その後もゆっくり単調に重元素量が増えているはずである．その中で星形成率はつねに年間 3 太陽質量程度で推移していることは注目に値する．

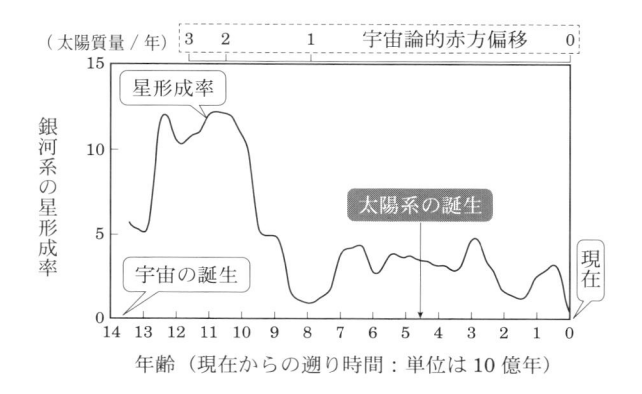

図 **1.10**　銀河系における星形成率の進化

なぜなら，星形成過程が重元素量の単調な増加により直接的に影響をうけている
わけではないことが示唆されるからである．

　太陽系の近傍の星形成領域で観測されている星形成現象は最近の数百万年程度
の現象を見ていることに対応しているので，銀河系の星形成史のごく最近のみを
観測しているにすぎない．しかし，そこに見られる星形成率は百億年程度の間は
大きく変化していないので，星形成現象自体も定性的には同じようなものである
と考えられている．したがって，現在の太陽系近傍での星形成現象を詳しく理解
することによって，銀河年齢が 40 億年程度の頃の星形成活動と銀河系の進化を
推察することが可能であろうと期待される．

　太陽系は約 46 億年前に生まれたことがわかっている．これは星形成率が小さ
な値になってから約 50 億年後に対応する．銀河系の形成直後は重元素がほとん
ど存在しないため，重元素で構成されている地球のような固体惑星を含む惑星系
が銀河系の形成期に生まれることはなかったはずである．「進化する銀河系の中
で太陽系のような惑星系がいつ頃から生まれ始めたのか？」という問いは興味深
いが答えはまだない．この問いに答えるには惑星形成過程の深い理解が必要で
ある．

1.3.2　星形成の時間スケール

　電波望遠鏡による観測に基づき，銀河系に存在する水素分子ガスの現在の総量
は 10 億太陽質量程度であると推定されている．銀河系の星形成率は現在の観測

では年間 1 太陽質量程度なので，銀河系では 10 億年程度の時間をかけて分子ガスが星に変換されていると想像できる．実はこの時間スケールはケニカット–シュミット則という系外円盤銀河の観測から知られている経験則が示唆する星形成の時間スケールと同じ程度である．つまり，銀河系の星形成活動は近傍宇宙の円盤銀河の平均的なものである．

　銀河系の水素分子ガスの総量を推定した観測は一酸化炭素輝線によるものであり，数密度が 10^2 個 cm^{-3} 程度以上のガスを観測した結果である．10^2 個 cm^{-3} の密度の自己重力的自由落下時間は百万年程度である．もし，すべての分子雲ガス自由落下時間程度で自己重力的に収縮して星に変換されたとすると，銀河系全体での星形成率は 1 年間あたりの平均で $(10^9$ 太陽質量 $) \div (10^6$ 年 $) = 10^3$ 太陽質量/年となり，観測される値よりも 3 桁程度大きいものになる．つまり，実際に銀河系で進む星形成活動は動的な自由落下現象の 0.1%程度の低い効率になっている．この見積もりの違いを理解するためには，星形成過程の効率というものを理解することが重要である．個々の星形成領域の観測によると，個々の分子雲で星になる総質量は分子雲の質量の 1%程度であると推定されている．これは，分子雲のガスのうち，星形成に関わる高密度ガスの割合が小さいことから定性的には理解できる．また，その高密度ガス中で星形成されるまでにかかる時間は自由落下時間よりも長いと考えられる．このような要素を組み合わせて，上記の低い星形成率を理解するための研究が現在も進められている．

1.3.3　初期質量関数

　質量の大きな星は超新星爆発によりその短い寿命を終える．一方，太陽のような質量の小さい星は進化の最後に白色矮星となり，静かに暗くなっていくという末路が待っている．太陽質量の 1/10 程度以下のさらに小さい星（褐色矮星）はそもそも水素の核融合反応を起こせないので，生まれた後は長時間をかけて単調に暗くなるという進化をたどる．このように，星の進化の道筋・運命はその質量によりほぼ決まっている．生命を育む惑星系を持つのに都合が良い恒星は太陽程度の星かそれよりも少し小さな星だろうと考えられている．「そういう星の割合はどれくらいだろう？」という疑問を持つだろう．実は星が生まれるときの質量の頻度分布が知られており，星の初期質量関数（IMF）と呼ばれている．この

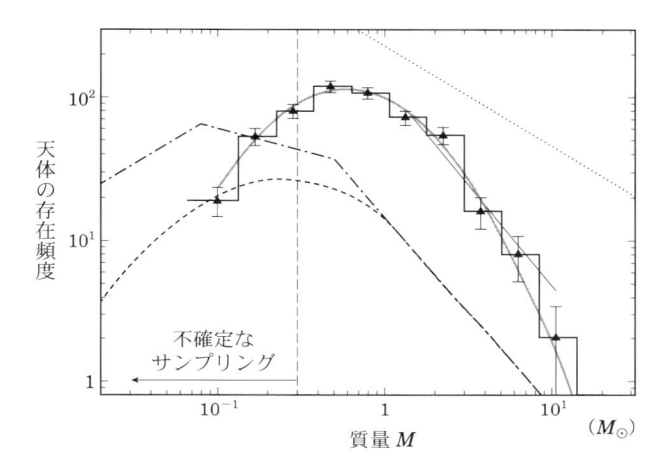

図 **1.11**　太陽系近傍の星形成領域における分子雲コアの質量関数（実線）．細線や灰色線はそれぞれの質量区間において階段状の線で表された分子雲コア数の観測結果をフィットした線である．破線と一点鎖線は生まれる星の初期質量関数の複数の説に対応する．右上の点線は分子雲塊の質量関数．横軸の単位は太陽質量であり，縦の破線より左側のデータは不十分なので頻度分布は不確定である．

IMF の起源を理解することは天体物理学の最重要課題の一つである．

　図 1.11 には，いくつかの（星の）IMF の形と分子雲コアや CO 分子でトレースした分子雲塊の質量関数が比較されている．星が生まれる現場である分子雲コアはフィラメント状の分子雲に付随しており，その頻度分布を質量の関数として示したものが分子雲コアの質量関数である．この図のように，分子雲コアの質量関数は星の初期質量関数に類似している．実際，分子雲コアの質量と生まれる星の質量の比は概ね 3：1 程度だという観測的示唆がある．また，理論的にも太陽質量程度の星が生まれる場合の星と分子雲コアの質量比が 30–40% になることが分かっている．そのため，分子雲コアの質量分布が生まれる星の質量分布（初期質量関数）と似ている（横軸の質量だけ約 30% 減少するが形状は不変になる）ことは驚きではない．したがって，星の質量関数の起源を理解するためには，分子雲コアの質量関数について理解することが重要である．分子雲コアはフィラメント状の分子雲に付随しているので，フィラメント状分子雲が分裂して形成される

と理解される．したがって，分子雲コアの質量関数はフィラメント状分子雲の分裂過程で決まるはずである．その分裂過程は理論的には詳しく研究されている．もっとも速く成長する波長はフィラメントの直径の 4 倍程度だが，それよりも長い波長のゆらぎは成長率が小さいながらもすべて成長する．そのため，十分に小さなゆらぎしかない場合は直径の 4 倍程度で分裂することが期待されるが，初期条件（種々の波長のゆらぎの大きさの分布）に直接依存してコアの進化が決まる．実は直径の 4 倍よりも大きな波長のゆらぎも，ゆっくりではあるが成長するので，初期にそのような長い波長のゆらぎがあると大きなコアが形成されることになる．しかし，この長い波長のゆらぎが成長するという性質は，先に生まれた小さなコアがゆっくりと合体することを意味している．つまり，ゆらぎが成長してコアが形成されるだけでなく，後々まで時間をかけてコアの合体がゆっくりと継続することになる．このようなフィラメント状分子雲が生まれ，分裂して星形成が始まる過程を記述する理論はすでにあり，フィラメントの分裂が始まる際のパワースペクトルの関数として，分子雲コアの質量分布を解析的に求めることができる．具体的には，初期の線密度（フィラメントの単位長さあたりの質量）のゆらぎのパワースペクトルの冪が -1.5 程度の場合，分子雲コアの質量関数は星の初期質量関数と類似することが理論的考察により 2000 年頃には分かっていた．その後，ハーシェル宇宙望遠鏡による観測結果が発表され，観測的にフィラメント状分子雲の線密度の空間分布が測定され，スペクトルの冪が -1.6 ± 0.3 であることが報告された．現在では，理論的には $-5/3$ になると考えられている．なぜなら，分子雲形成過程の研究からコルモゴロフ乱流的なその値が期待されるからである．

1.3.4 単独星と連星

太陽は他の星の周りを回っているわけではないので，単独星である．しかし，他の星の周りを回る運動をする連星や 3 つ以上の星がお互いの重心の周りを回る多重星は数多く存在する．実は，銀河系において，太陽程度よりも大きな星の半数以上は連星や多重星であると観測されている．連星の周りにも惑星が発見されている例があるため，連星系の惑星が生命を育む環境を提供できるかどうかについての研究も今後発展することが期待される．

図 1.12 オリオン大星雲の中心部分．銀河系にある大質量星形成領域のうち，太陽系にもっとも近い領域がオリオン大星雲である．図の外側にはバーナード・ループと呼ばれる超新星残骸などの多数のバブル（泡状構造）の痕跡が存在することがわかっている．

1.3.5 星団の形成

分子雲で星形成が進む際に，一般には多数の星が生まれるため，星の大部分は星団として生まれると考えられている．しかし，分子雲の質量のごく一部のみが星になるため，星団全体が自己重力的に束縛されている状態になることは期待されず，星は星間空間に散らばることになる．つまり，星団を生んだ分子雲のガスが散逸した後は星団中の星の数は単調に減少するようになる．銀河系の中で，どれくらいの規模の星団がどのような頻度で生まれているのかについての我々の理解は不十分であり，今後の研究が待たれる．太陽系には超新星爆発で星間空間にばらまかれた放射性同位体が豊富に存在することがわかっているので，太陽系は超新星爆発を起こす大質量の星を含む星団の中で生まれたと考えられている．しかし，その場所は不明である．図 1.12 はそのような大質量星を含む星団の形成領域の例である．

1.3.6　原始星の形成

　分子雲コアの自己重力が分子ガスの圧力に勝って動的に収縮するようになることで星形成過程が進行すると考えられている．この段階では，自己重力崩壊する分子雲コアの中心部分は周りの低密度部分（エンベロープ）を置いてきぼりにして収縮するので，逃走的収縮（run-away collapse）と呼ばれる．これは自己重力系の収縮の特徴である．その結果，急速に収縮する中心部分の質量は減少することになる．分子雲コアの典型的な質量が太陽質量程度であるのに対して，中心にある急速に収縮する領域の外縁部は少しずつ外側に取り残され，急速収縮領域の質量は太陽質量の100分の1程度にまで減少する．数値シミュレーションに基づく理論的研究によると，この急速な自己重力収縮は中心部分が十分に高密度になり第一コアと呼ばれる準静水圧平衡の天体ができるまで続く．この第一コアの内部ではゆっくりとした密度・温度上昇が続き，温度が2千度くらいになると分子が解離し原子になる．この過程は吸熱反応であり，再度急速な自己重力的収縮（第二収縮）を始める．この2回目の収縮は，第二コアができるまで続く．実は，この第二コアが生まれたての星である原始星である．

　現実の分子雲には磁場が存在するため，磁力線に貫かれて回転する分子雲コアの重力的収縮は中心高密度部分が逃走的に進むが，第一コアができると収縮から回転に転じ，磁場の力で分子流を放出する．しかし，第一コアの中で第二収縮するガスの振る舞いを記述するには電離度の低下を考慮した非理想磁気流体力学的計算が必要である．なぜなら，第一コアの中心部分ではガスの密度が十分に大きくなって荷電粒子の再結合が速くなり，電離度が下がるからである．電離度が十分に低くなると，ガスが磁力線に十分に凍結していない領域が生まれる．この領域では理想磁気流体力学では記述できなくなり，ダイナミックスが変るのである．ガスが磁場とほとんど相互作用していない領域はDead Zoneと呼ばれる．

　図1.13のような3次元の非理想磁気流体力学的数値シミュレーションの結果，原始星が生まれる頃には中心部分は磁束のほとんど（99.9%程度）を失うことがわかった．ポロイダル磁場（回転軸を含む面内の磁場成分）がきわめて弱くなるため，磁気ブレーキが利かない原始星は高速に回転することが可能であり，回転破壊速度より少し遅い程度で回転し続ける．回転により受動的に巻き込まれた磁場は，巻き数の多いバネのような状態になり，トロイダル磁場（回転軸まわ

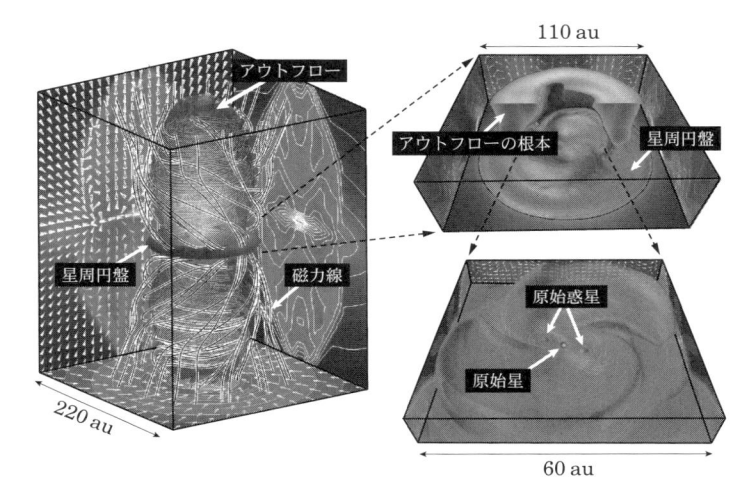

図 **1.13** 原始星形成期の鳥瞰図（口絵 1 参照）．非理想磁気流体力学的計算結果の一部を図示している．左の図は円盤が形成された頃に発生する磁気流体力学的回転高速流（双極状の部分）が上下に駆動されている様子を表す．右上図は左図の中心部分を，くりぬいた図である．高速流の中心が空洞になっているのがわかる．右下図は右上図の中心部分をさらに拡大した図であり，中心に原始星が生まれている．また，その周りに星周円盤ができており，その中で木星の数倍の質量をもつガス惑星が 2 個生まれている．第一コアが原始惑星系円盤になり，第二コアが原始星になる．

りの磁場成分）がポロイダル磁場をはるかに凌駕した構造となる．トロイダル磁場の増強は単調に続き，最終的にはトロイダル磁場による磁気圧が十分大きくなり，重力束縛に打ち勝って両極域からガスの流れが生じる．トロイダル磁場の強度が強いため，流れが細く絞られる性質（コリメーション）が強くなる．結果として，加速領域における脱出速度程度の流れとなって細い直線状のジェットが放出される．このように理論的には，分子流と光学ジェットは，第一コアと第二コアという異なる大きさの構造から放出されることが予言されており，近年は観測的にも検証されている．

1.3.7 　原始惑星系円盤の形成

　惑星形成の舞台として重要となる原始惑星系円盤がどのようにして形成される
かという問題は，その後の円盤の進化を理解する上でも重要である．図 1.13 に
生まれたての原始星の周りに重たい円盤構造ができて，さらに分裂してガス惑星
を形成している様子の非理想磁気流体力学シミュレーションを示す．これらは第
一コアの中にあり，電離度がきわめて低い Dead Zone 領域で起こっている．こ
の領域ではガスが磁場から力を受けないので，角運動量が磁場により外側に運ば
れるという効果（磁気ブレーキ）が効かず，角運動量を持ったガスは遠心力と重
力がつり合う辺りの半径に到着し，円盤を形成するようになる（詳細は 1.4.1 節
参照）．この円盤自体の大きさは単調に大きくなり，やがて第一コア全体が原始
惑星系円盤に変換されることになる．この形成期の円盤では円盤質量が中心星の
質量よりも大きいような状態になっている．なぜなら，十分に成長した円盤の質
量は第一コアの誕生直後の質量（0.01 太陽質量）より大きく，生まれたばかりの
原始星の質量は 0.001 太陽質量程度しかないためである．このように中心領域
に存在している原始星と原始惑星系円盤の質量の総和は太陽質量に比べてきわめ
て小さいため，分子雲コアの質量のほとんどは原始星や原始惑星系円盤の外側に
まだ残っている．この領域のことは原始星エンベロープとも呼ばれる．そのガス
はその後も継続的に中心領域に降着を続けるため，中心領域の質量は 10 万年程
度の時間をかけて単調に増加していく．

1.3.8 　原始惑星系円盤の進化と惑星形成へ

　形成期の原始惑星系円盤の質量は大きいが，自己重力的に生まれる渦状腕など
で角運動量輸送は効率的に働き，中心星への大きな質量降着を駆動する．そのた
め，百万年程度以内に円盤の質量は小さくなると考えられる．このような長時間
の進化を直接数値計算で追うことは困難であるため，一貫した計算により，星形
成から惑星形成までを統一的に記述することには誰も成功していない．この点
は，今後の重要な研究課題として残されているといえよう．上記で説明した原始
星の形成過程から円盤進化までの一貫した研究によると，原始惑星系円盤の初期
の面密度がきわめて大きく，その総質量は中心星質量と同じ程度かそれより大き
いという「とても重たい円盤」が形成されることが分かっている．この重たい円

盤は自己重力的に分裂して太陽系の木星程度の質量の天体を短時間に作る可能性がある.

一方, 太陽系の木星や土星等のガス惑星は中心部分に地球よりも大きな岩石のコアがあると思われている. 標準的な惑星形成論では, この大きな岩石コアが形成されてから, それが原始惑星系円盤のガスを獲得してガス惑星になると考えられている. 原始太陽系星雲を模擬した円盤構造モデルを仮定する従来の惑星形成説では, この大きな岩石コアを作る時間スケールがガス円盤の寿命よりもはるかに長いため, 大きな岩石コアがガスを獲得することが困難となってしまう. そのため, 種々の解決法が提案されているが, 論争は尽きておらず, 惑星形成論の主要な未解決問題となっている.

この節で説明した星形成過程から継続して円盤形成・進化の研究は, 岩石コアの形成に時間がかかる従来の惑星形成説とは対照的である. 円盤形成期という星形成のきわめて早期段階において, 重たいガス円盤で期待される重力不安定性により, ガス惑星が早期に生まれる可能性は十分にあるのである.

1.4 惑星系形成の観測と理論

宇宙空間とはまったく異なる環境である惑星表層で生命は誕生する. この生命誕生の舞台を用意するのが, 若い星を取り巻く円盤（原始惑星系円盤）である. 原始惑星系円盤は, ガスと塵粒子（ダスト）からなる点は分子雲と共通であるものの, そこでは中心星の重力場や放射場が強く影響する特有の過程も起こる. 本節では, 惑星や生命の材料が星間物質からどのような履歴を辿って準備されるのかを理解するため, 分子雲や惑星表層環境とも比較しながら, 両者を繋ぐ原始惑星系円盤の性質を概観する.

まず, 原始惑星系円盤の構造を詳しく解説し, スノーライン（雪線）の概念を導入する. 次に, 円盤質量の大部分を占めるガス成分について, その化学的な側面に注目して紹介する. さらに, ダストの成長と微惑星形成に関する諸問題を紹介する. 最後に, 原始惑星系円盤観測に関する最近の進展を簡単に紹介する.

1.4.1 円盤から惑星へ

（1）原始惑星系円盤の誕生

　星は，「分子雲コア」と呼ばれる分子雲中の高密度領域が重力収縮することで誕生する．分子雲コアから第一コアが形成され，第二収縮を経て原始星と原始惑星系円盤が形成される一連の過程は，1.3.6 節，1.3.7 節にその概略が示されている．原始惑星系円盤の形成をもっとも単純に理解するためには，その過程の中で「回転している物質が中心の星まで落下することができない」という効果を考えると良い．第二収縮前の第一コアは，一般にゼロでない回転成分（角運動量）を持つはずである．中心軸からの距離を R としたとき，角運動量を保存しながら落下する物質の回転速度 v は R^{-1} に比例し，落下に伴い R が小さくなるほど v は増大する．このとき落下物質に働く重力は R^{-2} に比例するが，回転による遠心力は R^{-3} に比例する．すなわち，R が小さくなるにつれて，遠心力の方が重力より急激に強くなる．つまり落下する物質はどこかで遠心力が重力とつり合い，中心に落下することはできない．そこで，中心星に落下しきれなかった物質の一部が生まれたての星の周囲に回転円盤状の構造を形成する．これが，原始惑星系円盤であり，惑星形成の母胎となる．

　分子雲に含まれる物質を引き継いで，原始惑星系円盤内の物質もガスとダストから構成される．その構造は，星形成の過程が完全に理解されれば分かるはずだが，現状では，分子雲コアが収縮する際，その質量が原始星と原始惑星系円盤にどう分配されるのかを理論的に求めることは難しい．そこで惑星形成の研究ではしばしば，原始星への降着が十分に起こり，原始星と周囲の原始惑星系円盤が取り残された状態を初期条件として，そのときの円盤をモデル化する．特に，現在の太陽系に含まれる固体物質の量から逆算して，原始惑星系円盤に含まれる固体物質の量と分布を推定した「最小質量円盤モデル」は広く用いられている．このモデルでは，中心星から 100 au 以内にあるガスの総質量が約 $2 \times 10^{-2}\, M_\odot$（$M_\odot$ は太陽質量を表す）である．これは，木星質量の約 10 倍，あるいは太陽質量の 1/100 程度にすぎない．したがって，最小質量円盤モデルでは，原始星を終えた段階での星と原始惑星系円盤の系において，その質量の大部分は星が担っている．このことから，惑星は「星形成の残りかす」から形成されるとする見方が実感できるだろう．また，原始惑星系円盤は観測的に 10^7 年程度で消失

すると推測されており，星が形成されてからこの程度の時間内に惑星が形成されなければならない．太陽型星の年齢は 10^9 年程度であるから，星の一生のうちのごく初期の段階で惑星が生じているということがわかる．

（2）惑星形成過程の概略

原始惑星系円盤には系外惑星が示す多様性の起源が潜んでいるはずであるが，その点はまだ完全に解明されているわけではない．本書では多様な惑星系の形成に関わりうるさまざまな過程の詳細には立ち入らず，標準的な太陽系形成シナリオに沿って，惑星形成過程の大枠を示すに留める*10．惑星は岩石や氷が主成分の固体惑星と水素を主成分とするガス惑星に大別される．このうち，固体惑星はダストが成長して形成されたと考えるのが自然だろう．一方ガス惑星も，一部は円盤の自己重力不安定による分裂で直接形成されたのかもしれない（最近の描像については 1.3.8 節参照）が，その大部分はダスト成長によって固体のコアが最初に作られた後で周囲のガスを重力的に捕獲したものであると考えられている．つまり，ダスト成長がどのように起こるのかを理解することは，惑星形成過程の解明にとってもっとも基本的な課題であるといえる．

星間空間におけるダストのサイズは，星間減光の観測から，およそ $0.1\,\mu\mathrm{m}$ と見積もられている．原始惑星系円盤のダストもこのサイズから成長を始めるのだとすれば，地球の大きさ（直径およそ $10^7\,\mathrm{m}$）に至るまで，サイズにして 14 桁も成長することになる．このうち惑星形成の最終段階では，サイズが 10–100 km の微惑星と呼ばれる天体の衝突合体が起こると考えられており，その様子は重力多体系計算によりかなり良く理解されている．一方，その前段階である微惑星形成はより複雑な問題である．

1.4.2 原始惑星系円盤の内部構造とスノーライン

次に，原始惑星系円盤の内部構造を詳しくみよう．まず温度構造について考える．一般に物質の温度は，物質が吸収する熱（加熱）と放出する熱（冷却）のつり合いで決まる．原始惑星系円盤における主要な加熱源は，中心星からの放射で

---

*10 最小質量円盤モデルに基づく太陽系惑星の形成シナリオについては，本シリーズ第 9 巻の『太陽系と惑星［第 2 版］』を参照のこと．

ある．円盤内で中心星放射を吸収するのは主にダストであり，この加熱がダスト自身の熱放射による冷却とつり合うようにその温度が決まる．これは，温室効果を考えなければ太陽系における惑星や小天体の温度の決まり方と同じだから，原始惑星系円盤の温度分布は太陽系の惑星の温度と似たようなものになる．以下では，中心星から距離 r における温度 $T(r)$ が

$$T(r) = 280(r/1\,\mathrm{au})^{-1/2}\,\mathrm{K}$$

で与えられると仮定しよう．温度が $r^{-1/2}$ の依存性を持つのは，中心星から受ける放射フラックスが r^{-2} に比例することと，ダストの熱放射エネルギーがダスト温度を T_d として T_d^4 に比例することから導かれる．すなわち，r^{-2} に比例する加熱とつり合う冷却を実現するためには，$T_d \propto r^{-1/2}$ となることが予想できる[*11]．

　円盤の温度がわかると，中心面に対して垂直な方向の密度構造も決められる．簡単のためダストとガスの温度が同じだとして，質量の大部分を持つガスの構造を考えよう．

　原始惑星系円盤においては，中心星の重力が力学的にもっとも大きな影響力を持っており，これと他の力がつり合うことで円盤ガスの構造が決まっている．動径方向では，中心星の重力と回転の遠心力とがほぼつり合い，ガスの速度はほぼケプラー回転の値になる．

　一方，円盤中心面に対して垂直な方向の力のつり合いを示したのが図 1.14 である．中心面から少し離れた場所に存在するガスには，中心星重力が円盤中心面に向かう力として作用する．それに対抗する圧力勾配力を発生させるため，ガス円盤は厚みを持ち，垂直方向には密度の成層構造が作られる．ここで，中心星から距離 r における中心面から測ったガス円盤の厚み $H(r)$ を簡単に見積もってみよう．円盤中心面での圧力を P とし，周囲の星間空間へとつながる円盤表面での圧力は P に比べて十分小さいと考える．すると，円盤ガスの単位質量あたりにかかる圧力勾配力の大きさは，円盤中心面でのガスの密度を ρ として，$P/\rho H$ 程度の値である．一方，中心星重力の垂直方向成分の大きさは，円盤ガスの単位質量あたり

　[*11] 円盤が赤外線放射の波長領域で光学的に厚いことを考慮すると，円盤温度の半径依存性は少し変わる．

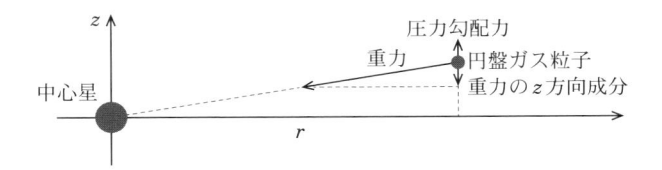

図 1.14 原始惑星系円盤における，円盤中心面に対して垂直な方向の力のつり合いの模式図

$$\frac{GM_*}{r^2} \times \frac{H}{\sqrt{r^2 + H^2}} \sim \Omega^2 H$$

となる．ここで，M_* は中心星の質量，$\Omega = (GM/r^3)^{1/2}$ は円盤のケプラー回転の角速度であり，H が r に比べ十分小さいと仮定した．両者のつり合いが実現していれば $H^2 = P/\rho\Omega^2$ であるが，P を ρ で割ったものは音速 c_s の2乗にほぼ等しい．したがって $H \sim c_s/\Omega$ と表され，円盤の厚みと半径の比は $H/r = c_s/v_K$ となり，音速とケプラー速度 v_K の比に対応することもわかる．c_s は温度で決まり，300 K では約 $1\,\mathrm{km\,s^{-1}}$ である．一方，$M_* = 1\,M_\odot$ のときの $r = 1\,\mathrm{au}$ でのケプラー速度は約 $30\,\mathrm{km\,s^{-1}}$ であり c_s に比べ十分大きいので，幾何学的に薄い円盤という仮定と整合的である．

　円盤の厚みから，円盤中心面での密度も見積もられる．最小質量円盤の場合，$r = 1\,\mathrm{au}$ でのガスの面密度 Σ_g は $2 \times 10^3\,\mathrm{g\,cm^{-2}}$ であり，$H = 0.03\,\mathrm{au} \sim 5 \times 10^{11}\,\mathrm{cm}$ とすれば，$\rho \sim \Sigma_g/H \sim 4 \times 10^{-9}\,\mathrm{g\,cm^{-3}}$ となる．これは，水素分子[*12]の数密度にして約 $10^{15}\,\mathrm{cm^{-3}}$ であり，星間空間（典型的に水素原子の数密度で $1\,\mathrm{cm^{-3}}$）に比較して非常に高い密度であることが分かる．しかし，現在の地球表面の空気の密度（$1.3 \times 10^{-3}\,\mathrm{g\,cm^{-3}}$）に比較すると円盤の密度は非常に低い．また，$P \sim c_s^2\rho$ から円盤中心面の圧力は約 $4\,\mathrm{Pa}$ と見積もられる．現在の地球表面の大気圧は約 $10^5\,\mathrm{Pa}$ であるから，それに比べれば円盤は非常に圧力の低い環境といえる．現在の地球表面のような環境は，惑星重力によって気体成分をその表面に留めているからこそ実現するのである．

　最後に，生命の誕生に欠かせない水（H_2O）が原始惑星系円盤内でどのように

[*12] 原始惑星系円盤や分子雲は，平均的な星間空間よりもガスやダストが強く集まった領域であり，主たるガス成分は水素分子である．

存在するのかを見ておこう．上記の温度の式からわかるように，円盤は中心星の近傍では数 100 K から 1000 K を超える温度になっている一方，中心星から 100 au ほど離れた外側の領域では数 10 K という非常に低温な状態になっている．温度の高い中心星近傍では水は気体（水蒸気）として存在するが，温度の低い中心星から離れた領域では水は固体の状態（氷）で存在する．また，円盤環境は水の三重点（約 612 Pa，273.16 K）より圧力が低いため，水が液体として存在できる領域はない．したがって円盤には，水が気相に存在する領域と固相で存在する領域との境界が存在する．この境界をスノーライン（雪線）と呼び，最小質量円盤モデルにおいては中心星からおよそ 2.7 au 離れた場所に存在すると考えられている．

　スノーラインの外側では水氷が固相に加わるため，その内外で，ダスト密度が数倍変わる．ダストの成長効率はダスト密度に依存するはずなので，スノーラインの存在は惑星形成にも大きな影響を及ぼす．実際，太陽系起源論ではスノーラインが固体惑星とガス・氷巨大惑星の境界としての意味を持ち，現在の太陽系惑星配置を自然に再現する根拠とされた．また，ケイ酸塩ダストに比べて氷ダストが付着成長しやすいという点や，水が惑星表面で液体として存在できる領域（ハビタブルゾーン）との兼ね合いも含め，円盤内で水がどのような形態でどこに存在しているかという問題は，惑星形成において非常に重要である．

1.4.3　円盤環境におけるガス化学

　円盤のガス成分は，円盤質量の大部分を担うという天体形成論的な側面だけでなく，生命誕生の材料や惑星大気の初期条件を与えうるという物質科学的観点からも重要である．原始惑星系円盤は，一般の星間空間で考えられうるさまざまな状況が標本室のように詰め込まれているユニークな対象である．中心星の近くは 1000 K を超えるような高温環境であるだけでなく，大規模な星フレアや円盤からの激しい降着を起源とする X 線や紫外線も照射されている．一方で中心星から離れると，数十 K という非常に低温な環境になる．さらに 1.4.2 節で述べたように，円盤内におけるダスト量にも不均一さがある可能性は高い．ダスト分布の局在は温度構造に小スケールの変化を引き起こし，ガス化学にも影響する．このように，原始惑星系円盤にはさまざまな環境が 100 au 程度という非常にコン

パクトな領域に共存しており，それらを跨いで移動する物質の進化は複雑な過程となる．ここでは，いくつかの円盤に特有なガス化学過程を紹介する．

まず円盤内での酸素原子分別過程がある．この過程は，水のスノーラインより外側で作られた氷ダストが内側に落下して昇華することによって起きる．円盤外域に存在する水氷は円盤内での酸素原子の重要な貯蔵源である．水は揮発性分子の中では昇華温度が比較的高いため，円盤のより内側まで固体ダストとして輸送された後に気相へと放出される．その結果，円盤における炭素酸素存在比（C/O比）が円盤内の場所によって変わることになるが，これは形成される惑星の大気などにも影響を与えるだろう．

また，円盤内の異なる環境において，それぞれ分子の同位体比に影響を与える過程が存在する．円盤の母胎となる低温の分子雲コアでは，水素分子を除く水素を含む微量分子に重水素 D が濃集する傾向があり，D を含んだ分子が原子存在比 D/H に比べて多くなる．もし，円盤において D が過剰な分子同位体比を示すガスがあれば，それは分子雲や円盤外域の低温環境における D 濃集の痕跡を保持している示唆を与える．また，円盤表層など，X 線や紫外線の多い環境でも同位体の分別が起こりうる．これは，解離光子が表層で消費されることで内側に到達しない効果（自己遮蔽）が，高い同位体比をもつ分子ほど効果的に働くためである．このような同位体分別は，太陽系試料の分析から円盤の物質進化をひも解こうとする研究とも密接に関係する．

円盤構造の初期条件を理論的に決定するのが難しいことを先に述べたが，同様に円盤ガス化学組成の初期条件も未解明である．円盤の形成期においては，星間物質は静かに円盤へと取り込まれるわけではなく，星間物質の収縮に伴う重力エネルギーの解放を衝撃波加熱として体験する．この加熱が物質組成にどのような影響を与えるのかについては，研究の端緒が開かれたばかりである．また，星形成環境の違いが円盤物質組成に与える影響や多様性についても明確にはなっていない．2010 年代に稼働を始めたアルマ望遠鏡は，原始星周囲の円盤形成領域において，特徴的な分子組成の空間分布パターンやその多様性を明らかにしつつある．これらが系外惑星の大気組成やアストロバイオロジー的な観点から重要な多様性とどう繋がっているかは，今後追究すべき大きな課題といえる．

1.4.4 ダストの成長と微惑星形成

ダストが 10–$100\,\mathrm{km}$ サイズの微惑星に至るまでの成長過程については，依然として多くの謎が残されている．ダストの成長過程を考える上での問題は，大きく分けて二つある．第一に，ダスト同士が衝突した際に付着するかどうかという問題である．そして第二に，円盤の中でダストが集まった領域が作れるかという問題である．

ダスト同士の付着を議論するためには，ダストが衝突したときの付着確率が衝突の速さに応じてどのように変化するかを求める必要がある．ダスト同士が高速で衝突すれば，粉々に砕け成長できないであろうことは想像がつく．また，水氷ダストに比べてケイ酸塩ダストが付着しにくいことも定性的には明らかであろう．ところが，ケイ酸塩ダスト表面に微量な有機物が存在していると，それが"糊"の役割をして付着確率が上がる可能性も指摘されている．このように，どの程度の速度で衝突すれば付着による成長が可能となるか，定量的に見積もろうとすると，ダストの表面物性・形状・電荷量などに依存するため，非常に難しい問題になる．

第二の，円盤の中でダストが集まった領域が作れるかという問題にアプローチするためには，円盤中でのダストの運動を考える必要がある．ダストのサイズが十分に小さければ，ダストに対してガス抵抗力がよく働くため，ダストとガスは同じような分布になる．しかし，ダストが大きくなってガス抵抗力の影響が小さくなってくると，ダストとガスは互いに影響しつつも異なる運動をして，円盤内における局所的なダストとガスの質量比 (d/g) が一定ではなくなり，ダストが濃く集まった領域が生じうる．これは，ほぼ一様な d/g を示す一般の星間空間とはまったく異なる状況であるといえる．

すでに 1.4.2 節で述べた通り，円盤の密度構造を支配するのは中心星重力であり，それが円盤ガスに密度の濃淡を生じさせる．この密度の濃淡は多くの場合，ガスの圧力勾配がそれ以外の力学的な力とつり合うように生じる．一方でダストは圧力勾配力をほとんど受けず，それ以外の力学的な力の作用のみを受ける．その結果として，ガス圧の高い領域へダストが集積し，d/g が高まる傾向がある．先のガス成層構造の下ではダストは赤道面に沈殿しやすいし，回転流体で普遍的

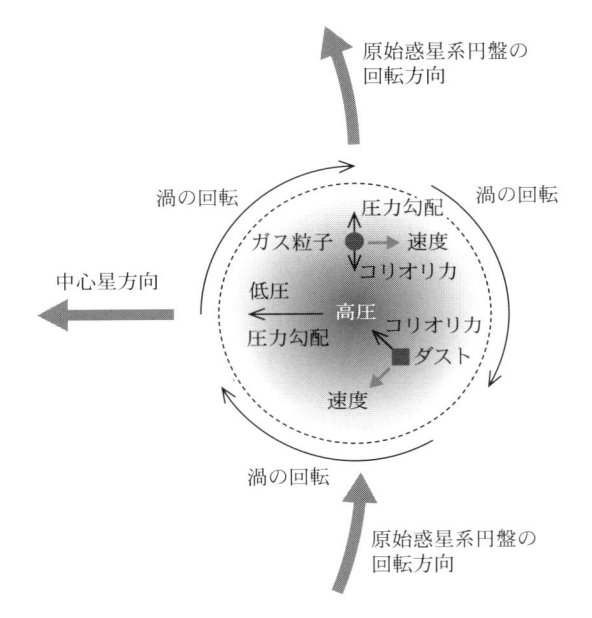

図 1.15 原始惑星系円盤中の高気圧性渦へのダスト集積の模式図．ガスはコリオリ力と圧力勾配力がつり合った状態にあるが，ダストには圧力勾配力がかからず，渦の中心にダストが集積する．

に見られるコリオリ力と圧力勾配力がつり合う渦[*13]のうち高気圧性渦にもダストは集積しやすい（図 1.15）．これら d/g が局所的に高い領域は，微惑星に至るダスト成長が効率的に起こる場所の候補と考えられる．

　微惑星形成に至るダスト成長にとって特に重要なのが，円盤ガスの動径構造である．1.4.2 節で示した円盤モデルのように，中心近くほど温度や密度が高い円盤では，ガス圧も内側ほど高い．つまり，ダストは中心の高圧領域へと落下する傾向がある．サイズが適度に大きくガスとの結合が適度に弱くなるダストがもっとも速く落下するが，このことは微惑星形成を阻害する障壁と見なされてきた．そこで，落下を避けて微惑星へと至るためには動径方向の適当な場所に小スケールの圧力極大（バンプ）が存在する必要があるのではないかという提案もある．

[*13] 地衡風と呼ばれる．

しかし近年の理論では，高い空隙率をもつダストは落下するより前に微惑星へと成長できるとする可能性や，円盤内域に微惑星サイズのコアがあれば，それが外から落下してくる小石程度に成長したダスト（ペブル）を効率的に集める可能性（ペブル降着）も指摘されている．これらが正しければ，比較的短時間で微惑星が形成されるのかもしれない．

1.4.5 原始惑星系円盤の構造の詳細観測（サブミリ波）

最後に，原始惑星系円盤の観測に関する最近の進展について紹介する．近年，地上の大型望遠鏡により，原始惑星系円盤の詳細な構造を空間分解して観測することが可能になってきた．原始惑星系円盤の構造の観測は，すばる望遠鏡などの口径 8 m クラスの光学赤外線望遠鏡で観測可能な近赤外線の領域（すばる SEEDS プロジェクト等）と，アルマ望遠鏡で観測可能なサブミリ波の領域でおもに行われている．ここでは，アルマ望遠鏡を用いた原始惑星系円盤の観測例のみを取り上げる．

サブミリ波以上の長い波長では，原始惑星系円盤の中心面（付近）のダストを観測することができる．そして，アルマ望遠鏡などの大型電波干渉計は，その空間的な構造を捉えることができる．円盤中心面は，まさに惑星形成が起こる場所であるから，ダストの構造観測から，惑星形成の現場に迫ることができる．

図 1.16 に示すのは，明るい原始惑星系円盤 20 天体を集中的に観測した DSHARP プロジェクトの結果である．一見してわかるように，観測した天体のうちの多くがリング状の構造を持っている．このようなリング状の構造はどのように形成されるのだろうか．ここでは，その可能性を二つ紹介する．

第一の可能性は，原始惑星系円盤の中にすでに惑星が形成されている，という説である．原始惑星系円盤中に存在する惑星は，周囲の原始惑星系円盤に重力的な影響を及ぼす．その結果，惑星の軌道上にある物質が跳ね飛ばされ，惑星軌道に沿って密度の薄い「ギャップ」と呼ばれる構造が作られることが理論的に予想されている．そこで，観測されているような原始惑星系円盤のリング構造は，円盤の中に惑星が存在することを間接的に示唆していると考えるのである．

第二の可能性として，リング状の構造は円盤におけるスノーラインを反映しているものだという説がある．水に対するスノーラインは 1.4.2 節で紹介したが，

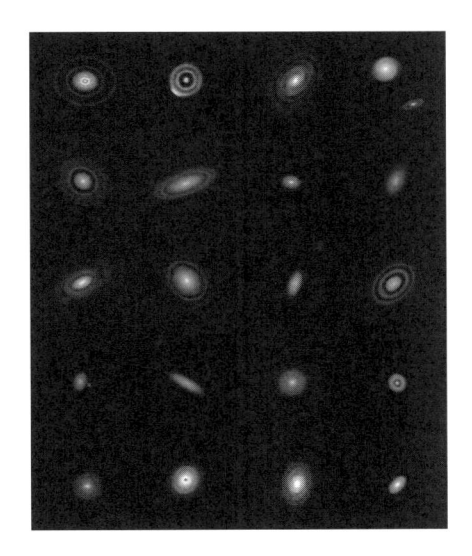

図 **1.16** DSHARP プロジェクトによる 20 天体の原始惑星系円盤のダスト連続波放射のサブミリ波画像（口絵2 参照，ALMA（ESO/NAOJ/NRAO），S. Andrews *et al.*; NRAO/AUI/NSF, S. Dagnello）

原始惑星系円盤にはそれ以外にも一酸化炭素分子をはじめさまざまな揮発性分子が存在し，それらの凝固点に応じたスノーラインが存在する．スノーライン付近では，円盤における固体の状態が急激に変化しているから，それに応じてダストの性質なども変化しており，円盤の観測量にリング状の不連続構造として反映される，と考えるのである．

　どちらの説が良いか，あるいはそのどちらでもないかを検証するには，他の観測を積み重ねていく必要がある．惑星説の立場に立つならば，実際にその構造を作っている惑星からの放射を探していくことが求められる．これは，系外惑星の直接撮像の手法を応用して，円盤中に存在する（かもしれない），点光源を探していくことが一つの方向性になる．実際に，低質量の若い星である PDS 70 の円盤ギャップ中に若い惑星が近赤外線波長で発見され，質量降着に伴うと考えられる輝線も検出されている．また，スノーライン説の立場に立つならば，リング構造付近の温度はどうなっているか，ガスの空間構造の観測と円盤化学のモデルを組み合わせながら調べていく必要がある．

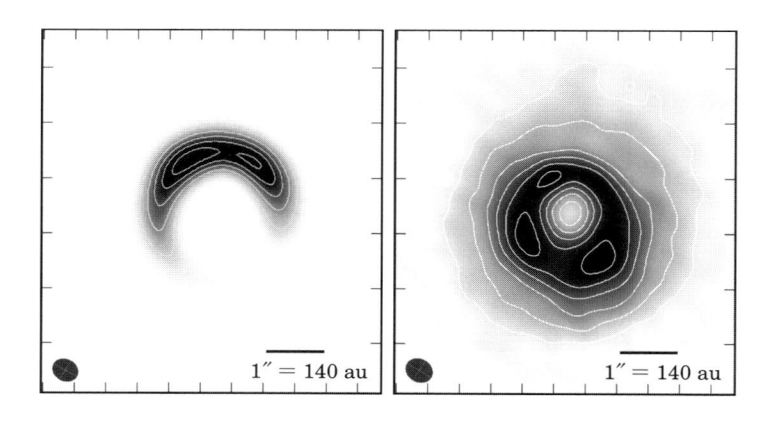

図 **1.17**　HD142527 周囲の原始惑星系円盤のサブミリ波画像.
左はダストの熱放射の強さ, 右は一酸化炭素ガスの輝線放射の強
さを表し, 黒い部分がより明るい. ダストの放射は北側（図の上
側）に局在している一方で, ガスの放射は全体に分布している.
左下に示した楕円はこの観測の空間分解能を表す.

　多数の円盤でリング状の構造が観測される一方で, 数は少ないものの, 非軸対
称な構造を持つ天体も観測されている. 図 1.17 は, HD142527 という天体の観
測で, ガスの放射はおおむね軸対称に分布しているが, ダスト放射には強い空間
的な偏りが存在している. 円盤の放射の強さから円盤におけるガスとダストの分
布を見積もってみると, この天体では, ダストの放射の強い円盤の北側の領域に
は, 南側に比べて数十倍ものダストが濃集していることが示唆される. このよう
な構造はたとえば, 1.4.4 節で触れたような高気圧性渦へのダストの集積によっ
て形成されるかもしれない. ダストが強く集まっている領域では微惑星が効率的
に形成されるので, この観測はまさに惑星の形成現場を捉えているのかもしれな
い. 以上のように, 原始惑星系円盤の詳細構造の観測から, 円盤の持つ多様な構
造が明らかになってきた. 従来の惑星形成理論では, 動径方向に滑らかな（面）
密度分布をもつ円盤の存在を仮定してきたが, 現実にはより複雑な構造が存在し
ているようである.

　さらに将来の方向性として, 水スノーラインの位置を観測によって直接検出す
ることや, 中心星から数 au 程度（現在の太陽系において, 地球のような惑星が
存在する領域）の場所における円盤構造を詳細に観測することが展望されてい

る．すばる望遠鏡やアルマなどの既存の装置の強化に加え，口径 30 m 級の超大型地上望遠鏡や宇宙望遠鏡 JWST など，新しい望遠鏡による発見も期待されるところである．

1.5 恒星とその物理量

生命が惑星の上で育まれるためには，その惑星を周りに従える恒星（中心星）から与えられる光と熱が生命の生存に適したものであることが不可欠である．いろいろな種類の恒星についてその性質にはどのような違いがあるのか，またそれは何に由来するのかを学ぼう．

1.5.1 恒星と惑星

恒星は太陽のように内部で核融合反応によってエネルギーを生み出して光っている灼熱のガス球天体であり，対照的に惑星は自分でエネルギーを生成できず反射して光るのみの天体である[*14]．この両者を分ける本質的な要因は質量の違いである．正電荷を持つ原子核同士の電気的斥力（クーロン力）に打ち勝って原子核同士が近づいて核融合反応が起こるためには大きな運動エネルギー，すなわち十分な高温状態が必要となり，これは中心部の圧力が高くないと実現しないので天体の質量がある程度大きくなければならない．一番基本的な（水素と水素が融合してヘリウムに変換される）水素燃焼反応でエネルギーを作り出して自分で光るためには少なくとも $0.08\,M_\odot$ は必要であり（$M_\odot$: 太陽質量），これ以上の質量を持つ $M > 0.08\,M_\odot$ の天体が恒星である[*15]．

1.5.2 HR 図と主系列星

質量は恒星の性質を決める重要なパラメータであり，ガスから生まれたときの初期質量でその後の恒星の一生の運命が大体決まるといってもよい．一般に熱核反応は温度に非常に敏感なので，より大きい質量 M の恒星ほど中心部の温

[*14] 赤外域においては表面温度に対応する熱放射はある．

[*15] 正確にいえば $> 0.01 M_\odot$ においては普通の水素燃焼は起こらないものの重水素やリチウムが燃焼する（エネルギー生成としては微々たる）核反応は起こる．したがってこの観点からは，$0.01\,M_\odot < M < 0.08\,M_\odot$ の天体を褐色矮星，それ以下の（$< 0.01\,M_\odot$）まったく核反応の起こらない天体を惑星，と区別することもある．

度はより高くなって光度 L，すなわち星が単位時間に発生するエネルギーも増大する．星が中心核における水素燃焼反応で安定に光っているときは $L \propto M^\alpha$（$\alpha \sim 3\text{--}5$）の関係が成立し，これを質量–光度関係と呼ぶ．

　一方，光度 L は表面輝度 $\sigma T_{\mathrm{eff}}^4$（$\sigma$ はシュテファン–ボルツマン定数，T_{eff} は有効温度でほぼ恒星の表面温度と見なしてよい）と表面積 $4\pi R^2$（R は恒星の半径）の積で表されるので L の大きい星ほど T_{eff} も高くなる．恒星の有効表面温度 T_{eff} を横軸（慣例的に右方向が低温）に，光度 L を縦軸に取った図をヘルツシュプルング–ラッセル図（略して HR 図）と呼んでおり恒星の性質や進化に伴う変化を論ずる際に重要な図である（図 1.18（左）参照）．この図で，中心水素燃焼段階の星はその質量に応じて左上（M が大きく，高い L と T_{eff}）から右下（M が小さく，低い L と T_{eff}）に伸びる帯状の領域（主系列）を占める．

1.5.3　恒星の進化

　恒星の一生の大部分は安定で，HR 図上での位置も変わらない主系列星として過ごすが，その継続期間（$\propto M/L$）は星の質量次第で大きく異なる．恒星の質量 M は $0.1\,M_\odot$ から数十 $M_\odot$ のせいぜい二桁程度の範囲であるが，光度 L は M の高いべき乗のためきわめて大きな違い（$\sim 10^{10}$ 倍）があるので，星の寿命（$\propto M/L$）もまったく異なってくる．

　一般に，恒星中心部の燃料が枯渇するとエネルギーを十分生み出せなくなり，周りの圧力に耐えきれず中心コアは収縮を始める．一方反作用で外層は膨らむので，半径 R の増大によって T_{eff} が低下し，低温度で半径の大きい星（赤色巨星）となる [*16]．

　一方，恒星の中心コアの収縮がさらに進んで十分な高温に達するとヘリウムが 3 つ融合して炭素を作るヘリウム燃焼反応など次の段階の核反応が始まり，コア

[*16] HR 図の上では $T_{\mathrm{eff}} \sim 4000\,\mathrm{K}$ あたりに林ラインという垂直に近く切り立った境界線（内部全体が対流状態の星の進化トラックに対応する）が存在し，星はこれより低温にはなれないので赤色巨星に向かう過程においてはこの林ラインに到達するとそれに沿って昇るようにあまり T_{eff} を変えずに L が増加する．一方これとは逆に，星が主系列に達する以前の前主系列星の進化においては林ラインに沿って下りながらあまり T_{eff} を変えずに L が低下する．したがって前主系列期にも赤色巨星のような高光度の状態が存在するので，これはたとえばハビタブルゾーンの議論で重要である．なお前主系列期星の進化（おもにケルビン–ヘルムホルツ収縮の時間尺度で決まる）は質量の大きな天体ほど主系列に達するまでの時間は短い．

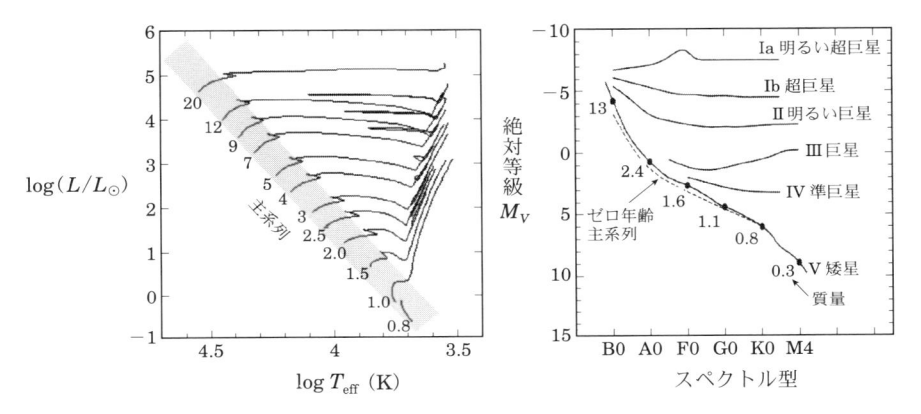

図 1.18 （左）HR 図における異なる初期質量の星（図中に値を太陽質量単位で示す）の理論的進化トラック（太陽組成の場合．Lejeun & Schaerer 2001, *A&A*, 366, 538 の計算に基づく）．帯状に塗った領域は主系列である．（右）HR 図におけるスペクトル型と光度階級を表す模式図（Gray 2005, *The Observation and Analysis of Stellar Photospheres*, 3rd ed. の Fig.1.6 より）．

の膨張の反作用で外層は収縮して，表面温度が上昇して青くなる[17]．このように恒星は比較的短期間にその性質を変えて HR 図の上を複雑に移動する終末期に入るが，恒星の最終的な運命は質量によって異なる．中小質量星は不安定な巨星になって質量を放出し，惑星状星雲を形成した後に硬い芯のような燃え尽きた星（白色矮星）になって冷えていく．大質量星は II 型超新星として重力崩壊の大爆発を起こして中性子星かブラックホールを残すのみとなる．図 1.18（左）には理論的に計算したさまざまな質量の恒星の進化経路を HR 図上に示す．

---

[17] 中小質量星の中心ヘリウム燃焼期は異なった質量の星も比較的似通った光度と温度になるのでこの段階の赤色巨星は HR 図上で密集した塊のように観測される（赤塊巨星）．ちなみに巨星の段階においては質量に応じて外層の半径は数分の 1 au（天文単位）～1 au に膨張するので主系列期に星の近くを回る惑星があっても飲み込まれてしまうだろう．中質量の巨星には軌道半径 0.6 au 以内の惑星が検出されないのはこれが理由だと考えられる．

1.5.4　スペクトル型と光度階級

　星の性質を表面温度と真の明るさという二つの物理量で表すのが HR 図であるが，もっと容易に星のスペクトルの眼視による区別だけでもほぼ同様の分類ができる．モルガンとキーナンにより確立された MK 分類は，恒星のスペクトル線強度が大気の温度と密度に依存しており，さらに大気密度が重力加速度を介して星の半径と関連していることを利用する二次元分類法である．この図では恒星が「スペクトル型」と光度階級で示される．スペクトル型は，アルファベット 1 字で表す温度の目安で O-B-A-F-G-K-M の順に表面温度の高→低の系列となり，さらに細かい分類のために 0–9 の数字を添える．「光度階級」は恒星の大きさの目安となるもので，I（超巨星：Ia と Ib に分かれる），II（明るい巨星），III（巨星），IV（準巨星），V（矮星）に分けられる．これらを決定することで，その星の温度や真の明るさが推定できて HR 図上の位置の対応付けが可能となる（図 1.18（右）参照）．クラス V の矮星は主系列星のことであるが，それ以外は進化に応じて膨らんだ星であって V→IV→III→II→I と光度階級が高くなるにつれてより半径が大きく大気密度の小さい，高光度の星になっている．なお太陽は G2 型で光度階級は V の主系列星である．図 1.18（右）のように，HR 図の横軸としては有効温度と密接に関連するカラー（$B - V$：青色等級と黄色等級との差）やスペクトル型，縦軸には光度とほぼ同等の絶対等級（M_V），といった観測的に直接決めることのできる量も用いられる．

1.5.5　早期型星と晩期型星

　昔は星は時間が経つにつれて冷えて温度が下がると思われていた歴史的事情から，伝統的に高温の O, B, A 型を早期型，比較的低温の F, G, K, M 型を晩期型，と二つのグループに分けている．早期型星は光度階級にかかわらず基本的に質量の比較的大きい星なので寿命が短く若い星で，年齢はせいぜい十億年程度であるが，後者は主系列に限れば小質量星なので寿命は長く百億年以上も前の宇宙初期に生まれた星もある．一方晩期型の巨星や超巨星は（比較的質量の大きな）早期型主系列星が進化して膨れて低温度の赤い星になったものも多いが，小質量の古い星も進化するとこの HR 図の右上の赤色巨星領域に入るので複雑である．

　F 型（〜 7000 K）あたりを境にして分かれる 2 つのグループには重要な違い

がある．高温の早期型星の外層は基本的に放射平衡が成立していて静かである
が，低温の晩期型星では対流が起こっており表面大気は太陽の粒状斑に見られる
ように非均一で複雑な速度場になっている．晩期型星の対流層はより晩期になる
ほど深くなるが，その巨視的運動はダイナモ機構で磁場を作り出す．そしてその
磁力線は差動回転の効果もあって強められて表面に浮かび上がり，黒点，白斑，
フレアなどの活動的現象を引き起こし，その活動度は（太陽の 11 年周期のよう
に）周期性を示す場合が多い．

　恒星活動に起因する磁場や音波の非熱的エネルギーは上方に伝わると散逸して
ガスを加熱するので晩期型星の大気においては，光球は数千度程度の温度でも外
に行くほど温度が上昇して，彩層（$\sim 10^4\,\mathrm{K}$）やコロナ（$\sim 10^6\,\mathrm{K}$）とよばれる
高温の希薄なガスが存在する．この高温ガスの発する輝線や熱的放射などによ
り，特に X 線から紫外線（UV）の短波長領域における放射強度は活動の活発さ
に大きく依存する．

　また，この磁気活動は恒星の自転に大きな影響を及ぼす．恒星が形成されたと
きは一般に角運動量が大きく恒星は速く自転している．しかし晩期型星の場合は
ダイナモ起因の磁気活動と恒星風によって磁力線が外向きに伸びており，それが
角運動量を外に引き出して自転にブレーキをかける効果を生じるために自転速度
は時間の経過とともに遅くなる [*18]．一方，早期型星はそのような減速効果が働
かないために一般に高速自転している．なお高速自転の早期型主系列星が進化し
て低温の赤色巨星や超巨星になった場合も，半径の増大に伴い（角運動量保存則
から）自転速度も減少することになる．

1.5.6　恒星物理量の観測的決定

　みかけのスペクトル分類でスペクトル型と光度階級が決まることと同様の原理
で，T_{eff}（有効温度）と $\log g$（表面重力加速度の対数）を観測的に決定すること
ができる．これには放射の巨視的なエネルギー分布（カラー）を利用する測光的
手法と個々のスペクトル線を定量的に解析して行う分光学的方法がある．また前
者から平均的重元素量（金属量），後者から個々の元素の含有量（化学組成），の

　[*18] 主系列に達する以前の前主系列星の自転については磁場の成因の違いや円盤との相互作用など
もからむのでもっと複雑で単純な減速ではないと考えられている．

情報も得られる．これらはさらに恒星の基本的物理量の決定にもつながるので重要な大気パラメータである．

最近はガイア衛星などの位置天文衛星による年周視差の観測によって多くの恒星で十分正確な距離が測定されている．そのため，みかけの明るさから真の光度（L）もわかり，観測的に決定した T_eff と $\log g$ に $L \propto T_\mathrm{eff}^4 R^2$ と $g \propto M/R^2$ の関係式を適用して R と M の値が得られる．あるいは L と T_eff（並びに金属量）が分かっている場合は，理論的に計算されたさまざまな質量の進化トラック（図1.18（左））と比較することで M の決定が可能になる．このように理論的進化トラックと比較する場合には星の年齢も併せて見積もることができる．

また，干渉計観測等で星の視直径が測定されている場合は，距離と合わせて直接 R も決まるほか，見かけの明るさと合わせると距離によらず有効温度を決定できる．また，二つの星が互いに回り合っている連星系は，軌道を解析することで質量（M）も得られたり，食連星の場合は光度曲線を解析することで半径（R）も決められる，というように物理量の直接決定ができるので特に有用である．

1.5.7　恒星の自転速度

恒星の自転速度の決定は伝統的にスペクトル線の幅あるいは輪郭から決めるやり方が広く用いられてきた．つまり自転により恒星表面の各点の（観測者から見た）視線速度には遠ざかるものと近づくものが生じ，そのドップラー効果による波長のズレが積分されることでスペクトル線は幅が広がって丸みを帯びた輪郭になることを利用するのである．ただしこの方法には一つ弱点がある．ドップラー効果を生じるのは速度ベクトルの視線成分だけなので，観測から得られるのは $v \sin i$（v は赤道自転速度，i は自転軸と視線がなす角度）という射影自転速度であり，射影因子 $\sin i$ の不確定性は残る．それでも統計的な議論は十分できるし，$\sin i$ が非常に小さくなる確率は高くないので，この $v \sin i$ は恒星の自転を議論する上で有用である．図1.19に B 型から K 型までの主系列星の観測された射影自転速度（$v \sin i$）の分布を示すが，早期型から晩期型に移行する F 型あたりで急激に自転速度が減少することが見てとれる．これは，すでに1.5.5節で述べたように対流層を持つ F 型以降の晩期型星の自転速度が磁気活動の影響で減速しているからである．

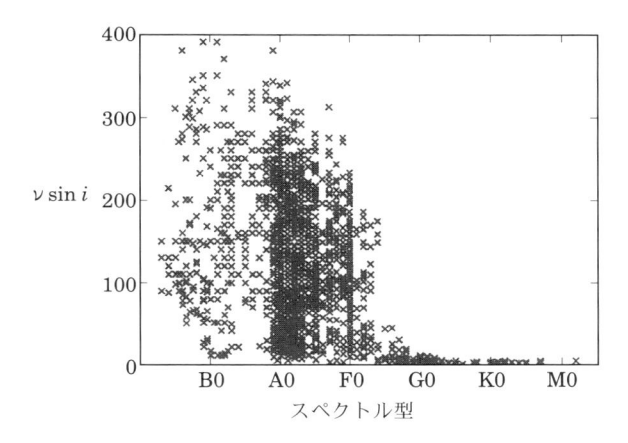

図 **1.19** 主系列星の射影自転速度とスペクトル型の関係 (Gray 2005, *The Observation and Analysis of Stellar Photospheres*, 3rd ed. の Fig.18.21 より)

　一方，直接赤道自転速度 v を決定することも近年では可能になってきた．恒星の表面は必ずしも一様ではなく，特に晩期型の星では太陽表面の黒点や白斑のように不均一性を示すことが多い．星が自転するにつれてこの不均一性の見え方が変わってくるので，最近のケプラー（Kepler）衛星のようにある程度長い期間にわたって非常に高精度の測光観測を行えば，わずかな明るさの周期的な変化が検出できて自転周期 P が求まる．これと別の方法で求めた半径 R とを合わせて $v = 2\pi R/P$ と決まるわけである．

　主星のスペクトルの精密解析から視線速度の微小な変化を検出し，周りのわずかに主星を揺り動かす惑星の存在を見いだすドップラー法は惑星検出の代表的な手法の一つである．しかしこれを有効に適用するためには視線速度の精度が十分高くないといけない．一般に早期型星（O, B, A 型）は十分な強度のスペクトル線の数が少ない上に自転速度が速いために線輪郭も浅く幅広いので視線速度の精度（用いるスペクトル線の数とシャープさに依存する）が向上せず，ドップラー法による惑星検出は望みが薄い．実際この分光学的な視線速度法で惑星検出が報告されているのは自転が遅くてシャープなスペクトル線が多い晩期型星の場合（FGKM 型矮星あるいは GK 型巨星）がほとんどである．

1.5.8 M 型矮星

（1）太陽系外惑星の探査と生命存在可能性の研究における M 型矮星の位置づけ

太陽系外惑星の探査，とくに生命存在可能性のある惑星の探査において，M 型矮星は重要なターゲットと位置付けられている．これは M 型矮星とその周りの環境が以下の特徴をもっているためである．

● 地球型の小型惑星の検出が比較的容易であること．

M 型矮星は太陽型星に比べて質量が半分以下（晩期 M 型では約 10 分の 1）であり，周回する惑星によって生じる中心星の視線速度変化が相対的に大きくなる．また星の直径もずっと小さい（約 10 分の 1）ため，トランジットの際の中心星の減光も大きくなる．主星と惑星の明るさのコントラストも小さくなりうるので，直接観測でも有利となる．

● 低温であるためにハビタブルゾーンが中心星の近くに存在すること．

これにより，太陽型星の場合に比べると，ハビタブルゾーンに存在する惑星によって生じる中心星の視線速度変化が相対的に大きくなり，地球型惑星であっても検出可能となる．また，地球から見て惑星がトランジットを起こす確率が大きくなる．さらに，惑星の公転周期が短くなるため，惑星検出・軌道決定等を比較的短期間で行うことができる．

● 多数存在すること．

銀河系における星のなかで M 型星は数にして約 7 割を占める．このため，太陽近傍における観測対象が多数存在する．

一方，惑星系の研究に関連して，M 型星には以下の特徴がある．

● 寿命が長く，あらゆる年齢の星がすべて主系列に存在すること．

このため，長期間にわたって惑星における生命の進化が可能となる．

● 太陽型星と異なる特徴．

星の寿命が長い一方，高い活動性を示す星が多く，惑星も大きなフレアの影響を受ける．誕生から主系列星として安定的に輝くまでの期間も長く，もっとも軽い晩期 M 型星の場合は前主系列段階が 10 億年にもおよぶ．その期間は主系列段階に比べて高温・高光度であり，活動性も高いため，周辺で形成される惑星にも大きな影響を与える可能性がある．また，ハビタブルゾーンが中心星に近いため潮汐固定により自転と公転が同期している惑星が想定される．低温の中心星か

表 **1.4** M 型矮星のスペクトル型細分類とそれに対応する有効温度 T_{eff}, 光度 L, 絶対等級 M_V, 半径 R, 質量 M (https://www.pas.rochester.edu/~emamajek/EEM_dwarf_UBVIJHK_colors_Teff.txt, Version 2022.04.16)

スペクトル型	T_{eff}	$\log(L/L_\odot)$	M_V	$R\ (R_\odot)$	$M\ (M_\odot)$
M0V	3850	-1.16	8.80	0.588	0.57
M1V	3660	-1.39	9.64	0.501	0.50
M2V	3560	-1.54	10.21	0.446	0.44
M3V	3430	-1.79	11.15	0.361	0.37
M4V	3210	-2.14	12.61	0.274	0.23
M5V	3060	-2.52	14.15	0.196	0.162
M6V	2810	-2.98	16.32	0.137	0.102
M7V	2680	-3.19	17.70	0.120	0.090
M8V	2570	-3.28	18.60	0.114	0.085
M9V	2380	-3.52	19.40	0.102	0.079
M9.5V	2350	-3.57	19.75	0.101	0.078

らの光は太陽光とは異なるエネルギー分布をもつため,地球とは異なる光合成が起こっている可能性がある.

(2) M 型矮星の分類

M 型矮星の質量は,0.5 太陽質量程度から水素燃焼の限界である約 0.08 太陽質量までと範囲が広い.表面対流層が発達しており,0.35 太陽質量以下では星全体で対流が起こる.これが寿命や活動性などの星の性質に影響を与えていると考えられる.

M 型矮星のスペクトル型細分類とそれに対応する有効温度,質量,半径等を表 1.4 に示す.これらの量の推定にはさまざまな方法があり,それぞれ無視できない誤差がある.スペクトル分類においては,M 型星を特徴づけるのは可視光領域における酸化チタン(TiO)分子吸収帯である(図 1.20).これに加えて水素分子(H_2),水蒸気(H_2O)や酸化バナジウム(VO)などの分子吸収により,特に晩期 M 型矮星のスペクトルは分子吸収に覆いつくされる.スペクトル型でもっとも晩期型の M 型矮星(M8–M9)とそれより軽い褐色矮星(L 型)の境界と水素燃焼の限界質量の対応関係は,金属量の違いや質量のわずかな差が影響す

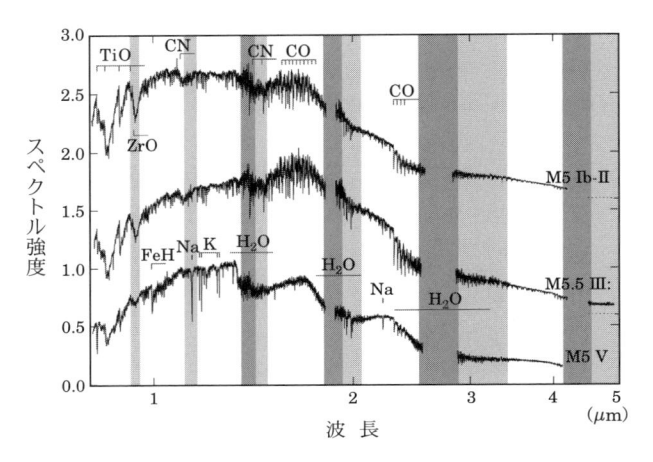

図 1.20　M 型星の近赤外線スペクトル（Rayner *et al.* 2009, *ApJS* 185, 289）．上から超巨星，巨星，矮星の順で，いずれも M5 型．どの天体でも 0.8 マイクロメートル付近の TiO 分子吸収が強いが，矮星では水分子（H_2O）や FeH 分子の吸収が強いのが特徴である．また，イオン化ポテンシャルの低い Na や K の中性原子スペクトルも矮星で強い．

るため必ずしも明確ではない．

　M 型矮星の金属量や化学組成の決定方法は，FGK 型星に比べると確立していない．測光や低分散分光，最近は近赤外線高分散分光などで分子バンドや原子線スペクトルを用いて金属量や化学組成の測定が試みられた．また，FGK 型星の伴星となっている M 型星の観測により，主星と整合する結果が得られるか検証する研究も行われている．M 型星の大気には複雑な分子吸収スペクトルが支配的になることに加え，晩期 M 型星では大気中でダストが形成されるとみられ，大気モデルにはそれらの影響をとり入れる必要がある．

　星の半径は，少数ながら干渉計の観測などで測定されている例があるほか，半径と強く相関すると考えられる温度（有効温度）から多くの星について推定されている（1.5.6 節参照）．また，掩蔽を起こす連星系の観測では星の質量と半径の関係を調べることができる．この結果と星の構造進化モデルから導かれる質量・半径の関係を比べると，モデルに比べ数％半径が大きく，色としては赤くなる傾向がある．その原因としては，星が磁場によって膨らんでいる可能性が検討され

ているが，確定的ではない．この不定性はトランジット観測で得られる惑星の半径の推定にも影響するので注意が必要である．

(3) 活動性と年齢依存性

星の光度 L は質量 M に対して $L \propto M^{3-5}$ の関係にあるため，小質量の M 型矮星の中心核での水素燃焼のタイムスケールは長くなる．さらに，0.35 太陽質量以下では星全体が対流で混合されるためより多くの水素が中心核で核融合を起こすことができる．このため寿命（主系列の滞在期間）はきわめて長くなり，0.1 太陽質量の星では 10 兆年を超えると見積もられる．

M 型矮星にはフレアなどの大気の活動性を示すものが多い．活動性は X 線光度やバルマー線放射などのスペクトル線の特徴，あるいは黒点の被覆率などによって測られる．これらの活動性は星表面の磁場の強さと関連付けられ，星の構造や自転，年齢と関係していると考えられる．磁場の強さは，スペクトル線に現れるゼーマン効果などによって見積もられている．

内部の対流が発達している M 型矮星の自転は，星の質量や年齢に依存すると考えられている．星の形成期には，回転している星周円盤からの質量降着で自転が加速される一方，星周円盤との相互作用では角運動量が失われることも考えられる．主系列段階では一般に，主として磁気駆動風によって角運動量が失われ，自転が減速する（1.5.7 節参照）．早期 M 型矮星では，磁場強度や活動性は星の自転との相関がみられることが分かっており，若い星ほど自転が速く，活動性が高い．一方，M 型矮星のなかの特に晩期型のものにおいては自転速度に大きな幅があり，概して活動性が高い．これには星全体で対流が起こっていることが関連していると考えられている．

(4) 銀河系における位置づけ

M 型矮星は銀河系内でも数で言えば多数（約 7 割）を占めていると考えられるが，光度が低いために調査されているのは太陽系の比較的近傍に限られる．一方，寿命が長いため，宇宙年齢の範囲内であらゆる年齢の星が含まれる可能性があり，太陽と同じ銀河系の薄い円盤種族だけでなく，厚い円盤種族やハロー種族の星が太陽近傍にも存在しうる（銀河系内の星の種族については本シリーズ第 4 巻

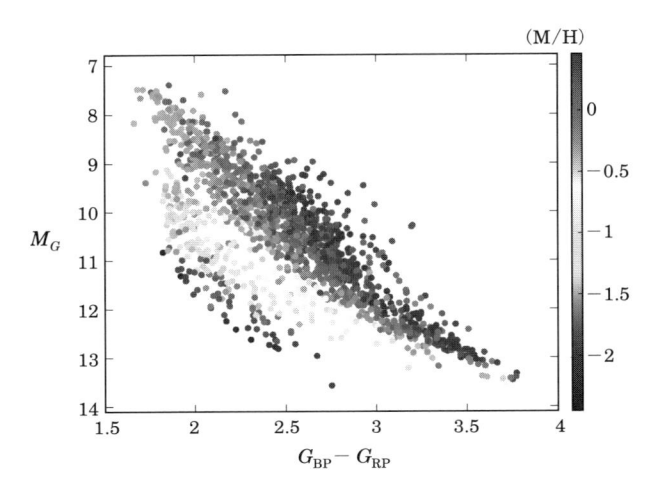

図 1.21　太陽系近傍の M 型矮星 1474 天体の色等級図（口絵 3 参照, Hejazi *et al.* 2020, *AJ*, 159, 30）. ガイア衛星の測光による. 分子吸収帯の強さから見積もった金属量（M/H）との対応関係が示されており, 低金属量の星がこの図の左下に位置している. M_G と $G_{BP} - G_{RP}$ は, それぞれガイア測光システムによる絶対等級と色指数を表す.

『銀河 I［第 2 版］』参照）. 実際, 太陽系にもっとも近い恒星のひとつであるバーナード星（M4 型）は非常に大きな固有運動を示し, 金属量も太陽より有意に低いと見積もられ, 厚い円盤種族に属する星であると考えられている（図 1.21）.

　星の金属量は可視光スペクトルに現れる原子スペクトル線から, 大気モデルを用いて測定されることが多いが, M 型矮星は可視光域で非常に暗く, 分子吸収が卓越して個々のスペクトル線の測定が困難となる. また, 大気モデルも太陽型星に比べると精度が高くない. このため, 分子吸収帯を用いて経験的に金属量を見積もる研究が行われてきたが, 最近では近赤外線領域の高分散分光データと大気モデルを用いた金属量測定も試みられている. その信頼性を確立するために, G 型星や K 型星を主星とする連星系に属する M 型矮星の組成を測定し, 主星の組成との整合性を確認する研究も行われている. ただし, こういった研究は現時点では早期 M 型矮星（M1–M3）に限られている. 晩期 M 型矮星（M4–M9）では, 大気中でダストが形成されることがわかっている. 形成されたダストは必ず

しも大気中に均一に分布するわけではなく，大気中で沈み込んだり雲を形成したりすると考えらる．これをモデル化し，大気の温度構造のモデル計算に取り込む努力もなされているが，それを用いて観測されたスペクトルから導出された化学組成には計算結果により違いが大きい．

　得られている金属量は，多くの M 型矮星で太陽系と同程度となっているが，その分布は広く，金属量の非常に低い星もみつかっている．天体の距離や運動はガイア衛星のデータなどでよく決まっており，金属量および化学組成の測定が進めば銀河系内の星の種族についての研究も進展が期待できる．

第**2**章

生命とは何か

2.1　天文と生命科学

　自然科学のさまざまな分野のうち，天文学（宇宙科学）と生命科学（生物学）はもっとも離れたものにみえるだろう．もともと，天文学は地球の上空を覆う天球にちりばめられた太陽，惑星，月，星座を構成するさまざまな星を対象とするものであり，それらはわれわれの手がとどかないものであった．一方，生物は基本的に地球上のものであり，「一般生物学」の教科書は一般といいながら地球生物しか対象にしていない．しかし，20世紀にこの2つがむすびつき，やがてアストロバイオロジーという新しい研究分野がつくられた．本節ではこの2つがいかに結びついてきたかを解説するとともに，その接着剤としての化学の役割についても述べる．

2.1.1　アストロバイオロジーの誕生と発展

（1）圏外生物学のはじまり

　20世紀前半がアインシュタインやシュレディンガーが活躍した物理学の時代とよぶならば，20世紀後半は，生物学と宇宙科学の躍進の半世紀とよべよう．1953年，ワトソン（J. Watson）とクリック（F. Crick）によってDNAの基本的構造が解き明かされたことに端を発して，分子生物学という新しい学問分野が

生まれた．これは医学や遺伝子工学などの応用分野や進化生物学などの基礎生物学へも応用され，生命科学は飛躍的な発展をみた．それとほぼ軌を一にして発展したのがロケットを用いた宇宙科学である．人工衛星スプートニク 1 号の打ち上げ（1957）に始まり，ルナ 2 号による月面到達（1959），ガガーリンの初の宇宙飛行（1961），マリナー 4 号による火星の近接撮影（1965），アポロ 11 号による人類の月面到達（1969）と，たった 10 年余の間に宇宙探査は一気に加速した．

　そのようなときに声を上げた医学者が，米国のレーダーバーグ（J. Lederberg）である．彼はバクテリオファージ（ウィルス）が細菌の遺伝子を取り込み，他の細菌に受け渡すという「形質導入」を発見したことにより 1958 年にノーベル医学生理学賞を受賞した．彼は 1960 年，第 1 回国際宇宙シンポジウム（COSPAR主催）において，惑星探査のおりに，地球由来の生物が他の惑星を汚染したり，逆に未知の生物を地球に持ち込んでしまったりすることの危険性を説き，「圏外生物学（Exobiology）」という新しい分野の創設を提案した．そして，宇宙開発を進めるにあたっては生物学者が参画すべきであると主張した．この提案もあり，米国では 1960 年に NASA 内に圏外生物学部門が設けられた．

（2）圏外生物学の進展

　NASA 内に圏外生物学部門が早々とできたことから，NASA の惑星探査の目的には太陽系の起源などとともに生命の起源や惑星生命探査のテーマが広く取り入れられた．1969 年のアポロ 11 号の月着陸において，月の岩石が地球に持ち帰られたが，月に未知の微生物がいないことが証明されていないため，宇宙飛行士たちはまず隔離施設に収容され，月の石は最新鋭のクリーンルーム内で保管，分析された．これは，今日の惑星保護（Planetary Protection）の走りである．

　NASA の圏外生物学の次のターゲットは火星であった．1975 年に打ち上げられたバイキング 1 号，2 号には有機物分析のためのガスクロマトグラフ質量分析計（GC/MS）と 3 種類の生物学実験装置が搭載された．1976 年に 2 機の着陸機は無事火星の平原に着陸し，ほぼ完璧に分析操作をこなした．しかし，結果は火星の生物の存在を裏付けるものとはならなかった．このことは NASA の火星生命探査を約 20 年停滞させる結果となった．

　火星以遠の天体はいわゆる「太陽系ハビタブルゾーン」の外側にあり，従来の

常識では生命の存在は考えにくい環境である．しかし，1977 年に打ち上げられたボイジャー 1 号，2 号は木星，土星などの外惑星とその衛星たちの探査を行うミッションであったが，圏外生物学者も探査に参画した．そして，木星の衛星のエウロパにはその表面を覆う氷の下に生命に必要な液体の水があると考えられること，土星の衛星のタイタンには窒素・メタンを主とする濃厚な大気があり，その中ではさまざまな有機物が作り出されていることを報告した．一方，欧州とソ連（当時）は 1986 年に地球接近したハレー彗星をターゲットとした圏外生物学ミッションを行った．探査機ヴェガ 1 号とジオットーには質量分析計が搭載され，彗星から噴き出すダストの分析に成功，多様な有機物が存在することを示した．

　圏外生物学は地球外を対象とするといっても，その研究のためには地球生物圏や地球生物システムの理解が不可欠である．1970–80 年代には地球上でもそれまでのわれわれの生物や生物圏の常識を打ち砕く発見が相次いだ．たとえば，1977 年，コーリス（J. Corliss）らは深海底から 300°C を超える高温の水が噴き出すのを見つけた．この「海底熱水噴出孔」の周辺には，光合成にまったく依存しない新奇な生物圏が存在することもわかった．また，この頃 100°C を超える温泉水中などの極限環境にも生物が生息しているのが次々と見つかった．このような知見は，太陽系には火星以外にも生命探査のターゲットとなりうる天体が多数存在することを示唆した．

(3) 火星隕石中の「生命の痕跡」とアストロバイオロジーの始まり

　1996 年 8 月 6 日，NASA のゴールディン（D. Goldin）長官は記者会見を行い，南極で回収された火星隕石 ALH84001 の詳細な分析の結果，過去の火星生物の痕跡が見つかったと報告した．微生物状の構造体や微量の有機物，地球微生物細胞内にみられるものに似た形状の磁鉄鉱などが見つかったことが根拠となったが，この解釈について賛否両論を呼んだ．しかし，バイキング計画ではほぼネガティブとされた火星生物の可能性が復活したことから，NASA は生命探査を目的とした火星探査を再開した（3.3 節参照）．それと同時に NASA は宇宙における生命を研究する学問領域を新たに提案し，アストロバイオロジーと名付けた．アストロバイオロジーは「地球および地球外における生命の起源・進化・分布と未来（destiny）」と定義された．また，この研究を推進するため，NASA は

アストロバイオロジー研究所（NASA Astrobiology Institute; NAI）を設立し，2019年まで活動を継続した．これは既存の大学や研究所から選抜したチームに研究費を配分して研究を進める形態のバーチャル研究所である．これに呼応して，欧州の研究者たちは欧州アストロバイオロジーネットワーク協会（EANA）を設立し，2001年から年会を開催している．

（4）系外惑星の発見：アストロバイオロジーの太陽系外への拡張

20世紀後半，望遠鏡を用いた天文学者たちの独自の生命探査も行われていた．その中には地球外知的生命探査（SETI，4.5節）や，星間の有機物探査（1.2節）などが含まれる．これらの活動の拠点として，国際天文学連合第51委員会（IAU Commission 51）が創設されたが，その名称は生物天文学（Bioastronomy）とされた．

太陽系外に生命がいるかどうかの大前提として，太陽系以外にも惑星があるのかという問題があった．太陽が特別な恒星でないならば，他の恒星で惑星をもつものがあるのは当然と考えられるが，多くの天文学者の努力にも拘わらずそのような「系外惑星」はなかなか発見されなかった．1995年，マイヨール（M. Mayor）とケロー（D. Queloz）はペガスス座51番星を周回する惑星を発見し，これがふつうの恒星をまわる最初の系外惑星発見となり，2019年のノーベル物理学賞を受賞した．この発見をきっかけに系外惑星探査が本格化し，今日まで5000個を超える系外惑星が確認され，さらにハビタブルゾーン内に位置するものの発見も相次いでいる（4.1節）．これに伴い，系外惑星の生命探査はアストロバイオロジー研究の中でも重要なテーマとなった（4.3節）．

（5）太陽系内と地球上のアストロバイオロジー研究

20世紀の太陽系圏外生物学探査を引き継ぎ，21世紀にはアストロバイオロジー探査が活発化した．火星探査は，ローバーを用いた水の探査から，過去には火星表面に多量の液体の水が存在することがわかり，次いでローバー「キュリオシティ」により有機物も検出されるなど，生命（痕跡）発見に向けた成果が次々に得られている．木星・土星の衛星たちの探査も続けられ，木星探査機ガリレオによりエウロパの氷の下の海の存在がより確かになった．探査機カッシーニは

2004年に土星系に到達し，着陸機ホイヘンスをタイタンに軟着陸させ，タイタン表面の撮像と有機物分析を行った．一方，親機はタイタン表面の液体炭化水素の湖や，衛星エンセラダスから水と有機物が噴出しているのを発見するなどの成果を上げた．エウロパ，タイタン，エンセラダスは，ハビタブルゾーンの外側に位置するが，太陽系生命探査の重要なターゲットになっている．この他，彗星探査としては，NASAのスターダストがヴィルト第2彗星からサンプルリターン（2006），ESAのロゼッタは2014年にチュリュモフ・ゲラシメンコ彗星に到達後に現地分析を行い，いずれもアミノ酸（グリシン）の検出などの成果を上げている（3.6節）．JAXAのはやぶさ2は2020年にC型小惑星リュウグウからサンプルリターンを行い，試料から多種類のアミノ酸などが検出された．

　地球上では，20世紀後半に始まった極限環境生物の探索がさらに進み，とりわけ地下深部の生物圏が海底熱水系生物圏とともに関心を集めている（2.5節）．これらの研究は，太陽系内の生命探査の基礎として極めて重要である．また，地球史にも新事実が続々と見つかり，全球凍結や隕石衝突などによる生物大量絶滅の解明は，アストロバイオロジーのテーマである「生命と地球との共進化」「生命の未来」の問題解明のキーとなるものである（3.4節）．

　地上研究と惑星探査に加えて，21世紀に本格化したものにアストロバイオロジーの宇宙実験がある．1972年にアポロ16号を用いた枯草菌胞子の宇宙曝露を皮切りに，人工衛星，スペースシャトル，宇宙ステーションなどを用いた実験が行われてきた．テーマとしては，パンスペルミア説に関係する微生物の宇宙環境での生存可能性の検証や，地球外有機物の類似物の安定性および宇宙変成などが中心である．日本では，2015–2019年に国際宇宙ステーションのきぼう曝露部で行われた「たんぽぽ計画」が最初のものである．この計画は宇宙ステーション軌道でのダストの捕集と微生物・有機物を宇宙空間で曝露することにより，ダストによる地球外有機物の地球への運搬，および地球からの微生物の脱出の可能性の検証を主目的とした．

(6) 日本におけるアストロバイオロジー研究体制

　日本においては，生命の起源，極限環境生物，星間分子探査など，アストロバイオロジーを構成するさまざまな分野の研究は早くから進んでいた．しかし，

2000 年前後に欧米でアストロバイオロジー研究体制が整っていく中で，さまざまな分野の研究者が協働するアストロバイオロジーの研究体制の整備はなかなか進まなかった．これは，欧米では早くから圏外生物学・アストロバイオロジーが惑星探査に組み込まれていたため，各宇宙機関がアストロバイオロジー研究をサポートしてきたのに対し，日本ではそのような体制ではなかったことが一因である．そのため，まずは研究者レベルでアストロバイオロジーの活性化をめざした「日本アストロバイオロジーネットワーク（JAB-Net）」が 2009 年に設立された．公的には 2013 年に自然科学研究機構内に「宇宙における生命」研究部門ができ，これが 2015 年にはアストロバイオロジーセンター（ABC）となった．ABC はアストロバイオロジーの中でも系外惑星探査などの太陽系外アストロバイオロジーを主とする組織である．一方，東京工業大学には 2012 年に地球生命研究所（ELSI）ができた．これら 2 つが 2015 年に「日本アストロバイオロジーコンソーシアム（JABC）」を形成し，NAI や EANA と連携する体制を築いた．JAXA（宇宙航空研究開発機構）宇宙科学研究所も，アストロバイオロジーの研究体制を徐々に充実させており，太陽系アストロバイオロジーの研究の核となっていくことが期待される．

2.1.2 生命を構成する元素・分子

（1）生命を構成する元素

アストロバイオロジーにおいて宇宙における生命の存在やその起源を考える上で，生命がどのような物質で構成されているかがまず問題となる．しかしながら，われわれは現在のところ生命形態としては 1 種類の地球生命しか知らない．そこで，この生命がどのような元素や分子から構成されているかを見て，それが宇宙標準と考えられるかどうかをみてみよう．元素については，天文の立場から第 1 章でも紹介したが，ここでは生物化学的見地から，高分子まで含めて再度見直すことにする．

表 2.1 に宇宙，地殻，海洋，生命（人体）の主要元素をまとめた．地球生命は主として水と有機物からなる．これらを構成するのが H, C, N, O という元素である．これらは地球生命にとっての主要元素であるが，これらは宇宙存在度からみても多い方から 6 番目以内に入っており，宇宙に豊富に存在する元素を用いて生

表 **2.1** 自然界の主要元素組成（原子数順）

順位	1	2	3	4	5	6	7	8	9	10
宇宙	H	He	O	C	Ne	N	Mg	Si	Fe	S
地殻	O	Si	Al	H	Na	Ca	Fe	Mg	K	P
海洋	H	O	Cl	Na	Mg	S	Ca	K	C	N
人体	H	O	C	N	Ca	P	S	Na	K	Cl

▨ 人体中で 1 ～ 4 位　　　▨ 人体中で 5 ～ 10 位

物が作られていることがわかる．なお，地球が固体地球，海洋，大気に分化した
あとに生命が誕生したわけであるが，人体は海洋に組成が非常に近いことから，
海で生命が誕生した可能性が考えられてきた．このベスト 4 のうち，H, O は水
を構成するが，水は宇宙でも多く存在する分子である．C を含む化合物を（CO_2
などの一部の単純な化合物を除き）有機物と呼ぶが，地球生物はほぼ水と有機物
からできている．水は有機物を溶かす溶媒として用いられている．また，N は後
で示すようにタンパク質や核酸といった重要な有機物に欠かせない元素である．

　以上の点から，地球以外に生命が存在した場合も H, C, N, O という宇宙に豊
富に存在する元素を利用する形態が多いことが予想される（1.1 節の議論も参照
されたい）．

(2) 地球生命を構成する分子

　生命を定義することは難しいが，地球生命の特徴を考えると（i）外界との境
界をもち，（ii）外部から物質やエネルギーを取り込んで制御された化学反応（代
謝という）を行い，（iii）自己複製し，（iv）環境に応じて進化するものといえよ
う[*1]．このうち（i）は脂質，（ii）はタンパク質，（iii）（iv）は核酸が主として
司っている．そしてタンパク質と核酸は互いに助け合いながら生命を維持してい
る．ここではタンパク質と核酸の構造を調べ，これらが代替のきかないものかど
うかを考えてみよう．

[*1] これらの特徴は日本で広く用いられているが，世界的には「生命とは，ダーウィン進化を行い
うる，自己維持できる化学システムである」とされる場合も多い．

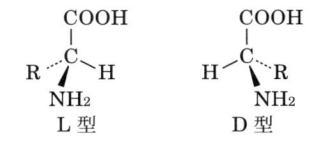

L 型　　　　　　　D 型

R の炭素数	異性体数	タンパク質アミノ酸	R の構造	代表的な非タンパク質アミノ酸	R の構造（括弧内は全体の構造）
0	1	グリシン	-H		
1	2	アラニン	$-CH_3$	β-アラニン	$(NH_2CH_2CH_2COOH)$
2	5	（なし）		α-アミノ酪酸	$-CH_2CH_3$
3	15	バリン	$-CH(CH_3)_2$	ノルバリン	$-CH_2CH_2CH_3$
4	31	ロイシン	$-CH_2CH(CH_3)_2$	ノルロイシン	$-CH_2CH_2CH_2CH_3$
		イソロイシン	$-CH(CH_3)CH_2CH_3$		

図 2.1　アミノ酸の構造と単純アミノ酸

（2-1）　タンパク質とアミノ酸

　タンパク質は分子量が数千から数万の高分子で，生体内ではさまざまな化学反応の触媒として働いているが，アミノ酸同士が縮重合（水分子を抜きながら結合）し，ペプチド結合（-CO-NH-）によって直線状につながったものである．アミノ酸は，図 2.1 に示すように同じ分子中にアミノ基（$-NH_2$）とカルボキシル基（-COOH）を有する化合物の総称で，無限種類の構造が考えられるが，タンパク質を生合成するときには基本的に 20 種類の「タンパク質アミノ酸」が使われる．

　アミノ酸で，カルボキシル基の結合した炭素を α 炭素というが，炭素の性質上，α 炭素には 4 つの基が結合している．タンパク質を構成する 20 種のアミノ酸の場合は，カルボキシル基の他，アミノ基，水素が必ず結合し，さらに 4 番目として種々の基（R: 側鎖とよぶ）が結合する．側鎖が違えば異なるアミノ酸になる．側鎖が H のものは，もっとも単純なアミノ酸，グリシンである．それ以外の 19 種のアミノ酸の側鎖にはいろいろ特徴があるが，ここでは 2 点を述べておきたい．

　まず，グリシン以外では α 炭素に 4 つの異なった基が結合するが，これは図2.1 にしめすように 2 種類の配置が考えられる．この 2 つを L-アミノ酸，D-ア

ミノ酸と呼んで区別する．これらは互いに鏡像異性体（エナンチオマー）とよぶが，タンパク質を合成するときには L 型のみが用いられる．なぜ L 型が選ばれるようになったかは生命の起源上の最大の謎のひとつである（2.7 節）．また R として水素または炭化水素のみの「アルキル基」がついたものが 5 種（グリシン，アラニン，バリン，ロイシン，イソロイシン）ある．これらは単純なタンパク質アミノ酸で，隕石中や化学進化実験生成物中にもよくみられるものであるが，それぞれの炭素数をみると，2 個（グリシン），3 個（アラニン），5 個（バリン），6 個（ロイシン・イソロイシン）であり，4 個のもの（α-アミノ酪酸など）が選ばれていない．また，アラニンは 2 種，バリンは 15 種，ロイシンは 31 種の構造異性体のうちの 1 つである．隕石中には 10 種類ほどのタンパク質アミノ酸のほか，α-アミノ酪酸や，アラニン・バリン・ロイシンの異性体を含む 80 種類以上の非タンパク質アミノ酸も見つかっている．しかし，これら多数の利用可能なアミノ酸の中で，なぜ 20 種類のタンパク質構成アミノ酸が選ばれたのかはよくわかっていない．

アミノ酸が隕石中にも多数見つかること，模擬実験でも比較的容易に生成することから，代謝にアミノ酸を使う生命体は宇宙においても多くみられると予想される．ただし，D-アミノ酸をつかう生物や，α-アミノ酪酸などの「非タンパク質アミノ酸」を使うような生物がいる可能性は十分に考えられる．

（2-2） 核酸とその構成分子

核酸にはデオキシリボ核酸（DNA）とリボ核酸（RNA）があるが，進化的にはまず RNA ができた後に DNA ができたと考えられているので，おもに RNA の構造をみてみよう．

タンパク質がアミノ酸の縮重合で生成するのと同様，RNA はリボヌクレオチド（図 2.2（a））が縮重合することにより生成する．リボヌクレオチドはアミノ酸よりも複雑な分子で，核酸塩基，糖（リボース），リン酸が脱水縮合してできた分子量 300 ほどの分子である．核酸塩基としては，基本的にアデニン（A），グアニン（G），ウラシル（U），シトシン（C）の 4 種が使われるが，RNA の一種のトランスファー RNA などではそれ以外の塩基も使われている．DNA では A, G, C と，U にメチル基がついたチミン（T）の 4 種類の塩基が使われる．ヌ

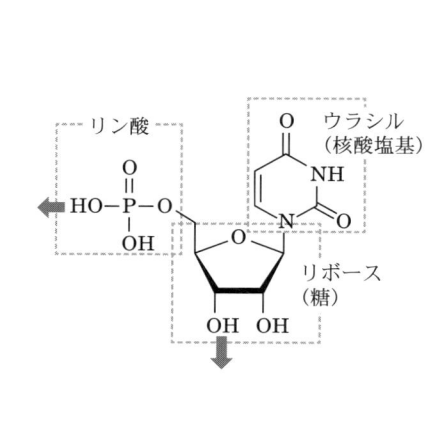

（a）ウラシルのリボヌクレオチド
　　　（ウリジル酸，ウリジン一リン酸，UMP）

（b）核酸塩基間のワトソンクリック結合

図 2.2　ヌクレオチドの構造

クレオチド同士は，図の矢印の場所でリン酸と糖が結合することにより，鎖状に縮重合していく．

　核酸が増殖できる自己複製分子であるのは，核酸塩基間の「ワトソン–クリック結合」と呼ばれる特異的な結合をすることに起因する．図 2.2（b）に示すように DNA や RNA の鎖は核酸塩基の A と T（または U），C と G が結合して「塩基対」を作るが，この対がいったん外れても，また同種の塩基が来て対をつくるので，一方の鎖を「鋳型」とすると，それと対を作る塩基を選ぶことにより次々と同じ鎖ができるのである．

　この塩基対を用いた複製システムは，非常にすぐれたもので，地球上のすべての生物はこのシステムを用いている．では，これが宇宙標準システムなのだろうか．まず，問題となるのは，それぞれの部品の入手しやすさである．核酸塩基は隕石中にも存在するし，模擬実験でも生成可能であるが，一般にアミノ酸ほどには多くは存在しない．また，核酸塩基は A, C, G, U（または T）という「正規な（canonical）」もの以外に，それに類似した塩基がいろいろと考えられる．ハド（N. Hud）は核酸塩基に類似した構造をもつ 91 種類の化合物（塩基）をあげ，その中から正規塩基以外で複製システムに利用可能なものがあるかを考察し

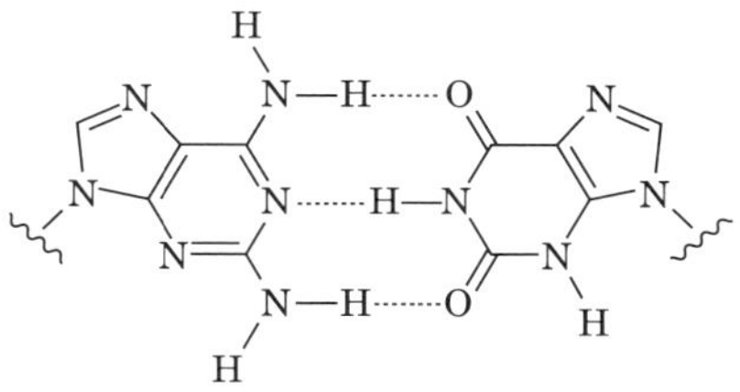

ジアミノプリン　　　　　　　キサンチン

図 **2.3**　非正規的な塩基対の例

たところ，たとえばジアミノプリンとキサンチンのような塩基対が生成可能で（図2.3），前生物的にも生成可能なものがいくつも見つかった．

　糖はさらに複雑である．リボースは炭素を 5 個もつアルドペントースと呼ばれる糖のひとつであるが，これは 3 つの異性体（アラビノース，キシロース，リキソース）がある．さらにそれぞれはアミノ酸同様，鏡像異性体をもつため，全部で 8 種の異性体が存在する．そのいずれもがヌクレオチドの鎖をつくれるのだが，それが機能をもつためにはどれかひとつの糖に統一する必要がある．

　糖の生成機構としてはホルモース反応というホルムアルデヒド（HCHO）の重合が有名で，これにより糖は容易に生成するが，問題は，生成物中にはリボース以外のさまざまな糖や糖類似物が同時にできてしまうことである．隕石からも最近，リボースを含む糖が検出されているが，さまざまな糖や糖誘導体（糖アルコール，糖酸など）も存在が報告されている．なお，星間でグリコールアルデヒド（CHO-CH$_2$OH）が検出され，糖の検出とされているが，これは炭素を 2 個しかもたず，生物化学的には糖とは認められていない．つまり，ここでも多くの候補分子のなかで，どのような理由でリボース一種が選択されたかという点に関しては未知である．

　糖の複雑さを回避するため，糖とリン酸を用いる代わりにペプチドを用いるアイディアも報告されている（ペプチド核酸）．また，核酸塩基の塩基対を用いないタイプの自己複製法の存在も考えられるため，地球外生命の探査に核酸のみをターゲットにするのは非常に危険である．

2.1.3　生命の起源とアストロバイオロジー

(1) 生命の起源研究を探る実験

　1920 年代，ロシアのオパーリン（A. Oparin）とイギリスのホールデン（J. B.S. Haldane）は物質の進化の末に生命が誕生したという説（化学進化説）を発表した．1950 年代に，ミラー（S.L. Miller）は「模擬原始大気」（メタン・アンモニア・水素・水蒸気）中での火花放電実験を行い，アミノ酸の生成を報告した．これ以降，さまざまな実験が行われ，アミノ酸や核酸構成分子の生成や，それらがさらに縮重合する反応が調べられた．生物や酵素などをつかう生物学的合成に対して，それらを使わない反応を無生物的合成とよぶが，特に生命誕生前の条件を考慮した反応のことを一般に「前生物合成反応」とよび，このような反応による生命の誕生にいたる過程は「化学進化」ともよばれる．

　ミラーの実験の後，原始地球大気を想定した実験が多数行われた．雷（放電）以外にも太陽紫外線，火山熱などの種々のエネルギーが想定され，有機物合成実験が行われた．出発材料にメタン・アンモニアを多く含む「強還元型」大気からはいずれのエネルギーでも効率よくアミノ酸が生成した．この場合，原始地球上でのフラックスの大きい紫外線や雷が重要なエネルギー源となる．しかし，1980 年頃から，原始地球大気組成は強還元型ではなく，二酸化炭素・窒素・水蒸気に若干の還元型気体（一酸化炭素・メタンなど）を含むとする説が有力となった．この場合，フラックスの大きい紫外線は窒素が解離できないため，窒素を含むアミノ酸生成には役立たず，むしろ，フラックスの小さい宇宙線が主要なエネルギー源となる．

　放電などでは気相中できわめて複雑な反応が起きるが，ミラーらはアミノ酸の生成は気相中で生成したアルデヒドやシアンが水に溶けた後に「ストレッカー合成」という既知の有機反応（アルデヒド，シアン化水素，アンモニアからのアミノ酸生成）で起きていると結論づけた．このため，一般に化学進化過程は既存の平衡論的有機反応で表そうとされがちである．半世紀以上の期間に発表された多数の化学進化実験論文の結果をつなぎ合わせれば，一応，きわめて単純な分子（メタンなど）から複雑な生体高分子までの反応をたどることが可能である．しかし，個々の反応においては多数の副反応が起き，目的物の収率は必ずしも高くないし，副反応生成物は次のステップにおいて目的生成物の反応を阻害すること

もある.

　一方,化学平衡反応以外での有機物合成も考えられる.星間氷への高エネルギー宇宙線の照射や,原始大気への隕石衝突時の高温プラズマ状態,さらに海底熱水噴出孔での反応においては,出発材料が一気に加熱,活性化されたあとに急冷されるが,そのような場合には平衡論的には生成されないような複雑な有機物が生成することがわかっている.たとえば,海底熱水噴出孔を模擬したフローリアクターを用いた実験では,高温に加熱した後に急冷することにより,平衡論的には生じえないアミノ酸の重合や,有機物凝集体の生成が報告されている.

(2) 地球外有機物に生命の起源を探る

　地球史初期の前生物合成反応の生成物は地球上には残っておらず,実際に原始地球上でどのような反応が起きたかは不明である.しかしながら,地球外には前生物合成反応の痕跡が遺されている.たとえば,隕石(炭素質コンドライト)中にはさまざま有機物が含まれていることがわかった.1969年にオーストラリアに落下したマーチソン隕石の分析の結果,隕石中に非タンパク性アミノ酸を含む多種のアミノ酸が発見された.なお,隕石を熱水で抽出したものを酸加水分解するとアミノ酸濃度が大幅に増加することから,隕石中にはアミノ酸は主として前駆体として存在していることがわかる.その後の炭素質コンドライトの分析により,隕石抽出物中のアミノ酸の一部にL-アミノ酸がD-アミノ酸よりも多く含まれることが報告された.このことは,隕石などにより地球に供給された有機物が地球生命(L-アミノ酸を用いている)の起源に重要な役割を果たした可能性を示唆する.また,核酸を構成する核酸塩基や糖も隕石中に存在することも報告されている.

　隕石中にアミノ酸などが含まれているといってもそれは隕石中有機物のごく一部で,多いもので全有機炭素の1%程度であり,隕石有機物の多くは不溶性有機物というきわめて複雑な分子である.また,最近は可溶性有機物を包括的に分析することも可能になり,高分解能質量分析の結果,組成式のみでも14000種類以上の(つまり,構造異性体を考えればそれよりもはるかに多数の)化合物が含まれることが報告されている.これに対し,生体内の反応は,酵素によりきわめて高精度に制御されているため,存在可能な構造の化合物のうち,ごく一部のも

のしか合成されない．この違いは，おそらく将来の生命探査における生物と無生
物の区別に使えるだろう．

（3）生命の起源を探る惑星探査

　生命の起源研究における最大の問題点は，現在の地球上に原始地球上で無生物
から生物に変化したことを示すような物質の痕跡がまったく遺されていないこと
である．隕石には生命誕生に用いられた可能性のある有機物が遺されていると考
えられ，現在詳細な分析が継続中であるが，隕石有機物もその生成から 40 億年
以上たち，その間に幾ばくかの変成が起きていることは留意する必要がある．

　近年は隕石の落下を待つことなく地球外で生成した有機物を調べる手段が得ら
れた．それは惑星探査である．アストロバイオロジーにおいて惑星探査から得ら
れることが期待できるものとしては（1）宇宙で生成する始原的有機物に関する
情報，（2）惑星環境で前生物的に得られる有機物に関する情報，（3）地球とは異
なる生命システムに関する情報，（4）生命の惑星間移動に関する情報などである
が（1）については 1.1 節で述べた．

　（2）では土星の衛星タイタンが特に注目される．カッシーニ・ホイヘンスの後
継ミッションとして 2026 年打上げ予定の探査機ドラゴンフライは，2034 年に
タイタンに着陸してその有機物をより詳細に分析することが計画されており，生
命にあふれた地球では遺されていない前生物的合成に関する新たな知見が得られ
ることが期待される．

　（3）では火星や木星の衛星エウロパ，土星の衛星エンセラダスなど，現在また
は過去に液体の水が存在するとされる天体がターゲットになる．火星へは NASA
のマーズ 2020 ミッションでパーサヴィアランス・ローバーが試料を採集した
が，これを地球に持ち帰って分析することが計画されている．また，ESA はエ
クソマーズランダー（2028 年打ち上げ予定）による火星地下の土壌分析を計画
中である．エウロパへは NASA のエウロパ・クリッパー（2024 年打ち上げ予
定）などによる探査が計画されている．これらに生命が存在するか，またその生
命システムが地球生命とどこが共通で，どこが異なるかが興味の中心である．

　以上のような太陽系アストロバイオロジー探査の成果と地上実験などを組み合
わせることにより，生命の起源・分布などのアストロバイオロジーの諸問題が解
き明かされていくことが期待される．

2.2　地球上の生命進化

本節では，地球上の生命進化の歴史をできるかぎり証拠にふれつつ概説する．
生命は誕生後，何段階かの適応放散をへてダーウィン進化してきたことがわかる．

2.2.1　生命の誕生と生命の進化

地球が 46 億年前に誕生し，44–40 億年前には海ができた証拠が残っている．
地球形成と初期環境に関しては 3.4 節を参照されたい．最初の生命の証拠は同位
体化石とよばれる証拠である．植物は二酸化炭素を固定して，有機物を合成して
いるが，二酸化炭素を取り込む効率は炭素同位体によって異なり，^{13}C よりも
^{12}C をより効率よく取り込む．その結果，植物を構成する有機物は大気の二酸化
炭素よりも ^{13}C の比率が低くなる．植物に限らず，化学合成（後述）によって二
酸化炭素を固定する場合にもまた ^{13}C の比率が低くなる．炭酸固定した生物由
来の有機物に依存して生育する生物も ^{13}C の比率が低くなる．今から 38 億年前
の岩石中の炭素粒子の同位体分析の結果，それらの炭素粒子は生物由来であるこ
とが分かった．すなわち，今から 38 億年前には生命は誕生していたことになる．
生命の誕生に関しては 2.6 節で解説する．

2.2.2　全生物共通祖先

遺伝子を調べることで，過去の進化の様子を推定することができる．図 2.4 に
示したように，いくつかの生物の同じ遺伝子のアミノ酸配列（あるいは核酸の塩
基配列）を調べて比較する．同じ遺伝子のアミノ酸配列が似ている生物同士は，
似ていない生物よりも後で分岐したことが分かる．すなわち，アミノ酸配列が分
岐したあとで二つの生物にアミノ酸変異が蓄積するために，アミノ酸配列は時間
とともに二つの生物間で異なっていく．したがって，遺伝子のアミノ酸配列の類
似度を比較することで，生物の系統樹を作製することができる．

図 2.5 は，遺伝子の配列で作成した生命進化の系統樹である．地球上の生き物
は，真核生物（ユーカリア），真正細菌（細菌，バクテリア），古細菌（アーキ
ア）に分類される．すべての地球上の生命は，全生物の共通祖先（LUCA; Last
universal common ancestor，コモノート；*Commonote commonote*，センアン
セスター；Senancestor）で真正細菌と古細菌に分岐した．真正細菌と古細菌は

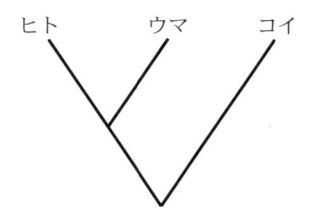

```
ヒト VLSPADKTNVKAAWGKVGAHAGEYGAEALERMFLAFPTTKTYFPHF
ウマ VLSAADKTNVKAAWSKVGGHAGEYGAEALERMFLGFPTTKTYFPHF
コイ SLSDKSKAAYKIAWAKISPKADDIGAEALGRMLTVYPQTKTYFAHW
```

図 2.4　ヘモグロビン遺伝子のアミノ酸配列に基づく系統樹作製の原理．ヒトとウマのアミノ酸配列では 4 文字異なる（白抜き文字）．ウマとコイの間では 25 文字異なる．コイは他の 2 種より早く分岐したことが推定される．

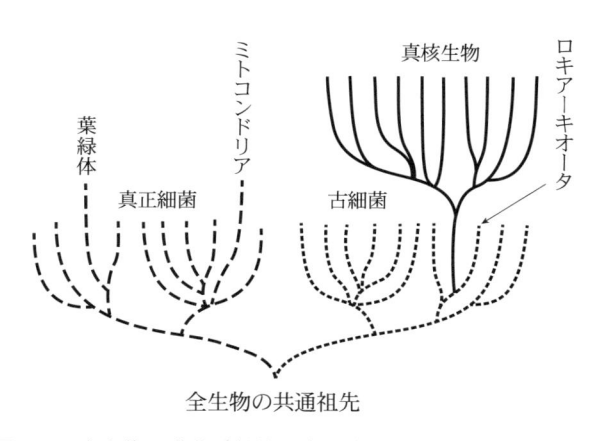

全生物の共通祖先

図 2.5　全生物の進化系統樹．全生物の共通祖先で生物は真正細菌（破線）と古細菌（点線）の二つに分岐した．古細菌の一種ロキアーキオータの祖先から真核生物（実線）は誕生した．ミトコンドリアおよび葉緑体が持つ DNA の解析から，両者はそれぞれアルファプロテオバクテリアおよびシアノバクテリアの細胞内共生で誕生したことが明らかとなった．

ともに，細胞内に核やミトコンドリアなどの細胞小器官を持たず，細胞は小型（1–5 μm）で，原核生物とよばれる．真正細菌と古細菌は，遺伝子の配列の解析から明瞭に区別できるが，細胞の大きさ，形状，代謝ではほとんど区別がつかない．だだし，両者では膜脂質が異なっている．真正細菌はエステル脂質，古細菌はエーテル脂質を膜脂質の主成分としている．

　真正細菌と古細菌のもつ遺伝子を解析することから，全生物の共通祖先がどのような生物であったかを推定することができる．全生物の共通祖先は 350 個ほどの遺伝子（タンパク質）を持ち，水素に依存して生育できる化学合成生物で，炭酸固定と窒素固定ができる独立栄養生物であった．その全生物共通祖先の遺伝子配列を推定することもできる．推定された遺伝子からそのタンパク質を再生させ，その性質を調べると 100°C 以上の高温に耐えるタンパク質であった．すなわち，全生物の共通祖先は 80°C 以上で生育する超好熱菌であったと推定された．

2.2.3　初期進化と代謝系の進化

　真正細菌と古細菌は全生物の共通祖先から多くの種類（門）に分化している．これらの門の分類は前述のように遺伝子の配列をもとになされるが，門によってその代謝系がさまざまである．まず，細胞を構成する有機物を無機炭素（二酸化炭素）から合成できる生物は独立栄養生物，他の生物由来の有機物を利用する生物は従属栄養性物とよばれる．独立栄養生物として，無機化合物（水素，イオウ，鉄，二酸化炭素，硝酸塩，硫酸塩等）からエネルギーを取得できる化学合成生物と，光エネルギーを利用できる光合成生物がある．真正細菌と古細菌のそれぞれの門は，異なった栄養源を利用できる従属栄養生物，異なった無機化合物を利用できる化学合成生物，異なった光合成系をもつ光合成生物に分化した（光合成に関しては 2.3 節を参照されたい）．これらの異なった代謝系をもつ原核生物はしばしば異なった原核生物門となっている．なお，古細菌の高度好塩菌は光エネルギーを利用できるが，光エネルギー利用の仕組みは真正細菌の光合成とはまったく異なる．真正細菌の光合成ではクロロフィルあるいはバクテリオクロロフィルを用いるのに対し，古細菌の高度好塩菌はロドプシンを用いている．

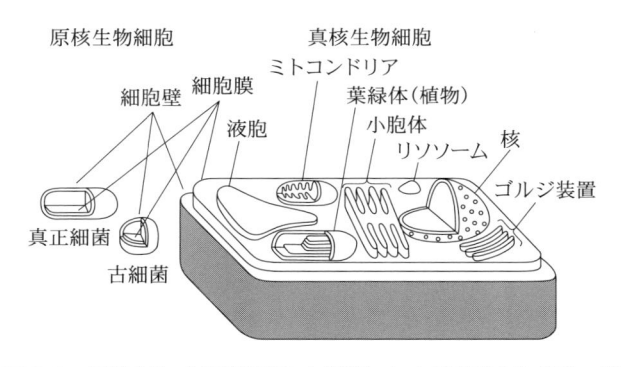

図 2.6　原核生物（真正細菌と古細菌）および真核生物細胞の構造．真核生物細胞は大型で，細胞内に核，ゴルジ装置，リソソーム，小胞体，ミトコンドリア，液胞などの細胞小器官を持つ．植物細胞は他に葉緑体を持つ．原核生物は細胞小器官を持たず，細胞は小型である．

2.2.4　真核生物の誕生

　真核生物細胞は大型（10–100 μm 程度）であり，細胞内に核，ミトコンドリア，小胞体，ゴルジ装置，リソソーム，液胞（植物や藻類ではさらに葉緑体）などの細胞小器官をもつ（図 2.6）．真核生物細胞に存在するミトコンドリアは，内部にミトコンドリア特有の DNA，DNA 複製系，転写翻訳系，ミトコンドリア分裂系を持っており，あたかも独立した生物のような振る舞いをする．真正細菌の一種（アルファプロテオバクテリア）が古細菌の一種に細胞内共生したものが，ミトコンドリアとしてすべての真核生物細胞内に維持されていることが遺伝子解析からわかっている．

　また，植物細胞内と藻類細胞内に存在する葉緑体も，同様に DNA，DNA 複製系，転写翻訳系，葉緑体分裂系を持っている．遺伝子解析から光合成を行う真正細菌の一種（シアノバクテリア）が細胞内共生したものが，葉緑体としてすべての植物細胞と藻類細胞内に維持されている．

　ミトコンドリアが共生する宿主となったのは古細菌の一種（アスガルド古細菌に分類されるロキアーキオータ）であることが明らかとなった．ロキアーキオータは真核生物に似た遺伝子を多く持っている．しかし，ロキアーキオータ細胞の大きさは通常の古細菌同様，小型で 1 μm 程度であり，細胞の大きさの増大

が真核生物誕生過程で起きた．また，真核生物誕生時期にゲノムサイズの増大，ミトコンドリアや葉緑体の細胞内共生，その他の細胞小器官の誕生が起きたが，その過程は明らかではない．

なお，真核生物の誕生は，3.4 で解説される地球大気中酸素濃度の上昇と呼応している．その根拠として，以下のような点があげられている．21 億年前の大型の化石（グリパニア）の年代，遺伝子の進化速度から推定される真核生物誕生年代（約 20 億年前）が酸素濃度上昇の時期に近いこと．真核生物は大型の細胞内部でのタンパク質の移動のために積極的なタンパク質の移動機構（細胞内骨格）を持つこと．大型の細胞の維持にはエネルギーを必要とし，ミトコンドリアがエネルギー供給機関として機能していること．これらの維持のために高濃度の酸素が必要だったのではないかと推定されていること．以上のような点から，酸素濃度上昇と真核生物誕生は関係があると理解されている．しかし，時期的に一致しているという以上にしっかりとした実証研究は必ずしもない．

2.2.5 多細胞生物の誕生と二次共生

誕生した真核生物は単細胞生物で，誕生直後に多くの単細胞原生生物に分岐した（図 2.7）．この段階で動物とは異なったさまざまな世代交代や有性生殖様式の単細胞原生生物が誕生した．そのうちの一種に，シアノバクテリアの細胞内共生が成立した．これは葉緑体の一次共生とよばれる（図 2.7）．それは分岐して単細胞緑藻と単細胞紅藻となった．誕生した単細胞緑藻と単細胞紅藻は他の単細胞原生生物に細胞内共生してミドリムシ，クロララクニオ藻類，クリプト藻類，不等毛類，渦鞭毛藻類が誕生した．これは真核生物の二次共生とよばれる．細線は単細胞生物で，太線は多細胞生物である．緑藻，陸上植物，紅藻，褐藻，菌類（キノコ），動物などはそれぞれ別の単細胞生物から多細胞化して誕生した．図 2.7 で線で表されている生物群（原生生物や藻類）は，陸上植物や動物，菌類などと同定度の進化的古さを持つ独立した生物群である．これらの生物群は今から約 20 億年前に真核生物が誕生してまもなく分岐誕生した．

2.2.6 カンブリア爆発とホメオティック遺伝子

多細胞生物の中の一つ，多細胞動物には 20–30 の門がある．図 2.8（81 ページ）は動物門の誕生を示している．古生代カンブリア紀の少し前に多細胞動物門

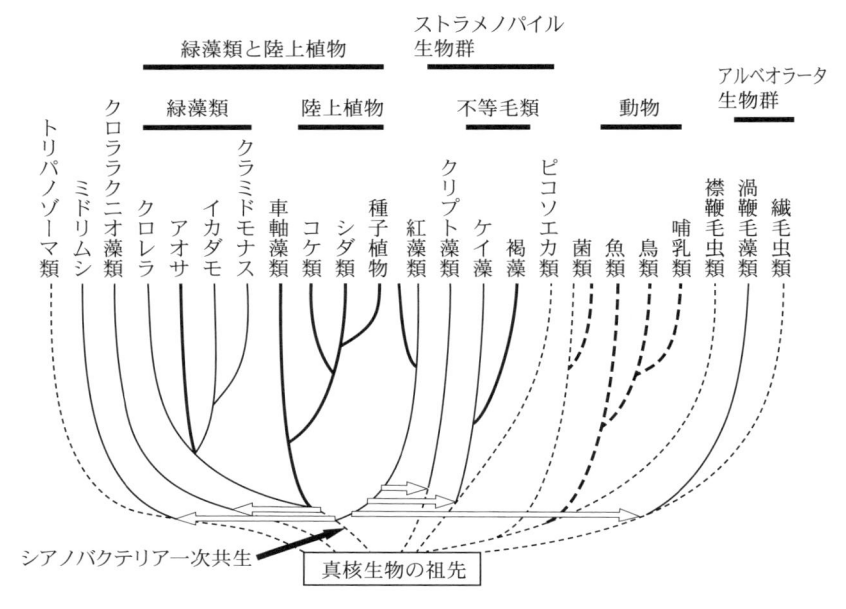

図 2.7　真核生物の進化．単細胞生物は細線，多細胞生物は太線，光合成生物は実線，非光合成生物は破線．シアノバクテリアの一次共生は黒矢印，光合成生物の二次共生は白抜き矢印．

のほとんどすべてが比較的短時間に誕生した．この様子はカンブリア爆発とよばれている．これらの動物門をみると，身体の形，脚の数，口の形状等，形態が大きく異なっている．これら異なった形態の動物が一時期に誕生した．このように，さまざまな種が一斉に誕生する現象は適応放散とよばれている．それまで，生物の存在していなかったニッチ（生態的地位：一義的には生息場所を指すが，何を餌にするか，捕食者との関係等が問題となる）に生物が進出した場合に適応放散が起きる．

　それでは，動物が進化するにあたって，どのような機構で形態を変化させるのか？　その基本的機構も分かりつつある．その仕組みは，発生する胚に形成される特定のタンパク質濃度勾配（形態形成場とよばれる）と，その濃度にしたがって発現する遺伝子群（ホメオティック遺伝子とよばれる）によっている．ホメオティック遺伝子から合成されるタンパク質は，さらにその下流の遺伝子群を発現制御する．ホメオティック遺伝子の発現制御のカスケードによって，大きな構造

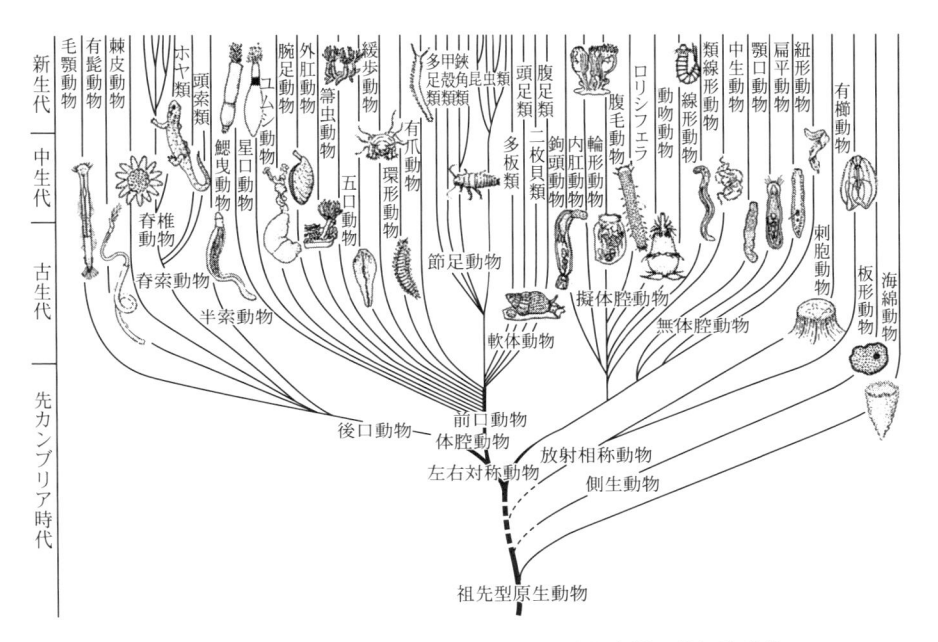

図 **2.8** カンブリア爆発. 先カンブリア時代末期に多細胞動物が短期間で分岐した.

から詳細な構造へと順に形態形成が制御されている. すなわち, 身体の前後軸と背腹軸の形成, 体節の形成, 頭・胸・腹の区分の形成, 脚の形成というように, 形態形成が進んでいく. 図 2.9 (82 ページ) はショウジョウバエの胚発生で, 身体の各体節の運命を制御する遺伝子がゲノム上の近接した場所に配置されている. それぞれの遺伝子が胚全体の位置にしたがって発現すると, その部分のその後の発生が運命付けられる.

　カンブリア爆発の時期には, ゲノム内の遺伝子重複によってホメオティック遺伝子の数が大幅に増加した. 身体の構造を制御する遺伝子の増加によって複雑な体制が形成され, その遺伝子の変異によってさまざまな形態の動物群がこの時期に誕生したと推定される.

　なお, この時期も 3.4 節で解説される酸素濃度の急上昇の時期に一致している. 多細胞動物は, 細胞外マトリックスとしてコラーゲンとよぶタンパク質を用いて, 身体全体の構造を堅くしている. コラーゲンは酸素との反応で合成される

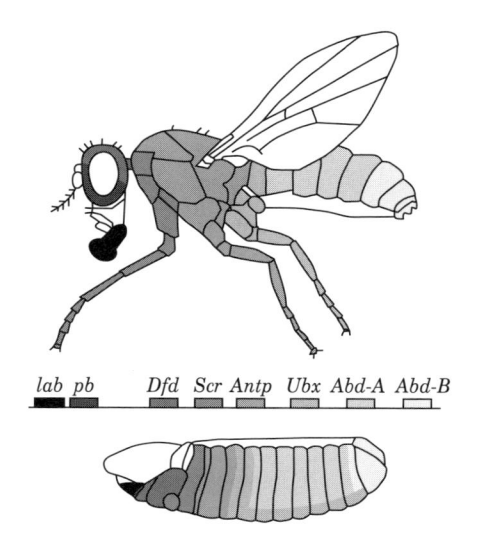

図 **2.9**　ショウジョウバエ（図上）のホメオティック遺伝子により，胚の各部分の運命が決定される．ゲノム上にホメオティック遺伝子が並んでいて（図中央），前方の遺伝子から順に胚（図下）の各部で発現する．

ヒドロキシプロリンという特殊なアミノ酸を用いている．多細胞化のために酸素が必要な理由としてコラーゲン合成があげられることがある．また，多細胞動物の運動のためにも，エネルギー獲得のために高濃度の酸素が必要だったのではないかとも推定されている．しかし，これらの因果関係は必ずしも実験的に確かめられたわけではない．

2.2.7　脊椎動物の進化

　脊椎動物に関しては化石の証拠から比較的以前から進化の様子が明らかとなっている（図 2.10）．古生代中期には魚類が，中生代には恐竜類が，新生代には哺乳類が適応放散している様子が見て取れる．

2.2.8　大量絶滅

　中生代末の恐竜絶滅はよく知られている（図 2.11（84 ページ）参照）．ユカタン半島北部に衝突した直径 10 km の微惑星衝突によって，津波と山火事が起き

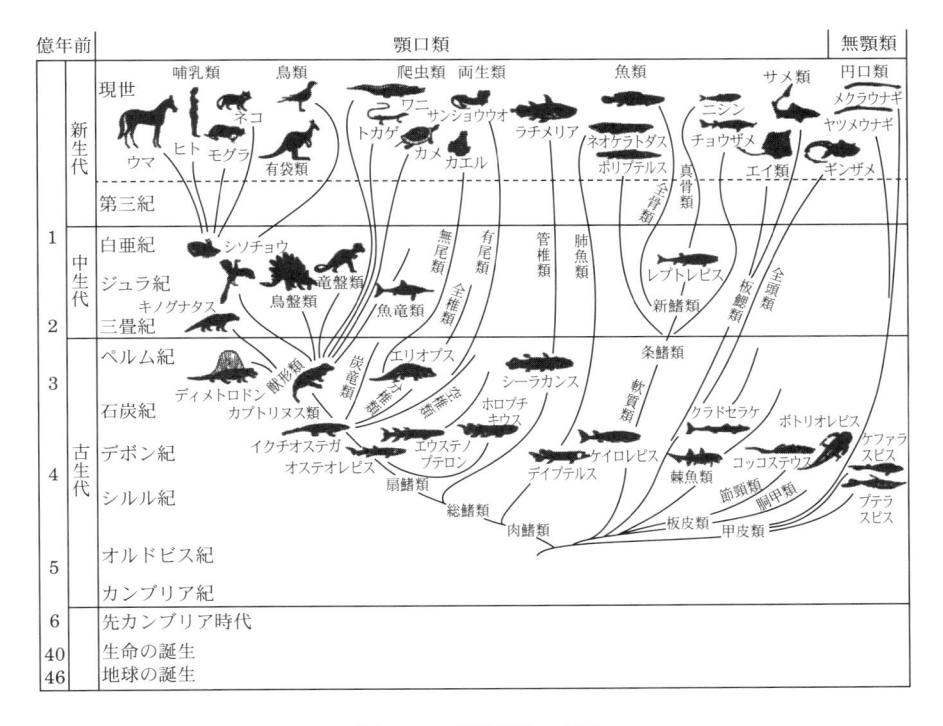

図 **2.10** 脊椎動物の進化

た．新生代まで生き残った生物は胞子や種子を形成する植物，当時 25 kg 以下の動物，移動可能な鳥類等であった．大量絶滅の原因が微惑星衝突であることは間違いがないが，それが絶滅を引き起こす過程では，山火事，日光の遮蔽とそれによる低温下，酸化反応で生成した硫酸等による酸性雨などの複数の要因が提唱されており，まだ議論が続いている．

　大量絶滅は古生代以降，少なくとも 5 回起きている．また絶滅はこれまで知られている地質年代の境目で起きている．中生代末以外の時期の大量絶滅の研究が進んでいるが，要因がはっきりしている事象は中生代末の絶滅以外はない．

2.2.9　ダーウィン進化と種の起源

　ダーウィン（C. Darwin）は著書「種の起源」で進化の仕組みを解説した．彼の提唱した進化の仕組みを要約すると以下のようになる．生物は多くの子孫を生

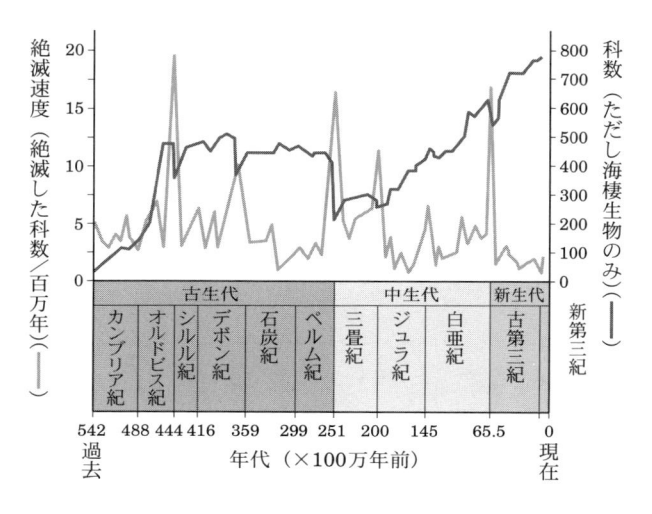

図 2.11　海棲生物の科数の変遷と変動

むこと．それを養う資源が限られていることから生存のための競争が繰り返されること．多数の子孫には変異が存在すること．変化する複雑な生存条件のなかで少しでも有利な点がある個体には，より大きな生存の機会が生じ，その結果，自然によって選択されること．強力な遺伝の仕組みで変化した個体がもつ新しい性質は広がっていくことである．この考え方は自然選択説，あるいはこの仕組みは「ダーウィン進化」とよばれることも多い．

　生命の誕生以降，進化の大筋はダーウィン進化で解釈可能である．すなわち，自然選択に基づく，生存条件への適応が地球上の進化の過程で起きてきた．一方，ダーウィンの時代にはまだ知識のなかったいくつかの点も明らかになってきている．それらは，原核生物時代初期に起きた代謝系の適応放散，真核生物誕生直後の単細胞原生生物の適応放散，カンブリア爆発（多細胞動物の適応放散），脊椎動物の古生代以降の何回かの適応放散等である．これらの適応放散は大量絶滅後に限らず，生命進化上で何段階かで起きている．それぞれの適応放散は異なったレベル（階層）で起きている．また，そのうちの 2 回は地球史上の全球凍結と酸素濃度の急上昇（約 23 億年前，約 7 億年前）と関連して起きている事も特記される．

2.3 光合成とアストロバイオロジー

　光合成生物は地球上にもっとも豊富に存在する材料（二酸化炭素と水）とエネルギー（太陽光）を利用して"独立"した生活が可能であり，それによって作り出される栄養（糖）に"従属"して生活する動物や菌類を含め，地球上のほぼすべての生命活動を支えている．すなわち，地球上に生命があるのは光合成活動のおかげである．地球以外においても，中心星から適度な距離にあり水が液体で存在するハビタブル惑星の環境は光合成活動の必須条件を満たすため，光合成活動は太陽系外生命探査を行う際の生命指標（バイオシグネチャー）の母体として提案されている．本節では初めに地球上の光合成生物のエネルギー変換の仕組みを解説し，次に地球以外の環境における光合成反応の可能性を提示する．

2.3.1 地球の光合成

（1）酸素発生型光合成

　地球誕生後，局所的に存在する水素や硫化水素などの酸化反応によりエネルギーを得る化学合成生物が最初に誕生した．基質の酸化還元反応は熱力学に従って一方向にのみ進むため，基質が枯渇するとこれらの生物は活動を停止せざるを得なかった．次いで誕生した酸素非発生型光合成生物は太陽光を利用して還元力を作り出すことができたため，光の存在下で持続的な活動が可能になった．さらに進化した酸素発生型光合成生物では無尽蔵にある水を分解して電子を取り出し還元力を蓄えることが可能になり，エネルギー獲得量は爆発的に増え，生物の活動領域は全地球規模に広がった．

　最初の酸素発生型光合成生物である原核生物のシアノバクテリアの起源は古い．西オーストラリアのシャーク湾近辺の 27 億年前の地層からはその死骸が層状に堆積してできたストロマトライトの化石が見つかっている．活発な光合成活動により海水中の鉄イオンの酸化がほぼ完了した 25 億年前頃には海洋から大気への酸素の放出が始まった．酸素濃度が上昇しオゾン層が形成されると有害な紫外線が遮られ，5 億年前頃から陸上での光合成活動が可能になった．シアノバクテリアから陸上植物まで生物の形態はさまざまに進化したが，光合成は共通原理に基づいた反応を維持している．植物細胞内で光合成を担う葉緑体はもともとシ

アノバクテリアが細胞内に共生したものであったと考えられている.

　酸素発生型光合成を単純化すると次の反応式で表される.

$$CO_2 + 2H_2O + 478\,kJ/mol \rightarrow \frac{1}{6}C_6H_{12}O_6 + O_2 + H_2O \qquad (2.1)$$

反応を進めるために必要なエネルギー（$478\,kJ/mol$）はすべて太陽光から得られ, しばしば誤解されるような水の蒸散にともなうエントロピー変化は関与していない. O_2 の酸素原子は H_2O 由来であり, 酸素分子は水分子から電子を引き抜いた副産物として排出される. 水から引き抜かれた電子は直接二酸化炭素に渡されるのではなく, 一連の電子伝達反応を経て生理的還元物質である NADPH として固定される. 電子伝達反応は高エネルギーリン酸結合を有する ATP の合成経路と共役しており, 同時に作られる NADPH と ATP を消費することで二酸化炭素から糖類が合成される.

　葉緑体の内部には幾重にも積み重ねられた膜（チラコイド膜）があり, 光エネルギーを 2 種類の化学エネルギーに変換するまでの反応（明反応）はおもにチラコイド膜上で行われ, 最終的に二酸化炭素を固定する反応（暗反応）は膜外の可溶性画分で行われる. 以下にエネルギー変換過程を 5 段階に分類して簡単に解説する（詳しくは Falkowski & Raven, Ruban, Blankenship）. 特に言及がないかぎり「光合成反応」は植物の酸素発生型光合成反応を示す.

（2）光捕集反応

　太陽から地表に降り注ぐ光エネルギーは膨大（$89\,PW$）で, 地熱の 2500 倍にも及ぶが, 低密度（夏の晴天下で $1.0\,kWm^{-2}$）であるため, 光合成反応はまず光を集めることから始まる. ここでは陸上植物の集光アンテナである LHC（light-harvesting complex）を紹介するが, 他の光合成生物の光化学系も特有の集光アンテナを持っており, それぞれのニッチ（生育環境）にて有効な集光を行っている. 集光アンテナは集光色素であるクロロフィルやカロテノイドがタンパク質に結合してできた色素タンパク質複合体である. LHC は光化学反応中心（次項で説明）を取り囲むように位置しておりチラコイド膜上に多数存在する.

　光が当たると最初に起こるのは色素分子の電子励起であり, その励起状態はLHC 内の隣接する基底状態の色素に移動する. ルテインやクロロフィル b から

はクロロフィル a へ，またネオキサンチンからはクロロフィル b への励起エネルギー移動が起こり，最初の励起から 1 ピコ秒以内にクロロフィル a へと集約される．LHC 内部での励起エネルギー移動に続き，励起エネルギーは最終的に反応中心へと渡される（図 2.12 参照）．二つの色素分子の距離が分子サイズよりかなり大きい場合にもフェルスター共鳴機構により励起エネルギー移動が可能とされている．集光アンテナの構造と色素の種類には比較的自由度が高くシアノバクテリアから陸上植物までの進化において多様に変化している．

現存するすべての光合成生物はクロロフィルもしくはクロロフィルと近い化学構造を持つバクテリオクロロフィルを集光反応や光化学反応に用いている．これらの色素は窒素原子を含む 5 員環（ピロール環）が 4 つ（A 環，B 環，C 環，D 環）環状に結合したテトラピロール環の中央に Mg を配位する構造により励起状態を長く保つことができる．酸素発生型光合成生物が持つクロロフィルは 4 つのピロール環の一つ（D 環）の還元により π 電子雲に非対称性が生じ，可視領域（400–700 nm）に広がる吸収帯を持つ．酸素非発生型特有のバクテリオクロロフィルはさらに D 環の対角線上にある B 環の還元により吸収帯が赤外領域

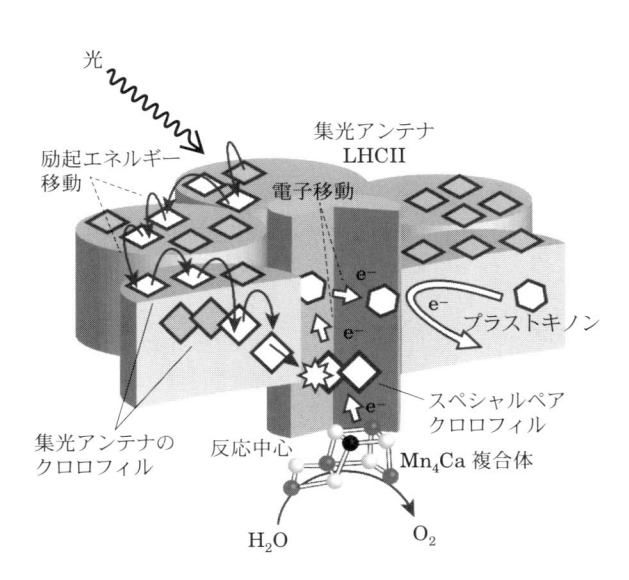

図 **2.12** 光化学系 II の集光アンテナにおける励起エネルギー移動と反応中心の電荷分離

（800–900 nm）にまで及ぶ.

(3) 光化学反応

　光エネルギーを化学エネルギーに変換する反応を光化学反応と呼ぶ. 植物葉緑体のチラコイド膜には「光化学系 I」と「光化学系 II」と呼ばれる 2 種類の色素タンパク質複合体がある. 反応中心の中心部に位置するクロロフィル a の 2 量体（スペシャルペア）が LHC から励起エネルギーを受けて励起状態になると, スペシャルペアから近傍色素へ電子移動が起こる. 反応中心にはチラコイド膜の内側（ルーメン）寄りに配置されたスペシャルペアから飛び出した電子がスペシャルペアへ戻らぬように, 電子を受ける色素が膜の外側（ストロマ）寄りに配置されており, ルーメン側がプラス, ストロマ側がマイナスの電荷分離状態が形成される. 反応中心内の電子移動速度はマーカス理論によって分子間の距離, 配向と電位差から説明される.

　光化学系 II のスペシャルペア（P680, 励起波長 680 nm）が電荷分離により正電荷を帯びるときわめて強い酸化力が生じるため, 隣接する Mn_4Ca 複合体に結合した水分子から電子を受け取り再還元される（図 2.12 参照）.

$$2H_2O \rightarrow O_2 + 4H^+ + 4e^- \quad (E^{0'} = +0.82\,V) \tag{2.2}$$

光化学系 I も光化学系 II と同様にスペシャルペア（P700, 励起波長 700 nm）の励起により電荷分離を引き起こす. 励起された P700 は P680 より強い還元力（−1.2V）を生じる反面, 電子を失った $P700^+$ には水を分解するほどの強い酸化力は生じないため, 膜内に遊離している銅タンパク質（プラストシアニン, PC）を結合し酸化することで再還元される.

(4) 電子伝達反応

　光化学系 I と II 内での電荷分離状態の形成とそれを解消する過程で進行する一連の酸化還元反応を電子伝達反応と呼ぶ（図 2.13）.

　光化学系 II のストロマ側では酸化型のプラストキノン（PQ）が 2 電子還元され, 同時にストロマからプロトン（H^+）を受け取り, 還元型プラストキノン（PQH_2）となる. PQH_2 はチラコイド膜（脂質二重膜の中）を移動してシトクロム b_6f タンパク質複合体（$Cytb_6f$）に電子を受け渡す. PQH_2 は $Cytb_6f$ の

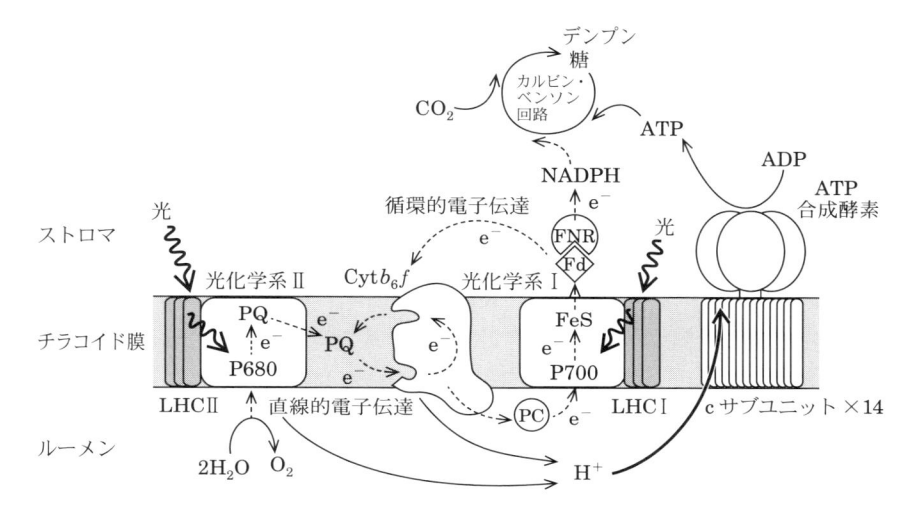

図 **2.13** 光合成反応の電子とプロトンの流れ

ルーメン側で 2 電子を渡すと同時に 2 プロトンをルーメン内に放出して PQ に
戻る．この酸化還元過程で 2 電子移動に伴い 2 プロトンがストロマ側からルー
メン側に運ばれるが，$Cytb_6f$ 内で電子伝達経路が 2 分岐し一方を PQH_2 プー
ルに戻す機構（Q サイクル）があるため，結果的には 1 電子あたり運ばれるプロ
トンが 2 倍に増幅される．水分解により生じるプロトンと合わせると，光化学系
II が一回励起される毎に電子が一つ水から $Cytb_6f$ に流れ，3 つのプロトンが
ルーメン内に蓄えられる．

　光化学系 I のルーメン側で酸化された PC はルーメン内を移動して $Cytb_6f$ か
ら電子を受け取り再還元される．PC から光化学系 I のルーメン側に渡った電子
は $P700^+$ を再還元する一方で，P700 の電荷分離により光化学系 I のストロマ
側に生じた電子はフェレドキシン（Fd）を介して $NADP^+$ に受け渡される．

　光化学系 II と I を経由して水から NADPH まで直線的に電子を受け渡す反応
を直線的電子伝達と呼び，光合成電子伝達反応の主流であるが，補助的に光化学
系 II を経由せずに光化学系 I と $Cytb_6f$ 間で電子を循環する経路が存在する．
この循環的電子伝達は酸素発生を伴わずストロマ側の還元力の蓄積もないが，チ
ラコイド膜内外のプロトン輸送は行われる．

(5) ATP 合成反応

光化学反応によってこうして作り出された電子伝達反応は ATP 合成に利用される。チラコイド膜上の電子伝達反応はルーメン側へのプロトン輸送と共役しているため、電子伝達が進むほどルーメン側のプロトン濃度は高まり、ストロマ側との間に電位差とプロトンの濃度勾配ができる。この電気化学的ポテンシャル差によりルーメン内のプロトンがストロマへ押し戻される力を利用して酵素の構造変化が起こり ATP が合成される。ATP 合成酵素はチラコイド膜内在性のプロトン透過部分とストロマ側に突出した ATP 合成触媒部分から成り、プロトン結合部分（c サブユニット）と ATP 結合部分（β サブユニット）の量比によって ATP 一分子合成に必要なプロトンの数が決まる。葉緑体の ATP 合成酵素の場合、$14/3 = 4.67$ である。

(6) 炭素固定反応

(1) – (4) の反応では、光エネルギーがチラコイド膜上の電子伝達系を稼働させ、その結果 NADPH と ATP が生じる。NADPH と ATP は葉緑体ストロマ部分の酵素群が構成するカルビン・ベンソン回路によって、二酸化炭素が糖として固定される際に用いられる（図 2.13）。二酸化炭素 1 分子を固定するために 2 分子の NADPH と 3 分子の ATP が消費される。光化学系 II と I をそれぞれ 4 回励起して 4 電子を直線的電子伝達系に流すことで 2 分子の NADPH が得られるが、共役するプロトン輸送は $4 \times 3 = 12$ 分子であり、得られる ATP は 2.57 分子となり 3 分子には届かない。この不足分の ATP は循環的電子伝達により補われると考えられている。乾燥ストレスにより二酸化炭素を取り込む気孔が閉鎖された場合や、光量が飽和する直射日光下では二酸化炭素濃度が光合成反応全体の律速となる。

2.3.2 太陽系外惑星の光合成

(1) 太陽系外生命探査の指標

太陽系外惑星の分光観測により検出が期待される生命指標が数多く提案されている中で（Schwieterman *et al.* 2018）、光合成生物に関連する主なものとその特徴を以下に挙げる。

酸素は可視・近赤外の波長域に複数の吸収線を持ち，大気中に高い濃度で蓄積し得るためもっとも検出可能性が高い反面，紫外線による水蒸気の分解などによる擬陽性の可能性を考慮する必要がある（Meadows *et al.* 2018）．

光合成生物の中には炭素固定の二次代謝産物（イソプレンなど）を大気に放出するものがある．複雑な構造を有する揮発性炭化水素は非生物的な発生による擬陽性の可能性は低いが，酸素に比べて発生量が非常に少なくかつ不安定であるため検出可能性は低い．

惑星の直接撮像により地表面の反射光スペクトルが得られる場合には，陸上植生由来のレッドエッジまたは植生指数の検出が期待できる．陸上植物の葉は入射光を内部散乱させる組織構造を持つため，光合成色に利用される赤色光は90%以上色素に吸収されほとんど反射されないが，利用されない赤外線は50%程度が反射される．赤色光の反射率（R）と近赤外光の反射率（NIR）の急激な変化が惑星の反射スペクトル上にレッドエッジとして現れる．反射率の差を正規化した植生指数（$NDVI = (NIR - R)/(NIR + R)$）は陸上植物のバイオマス量を反映する．太陽系外惑星においても光と二酸化炭素の効率的な取り込みのために地球と同様に「葉」を持つ生物が進化する可能性が高いが，光合成の有効波長が地球と異なる場合にはレッドエッジの波長が変化するかもしれない．また，雲による地表面の被覆が多い場合や陸地が少ない海洋惑星ではレッドエッジの検出は困難である．

光合成色素が吸収した光の数%は光合成や他の化学反応に利用されずに蛍光として放出される．反射光に比べて微弱な蛍光は検出がきわめて困難であるが，大気中の酸素の吸収波長（761 nm）など入射光が特異的に弱い波長域の高分解能測定が可能になれば生物指標となり得る可能性がある．

光合成生物は複数の観測可能な指標を提供する．そこで，それらの指標のなかでもっとも確実に検出可能な酸素とその他の指標を同時に観測することで擬陽性の可能性を抑えることができるだろう．地球照を利用した模擬観測から惑星大気中の酸素と地表のレッドエッジとの同時測定の可能性が示されている．

（2）太陽系外惑星の光環境

惑星表面の光環境は中心星の放射スペクトルと惑星大気の吸収スペクトルから推定できる．1光子–1電子関係にある光合成光化学反応に寄与する光を評価す

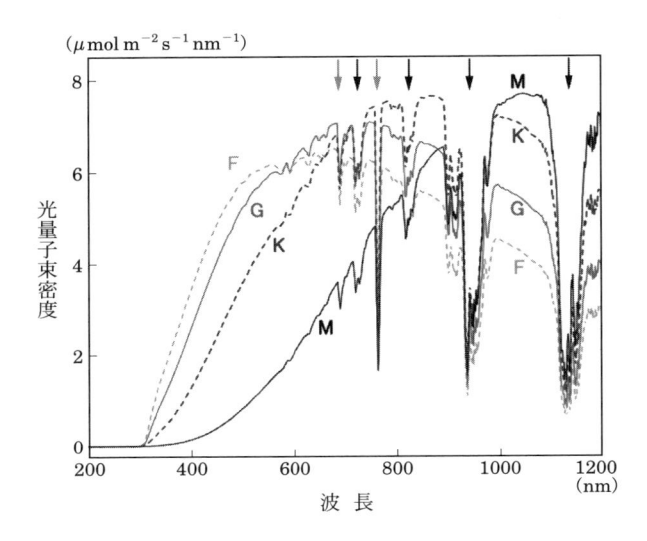

図 2.14　ハビタブル惑星の光環境：地球と同じ大気を持つ惑星が中心星から太陽定数（$1.37\,\mathrm{kWm^{-2}}$）分のエネルギーを得る距離にあるときに地表で得られる光量子束密度スペクトルを推定した図．F, G, K, M 型星の放射を 6800, 5800, 4600, 3100 K の黒体放射で近似している．矢印は酸素（灰色）と水（黒色）の吸収線を示す．

る場合はエネルギーを表す放射照度よりも光子数を表す光量子束密度が適当である．太陽放射スペクトルは 5800 K の黒体放射で近似でき，可視領域にエネルギーと光子数のピークを持つ．地球大気は可視–近赤外の光を比較的よく透過するが，水蒸気と酸素の吸収線により複数の帯域に分割される．さまざまなハビタブル惑星の光環境を異なる温度の黒体放射から大まかに推定すると図 2.14 のようになる．F, G 型星まわりでは可視光が最大となるが，K 型星まわりでは近赤外線の二つの帯域（761–942 nm と 942–1135 nm）の光量が可視光と同程度になり，M 型星周りでは近赤外線が優勢になる．水中では光の減衰が大気よりも大きく，紫外線，赤外線が遮断されるため，数メートル以上の深度では中心星の種類にかかわらず，可視光のみになる．

（3）光合成速度の推定

　光合成による炭素固定速度（＝酸素発生速度）は与えられる光量と，前節で解説した光合成の各反応段階における収率の積として次のように求められる.

$$光合成速度 = \text{PPFD} \times \varPhi_{\text{LH}} \times \varPhi_{\text{PC}} \times \varPhi_{\text{ET}} \times \varPhi_{\text{CB}}/\alpha/4 \qquad (2.3)$$

PPFD は光合成有効波長域の光量子束密度，$\varPhi_{\text{LH}}$ は集光色素による有効波長光の吸収率を表し，集光色素の種類と量によって決まる. クロロフィルをおもに使用する地球上の植物は 400–700 nm の光を 90% 程度吸収する. 電子伝達過程での収率（$\varPhi_{\text{ET}}$）はほぼ 100% と高いが，反応中心での光化学反応の量子収率（$\varPhi_{\text{PC}}$）と，固定したエネルギー（NADPH）をカルビン・ベンソンサイクルによる炭素固定に利用する割合（$\varPhi_{\text{CB}}$）は環境や生理状態によって大きく変化する. α は電子伝達経路上に直列する反応中心の個数を表す. 反応中心を二つ持つ（$\alpha = 2$）光合成生物では，すべての段階での収率が 100% の場合，8 光子から二酸化炭素が 1 分子固定されるため，理論上の最大光合成速度は PPFD/8 となる.

　太陽系外惑星における最大光合成速度を比較すると，光合成機構が地球と同じであれば，F 型，G 型星まわりでは地球と同程度の光合成が期待できるが，K 型星まわりでは 8 割程度，M 型星まわりでは半分以下に低下する. M 型星まわりで光合成有効波長が近赤外にシフトする場合は地球と同等以上の PPFD が期待できるが，光化学反応中心の増加や量子収率の低下により光合成速度が低下する可能性がある.

（4）光合成有効波長の推定

　地球上の光合成生物が多様な集光アンテナを進化させているように，太陽系外惑星の光環境に応じて異なる集光アンテナを持つ生物がいるかもしれない. 複数の色素を使い有効波長域を広げるほど多くの光を利用できるが，短波長側の色素から長波長側の色素へ励起状態を伝達する過程でより多くのエネルギーが熱として失われるため，深い大気の吸収線に分断された複数の帯域を跨ぐ広い領域をカバーして集光する可能性は低い.

　集光アンテナから励起エネルギーを受け取る反応中心色素の励起波長は，有効波長の最長端になる. 有効波長を長波長側に広げすぎると，反応中心の励

起エネルギー順位が低下して電子伝達に必要なエネルギーが得られない．水（$E^{0'} = +0.82\,\mathrm{V}$）から NADPH（$E^{0'} = -0.32\,\mathrm{V}$）までの一電子伝達に必要なエネルギーは $1.14\,\mathrm{eV}$（ATP 合成分も含めると $\sim 1.3\,\mathrm{eV}$），より一般化して水素（$E^{0'} = -0.41$）を電子受容体と仮定すると $1.23\,\mathrm{eV}$ が最低限必要となる．地球の光合成生物は励起波長 $680\,\mathrm{nm}$ と $700\,\mathrm{nm}$ の 2 個の反応中心から合わせて $3.59\,\mathrm{eV}$ のエネルギーを得ている．電子伝達反応のエネルギー効率は $\sim 35\,\%$ と低いが，エネルギーを消費することで逆反応を抑制し，100%近い電子伝達反応収率を実現している．電子伝達過程での収率の低下は電気回路の漏電と同じく非常に危険である．漏れ出した電子を近くにある酸素が受け取り，活性酸素が発生すると光合成機構自体が破壊される．

　近赤外線が豊富な M 型星まわりの惑星おいて反応中心の励起波長が近赤外にシフトするかもしれないが，その場合でも電子伝達反応の収率低下を回避する仕組みが必要と考えられる．

（5）近赤外線利用型光合成の可能性

　可視光より光子あたりのエネルギーの低い赤外線を利用する光合成機構として，さまざまな可能性が提唱されている（図 2.15 参照; Kiang *et al.* 2007, Blankenship *et al.* 2011）．

　地球の光合成機構は電子伝達過程で失われるエネルギーが大きいので，もし省エネタイプの電子伝達反応が構築できれば，地球型の光合成機構を近赤外線で駆動することができる．理論的には 100%に近いエネルギー効率が実現できれば $2000\,\mathrm{nm}$ 付近までの近赤外線が利用できるが，現実的には改善の余地は小さいと思われる．実際に，近赤外線が豊富な環境下で生息するシアノバクテリアの中には反応中心の電子運搬体の酸化還元電位を変えることで $750\,\mathrm{nm}$ 程度まで利用波長を拡大させている種が存在するが，酸素非発生型の光合成細菌のように $800\,\mathrm{nm}$ 以上の光を利用できる種は見つかっていない．陸上植物では近赤外線豊富な林床に適応した陰性植物でも可視光のみに依存している．

　エネルギー投入段階である反応中心の個数を増やす多段階励起反応は，最もシンプルに不足するエネルギーを補うことができる．$690\,\mathrm{nm}$ の 2 光子と同等のエネルギーを，3 光子では $1035\,\mathrm{nm}$，4 光子では $1380\,\mathrm{nm}$ の赤外線から得ることが

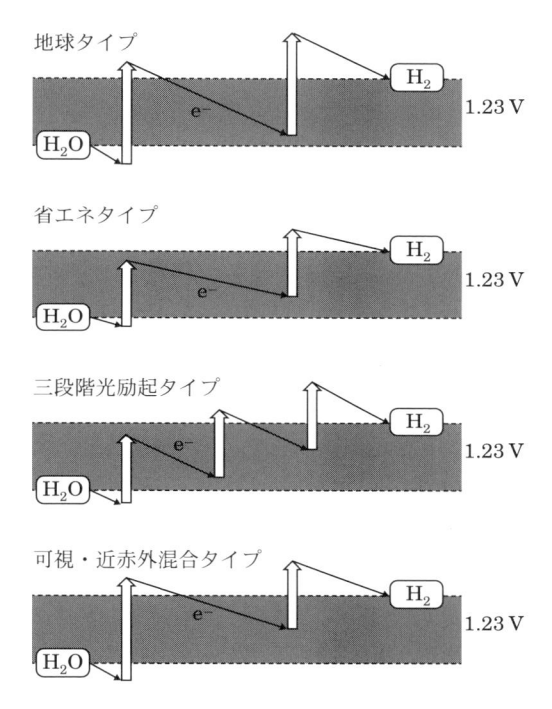

図 2.15 近赤外線を利用する光合成反応. 可視光を利用する地球タイプの電子伝達反応と近赤外線を利用する三種類の仮想的電子伝達反応の模式図. 縦軸に酸化還元電位をとり, 横軸に水から水素までのアップヒルの電子移動を示す. 上向き矢印が反応中心の光励起により獲得するエネルギーを表し, 斜め下向き矢印が電子伝達過程で失われるエネルギーを表す.

できる. ただし, 地球と同じ二段階励起反応から進化の延長線上に三段階励起反応を構築することはきわめて困難であるため, 全く異なる進化経路を想定する必要がある.

　二つの反応中心のうち一方で可視光を利用し, もう一方で赤外線を利用する混合型の光合成反応が, 地球上の光合成反応の改変により光合成効率を改善する方策として提案されており, 太陽系外惑星においても実現が期待される. ただし, 励起波長の大きく異なる二つの反応中心を均等に励起するためには安定した光環境が求められる.

2.4　量子生物学

　自然科学の普遍性は定量によって初めて担保される．観測から理論や法則を導くためには，観測された事象の再現性や有意性を示す必要がある．近代以降の物理学や化学などにおいては定量計測という行為によってこのことが裏付けられてきた．生物学においても，生化学や分子生物学のように大量合成した精製生体分子を実験に利用できる学問分野では，定量計測によって事象の再現性や有意性を議論するのがすでに一般的である．しかし，細胞生物学や医学など高次の生命システムを扱う生命科学においては，未だに定性的な観察のみによって生命現象を議論することも少なくない．これは細胞や生物個体などの生命システムは，多くの物理システムや化学システムと比較して複雑である一方，対象を限定して定量計測できるほど実験系を単純化・理想化することが困難であるからに他ならない．

　これに対して，極微小領域の生命現象は，量子効果を用いた高感度の測定素子による定量が試みられている．また，生体現象その物の中にも，量子効果が寄与していると推定される反応が見つかり始めている．生物学において量子効果まで考慮した学問を量子生物学と呼ぶ．量子生物学は，誕生まもなく扱われるテーマは限られている．本節では，その中から，ナノ量子センサーと鳥の磁気センサーを取り上げ解説する．

2.4.1　ダイヤモンドを用いた量子センサー

（1）蛍光プローブを用いた試み

　局所的な測定を行う試みにより，上記のような生物学の状況を変えようとする動きは，ロジャー・チェン（2008 年ノーベル化学賞），宮脇敦史らの開発した蛍光カルシウム指示薬 Cameleon から始まった．Cameleon は，カルシウムイオン濃度に応じて大きく構造変化する「カルモジュリン」というタンパク質に対して，構造変化を認識して蛍光強度が変化する蛍光タンパク質ペアを融合することで人工的に設計したカルシウムセンサータンパク質である．細胞内のカルシウムイオンは神経情報伝達や筋収縮などさまざまな生理応答に関与することから，Cameleon が登場したことで，「生きた単一細胞中での計測」を通して生命現象を読み解くという実験手法が生物学研究に普及していった．

　これとほぼ同じ時期に登場した蛍光温度プローブ EuTTA（ユウロピウム (III) テノイルトリフルオロアセトナート）は単一細胞温度の計測にも使用されるようになった．細胞内の生命現象は化学反応と酵素反応が複雑に組み合わさることで引き起こされるが，蛍光温度プローブによる細胞計測が登場するまでは，多くの細胞内反応が 37°C で起こるという前提で生化学研究が進められてきた．しかし，近年では細胞内にはメゾスコピックな温度勾配が存在する可能性も示唆されており，細胞内反応を議論する上で単一細胞中の温度を定量する重要性に注目が集まっている．

　また近年では蛍光 pH プローブも開発が進み，単一細胞の pH 計測も細胞生物学の研究において広く用いられている．細胞内では小器官ごとに固有の pH が維持されており，これを生化学反応の制御に利用していることは以前より広く知られてきた．たとえばエネルギー産生や代謝などの恒常性維持のために細胞は pH 分布を巧みに利用しているし，がん浸潤などの病理にも pH が深く関与している．したがって，このような蛍光プローブを用いて細胞内の特定イオン種の濃度，温度や pH など多様な物理・化学パラメータの時空間的な分布を定量計測できるようになれば，細胞生物学のような高次生命システムを扱う生物学であっても，物理学や化学と同じような普遍性を持つようになると期待される．

　ただし，物理・化学パラメータの時空間分布を単一細胞内で定量しようとしたときに，蛍光プローブにはいくつかの大きな問題がある．第一に，蛍光プローブの光学安定性の低さである．Cameleon に用いられている蛍光タンパク質や EuTTA のような蛍光色素は光励起によって蛍光を得る．しかし，その分子構造は数秒から数分程度の光励起により容易に変化し蛍光を発しなくなる（このような現象を蛍光褪色という）．このため，数時間から数日（あるいはさらに長時間）に渡る高次の生命現象を蛍光プローブにより定量計測することはきわめて困難である．また，センシングメカニズムにも問題がある．分子サイズは蛍光タンパク質分子が数 nm，蛍光色素分子は 1 nm 以下であるが，これらは単一分子で定量計測センサーとして機能するわけではない．カルシウム濃度や温度等に応じて ON の状態の分子と OFF の状態の分子の比率は変わるが，個々の分子は ON の状態か OFF の状態のいずれかの状態しか取り得ないからである．したがってこれらは「分子サイズのセンサー」といっても，プローブの実効体積はマイクロ

メートルオーダーになってしまう．このことは実際に細胞内で生命現象とひも付けた定量計測を行う上でも障害となる．これは化学合成の装置にたとえるとわかりやすい．合成温度を調べたい場合は，合成装置全体の温度ではなく，合成を行っているフラスコ中の温度を測る必要がある．このためには，温度計をフラスコ内に刺す必要がある．同様に，細胞膜で起こる生命現象であれば細胞膜に計測プローブを標的する必要があるし，ミトコンドリアで起こる生命現象であればミトコンドリアに計測プローブを設置する必要がある．しかし，計測したい部位に蛍光プローブ分子 1 個を設置するだけではセンサーとして機能せず，また仮にプローブ分子を多数設置できたとしても蛍光褪色により速やかに機能しなくなってしまう．このため，細胞内微小領域を定量計測する手法の開発は，長い間生物学における大きな課題となっていた．

(2) 量子センサー研究の進展

　ところが近年になって，このような問題を解決する蛍光プローブとして量子センサーの開発が急速に進展している．その一例が，ダイヤモンド結晶中で窒素不純物原子と空孔（炭素原子が存在しない点欠陥）が隣り合った格子欠陥「NV センター（Nitrogen–Vacancy center: 窒素–空孔中心）」である（図 2.16）．NV センターには中性電荷の NV^0 と負電荷の NV^- が存在するが，このうち NV^- には a_1, a_2, e_x, e_y の 4 つの電子軌道が存在し，6 個の電子がフントの規則に従いエネルギー準位の低い軌道から占有している．ただし，単一の電子は $m_s = +\frac{1}{2}$ または $m_s = -\frac{1}{2}$ のいずれかのスピン磁気量子数しか取ることができないため，「同一軌道上のフェルミ粒子は同一の量子状態を占めることができない」というパウリの排他原理に従い，一つの電子軌道を占有できる電子は 2 個までである．このため a_1 軌道と a_2 軌道にはいずれもスピン磁気量子数の異なる 2 個ずつの電子が占有し，電子同士は互いに打ち消し合うように干渉する．一方，もっともエネルギー準位の高い e_x 軌道と e_y 軌道は縮退しているため，それぞれの軌道は残り 2 個の電子から 1 個ずつが占有することになる．NV センターでは e_x 軌道と e_y 軌道の 2 個の電子は互いに強め合うように干渉するスピン三重項状態を安定に取ることが知られており，これらは $m_s = +1, 0, -1$ の 3 種類のスピン磁気量子数を取ることができる．そしてこの電子スピンのエネルギー準位

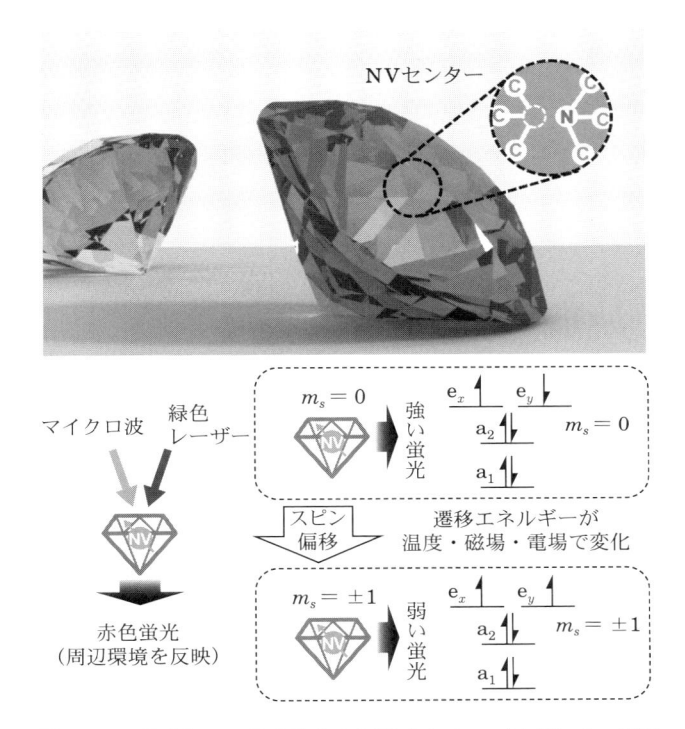

図 **2.16** ダイヤモンド結晶中の NV センター（上段）と，NV センターのセンサー特性（下段）

は以下のスピンハミルトニアン H で近似的に表される．

$$H = \frac{h}{2\pi} \left\{ (D + d_\parallel \Pi_z) \left[S_z^2 - \frac{2}{3} \right] - d_\perp [\Pi_x(S_x^2 + S_y^2) + \Pi_y(S_x S_y + S_y S_x)] \right. $$
$$\left. + \gamma \left(\vec{S} \cdot \vec{B} \right) \right\}$$

ここで $D \approx 2.87\,\mathrm{GHz}$ は温度依存的に変化するゼロ磁場分裂幅，$\vec{\Pi} = \{\Pi_x, \Pi_y, \Pi_z\}$ は電場ベクトル，$\vec{B}$ は磁場ベクトルである（$d_\parallel, d_\perp, \gamma,$ はそれぞれ結合係数）．したがって NV センターの持つ電子スピンは，エネルギー準位が温度や外部の磁場，電場に応じて一定の規則に従い変化する．また，NV センターのスピン三重項状態の電子には，波長 $532\,\mathrm{nm}$ 程度の緑色光を照射すると光励起されてオレンジ–近赤外（650–$750\,\mathrm{nm}$ 程度の波長域）の強い蛍光を発する

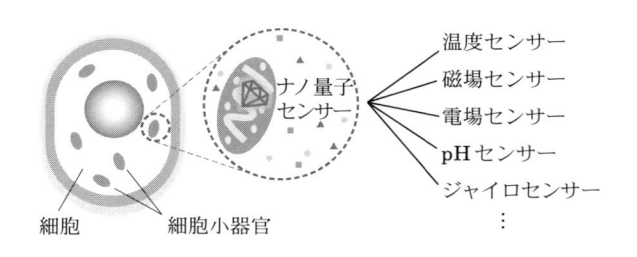

図 2.17　ナノ量子センサーによる細胞内定量計測

という性質がある．しかも電子スピンのスピン磁気量子数に依存して蛍光強度が変化するという性質も持っており，この性質を利用することでエネルギー準位間のスピン遷移を蛍光信号として観測することが可能である．これらの事実は，光検出によるスピン量子計測を介して，NV センターが温度，磁場，電場を検出するセンサーとして機能するということを意味する．このようなメカニズムによって機能するセンサーは量子センサーと呼ばれる．

　NV センターが発する蛍光は非常に高輝度で，単一の NV センターの蛍光でも高感度のカメラやフォトンカウンターを用いれば容易に検出できる．しかも NV センターは硬いダイヤモンド結晶により守られているため，化学構造もきわめて安定で蛍光観察中に光励起で壊れることもない．つまり，蛍光タンパク質や蛍光色素を用いた蛍光プローブとは異なり，単一のダイヤモンドナノ粒子（ナノダイヤモンド）中の NV センターであってもセンサーとして安定して機能するということになる．このことは，直径 100 nm 以下のごく小さなナノダイヤモンドであっても，これを細胞内に導入することでそれら 1 個 1 個がナノサイズの量子センサー（ナノ量子センサー）として機能し，蛍光プローブとして単一細胞内での物理・化学パラメータの定量に利用できるということを意味する（図 2.17）．近年，ナノ量子センサーのサイズは最小で直径 5 nm まで小型化が進んでおり，これにより細胞小器官はもちろん，タンパク質のような生体分子さえも 1 分子レベルで計測可能な極微小のセンサーが実現した．

　ナノ量子センサーの生物研究応用としては，たとえば，ナノ量子センサーを温度センサーとして用いることで細胞内の微小領域の温度を容易に計測することができるようになった．さらに現在では，ナノダイヤモンドの表面にミトコンドリ

アなど特定の細胞小器官に集まる性質を持つペプチド等を修飾できるようになり，細胞小器官の局所的な温度を計測することも可能となった．また近年，ナノ量子センサーを pH センサーとして利用する方法も開発された．ナノ量子センサーによる pH 計測が細胞内で行われるようになれば，将来的にはミトコンドリアの pH 計測を介した細胞の老化研究など幅広い生命現象の解明につながると期待されている．

　他にもナノ量子センサーには数々の面白い使い方が提案されている．たとえばナノ量子センサーをナノサイズのジャイロセンサーとして活用するというのもその一つである．ジャイロセンサーとは回転方向の動きを計測するセンサーであり，たとえば船舶の姿勢制御やカメラの手ブレ補正など，我々の身近でも幅広く活用されている．ナノレベルのジャイロセンシングには，鳥の磁気センサーがそうであるように，量子センサー中の電子スピンが磁場の方向を正確に検出できるという性質を利用している．ナノ量子センサーを利用することでナノスケールのジャイロセンサーが実現し，その結果，生体分子の構造変化などナノレベルの運動を 3 次元的にトラッキングすることも可能となった．モータータンパク質として知られる ATP 分解酵素は ATP の加水分解エネルギーを利用してモーター回転することが知られているが，ナノ量子センサーはそのナノレベルの回転運動を 3 次元的に観測することにも成功した．また，この方法で回転ブラウン運動（回転のランダムな変化が断続的に起きる極微小領域特有の現象）を厳密にトラッキングすれば，ナノ粒子の回転拡散係数 D_r を正確に定量することもできる．その計測結果をストークス–アインシュタイン–デバイ則 $D_r \propto (\eta/T)^{-1}$ に当てはめればナノレベルの微小領域に対しても粘性 η を決定できる．このような計測を行えば，たとえば幹細胞の分化等に伴う細胞骨格の秩序（細胞の形状を保つための細胞膜の裏打ち構造）の変化も敏感に検出できるはずである．細胞骨格の秩序は分化などの細胞の状態と密接な関係があることが知られている．したがって，ナノ量子センサーは，将来的には再生医療における再生組織の分化や生着をモニタリングするなど，再生医療の効率化にも貢献するだろう．また，今後高感度化が進めば，磁場や電場などの細胞内計測を通して，ナノ量子センサーは高次の認知機能などの脳神経活動の謎を解明するツールとしても活用される可能性がある．

（3）ナノ量子センサーの今後の意義

　もっとも重要なことは，ナノ量子センサーの登場によって，細胞内の特定の現象に関与する特定の部位の特定の物理・化学パラメータを選択的に定量計測できるようになりつつあるということである．このことは，細胞や生物個体など，生物学の扱う高次の生命システムに対して定量可能な単純化・理想化された実験系を成立させることに他ならない．「普遍的な解釈」とは，時代や場所に依存しない科学的な価値である．物理学や化学は，宇宙の始まりから終わりまで，我々の生活する地上でも，海底でも，地中深くでも，あるいははるか遠く別の銀河にある惑星であっても通用する普遍的な解釈を与える．ナノ量子センサーは，生物学に未だ存在する不明瞭な領域に対して，物理学や化学と同様の普遍的な解釈を与える潜在力を持つといっても過言ではない．

2.4.2　渡り鳥の磁気コンパスと電子スピン

　量子生物学の 2 番目のトピックとして，渡り鳥の磁気コンパスについて解説する．

　渡り鳥はどのような情報に基づいて旅をするのだろうか？　渡り鳥は複数の情報を利用している．その中でふつうは人類が利用できない情報として，磁気がある．渡り鳥が（道具を使わずに）どのように地磁気を感受しているのかという疑問に，人類はまだ完全に答えることはできていないが，現在考えられているモデルには大別して，マグネタイト説とラジカル対説が存在する．それ以外に電磁誘導などの電気的な効果を指摘する説もある．さらに，人間が無意識のうちに磁気を感受しているのではないかということを示す論文も存在する．本小節では，動物の磁気感受に関連したラジカル対説を中心にそのメカニズムについて解説する．

（1）動物の第六感

　キョクアジサシはもっとも長距離の旅をする渡り鳥として知られており，1 年のうちに北極圏から南極圏にまで約 32000 km を旅する．この距離を決まった時期に，決まった場所から決まった場所へ正確に移動できることはきわめて驚きに値する．これまで多数の実験や観察によって，渡り鳥は次のような情報によってナビゲートされていると考えられている．

(1)　視覚：太陽，光の偏光，星，ランドマーク
(2)　臭覚：知っている場所，パートナー
(3)　磁場：方向，傾き，強度

　(1) 視覚，(2) 臭覚の二つの感覚は，光の偏光を除けば人の五感と共通する感覚と言える（臭覚に関しては我々を超えている感度に思われるが）．しかし (3) 磁場は人類の持たない感覚すなわち第六感である．地磁気を感じていると思われる生物はすでに多数の報告があり，原始的なバクテリアから哺乳類まで，磁場を感じて行動しているという報告がある．さらに，人間も脳で磁場を感じているのではという報告もある．すべての実験が正しく客観的かつ科学的に行われたとはいえない部分もあるが，その報告の数やその内容から見て，生物が意識無意識を問わずにいえば，磁気を感じる可能性があることははほぼ否定できない．以下にそのメカニズム研究の現状を紹介する．

(2) 磁気感受メカニズム諸説

　我々はすでに磁石の針が南北を向くことを経験的に知っており，方位磁石を用いた磁場での方向認識は磁場感受メカニズムの可能性のひとつといえる．しかし磁場の方向を感じるメカニズムはそれだけではない．たとえば一般的な磁場を計測するガウスメーターは，ホール素子と呼ばれる磁気センサーを用いている．最近の携帯電話もホール素子を応用したいわゆる電子センサーを3次元的に使っている．生物がこのような電子センサー技術をさらにミクロ化した，いわゆる量子コンパスを使っているとする説がある．この量子コンパスとしてのラジカル対説については次項で述べる．それ以外には電磁誘導説も存在する．たとえば磁場の中を運動すれば，それによって体内に電流が流れる可能性がある．その電流を用いて磁場を感じている可能性も完全には否定できない．

　このように，動物の磁気感受に関してはさまざまな仮説がある．その中でもっとも多数の研究はヨーロッパコマドリに対して行われた．この鳥の動物実験に基づいてマグネタイト説とラジカル対説が提唱されている．マグネタイト説では動物の体内に存在する酸化鉄が磁場を感受して動き，それを何らかの神経を用いて感知する．すなわちマグネタイトの物理的な運動を検知するとする説である．この説は具体的モデルとして比較的理解が容易である．しかし，マグネタイトの運

動を脳に伝えるメカニズムについての直接的な証拠はない．特に近年モウリツェンらにより，コマドリのくちばしにあるマグネタイトと脳をつなぐ神経を切断しても，磁気感受が失われなかったという報告があり，マグネタイト説に対して疑問が投げかけられている．そんな中で，注目を浴びるもう一つの説として，ラジカル対説もしくは化学コンパス説が存在する．この説も現状では仮説であるが，鳥の網膜に存在するタンパク質（後述するクリプトクロム）の中での光化学反応が，地磁気の向きに依存し，その化学反応効率の向き依存性を視覚で検知して，鳥が地磁気の向きを視ているとする説である．以下でこのラジカル対説についてみていく．

（3）ラジカル対説

ラジカル対説は次のような状況証拠からその可能性が提唱されている．

（A）　一般に方位磁石を用いるときには，我々は地磁気の水平成分（ベクトル）のみに注目してその方向を検知しているが，ヨーロッパコマドリのコンパスは，地磁気（磁力線）の重力に対する傾きのみから南北を感知している．そのため，図 2.18（b），（c）に示すように，地磁気の方向（矢印の向き）からは N 極，S 極を見分けられない（図 2.18）．

（B）　光存在下でのみ磁気コンパスによるものと思われる鳥の方向認識が現れる．さらにその効果は光の波長依存性がある．

（C）　ラジオ波によって鳥の方向認識が失われる．しかしその周波数依存性の有無や，地磁気の向きに対するラジオ波振動磁場の向き依存性に関しては，未知の部分がある．

（D）　磁気センサーの所在として，視覚との関連を指摘するいくつかの実験結果が存在するが，右目か左目かもふくめて，いくつかの対立する議論がある．

（E）　鳥が渡るときに活発に発現するタンパク質として，クリプトクロムが挙げられている．さらにクリプトクロムの発現と視覚に関連する脳の活性化がいわれている．クリプトクロムと同類のタンパク質としてフォトリアーゼが知られている．フォトリアーゼはクリプトクロムと類似の光化学反応でラジカル対を生成するが，その反応に磁場効果が確認された．

このような状況証拠と並行して，シュルテン，リッツらにより画期的な仮説が

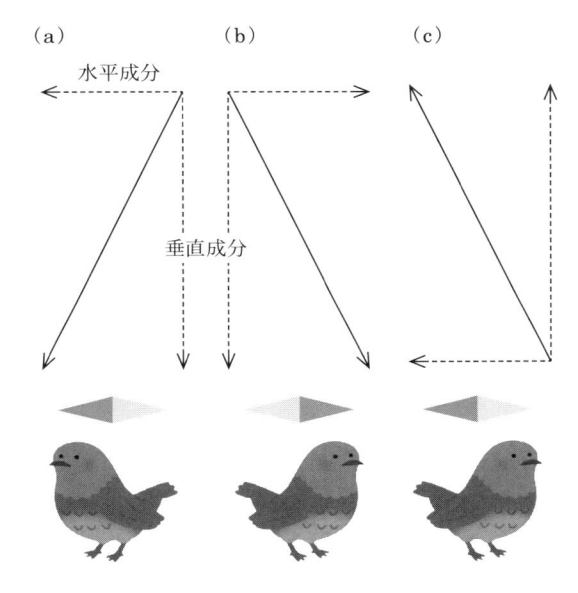

図 **2.18**　インクリネーション（傾き）コンパスの説明図．地磁気の水平成分のみの極性を見る方位磁石とは異なり，垂直成分も含めた磁力線の傾きを見て鳥が方向（南北）を認識する．（a）から（b）へ水平成分を反転させると鳥は逆向きになるが，（a）から（c）へ垂直成分を反転させても逆向きになる．これは，傾きのみを見ているので，南半球では北半球とは逆方向を向くと予想される．

提出された．その概要は次のようなものである（図 2.19）．

　（A）　いわゆる化学コンパスといわれる分子システムが，鳥の網膜の細胞膜中に規則正しく並んでいる（図 2.19（a））．

　（B）　この分子システムの光化学反応が磁場の向きに依存しており，それが視覚に影響を与えているなら，磁場の向きを視覚が感知することになる．たとえば，明るいスポットが見えて，その方向が北もしくは南を指すことになる．そして傾きコンパスにおいてはそのスポットが上に見えるか下に見えるかということで北と南が識別される．

　（C）　分子システムの候補とされている分子系はクリプトクロムで，この分子系の光励起に伴い，フラビン分子とその近傍に存在するトリプトファン分子と

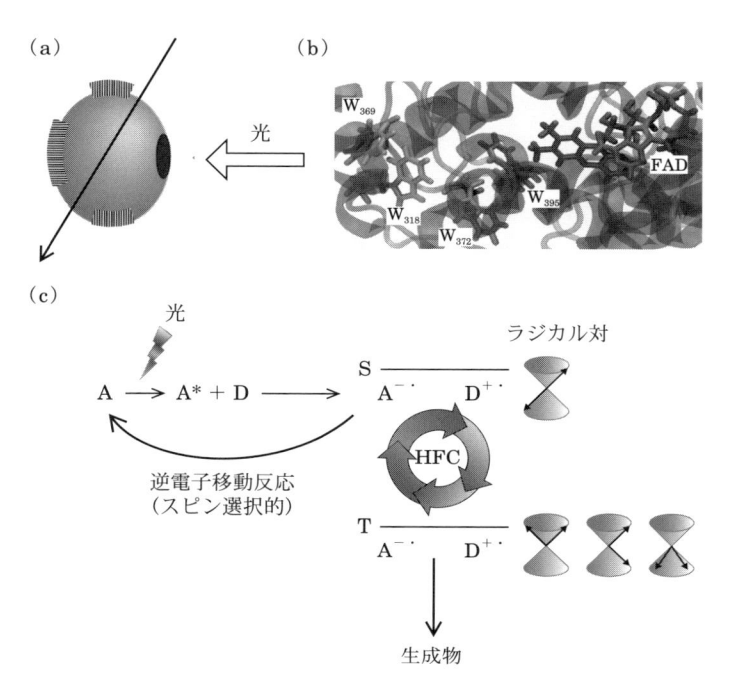

図 2.19 ラジカル対機構による磁気コンパス仮説.（a）鳥の眼球（黒マルをレンズとする）の網膜上に規則正しく分子が並んでいた場合，ある地磁気の方向に対する分子の向きが異なる．もし，分子の向きに対する化学反応への磁場の効果が異なると，網膜上に反応性の違いによるパターンが現れる．これを視覚を用いて感知している可能性がある．（b）鳥の網膜において発現する磁気受容分子，クリプトクロムの中心部分の拡大図．フラビン補酵素である FAD（Flavin Adenin Dinucleotide）が光励起により，近辺に連なる 4 つのトリプトファン分子 W から電子を受け取り，離れた 2 つのラジカルすなわちラジカル対を生ずる．（c）ラジカル対の反応スキーム．分子 A（ここでは FAD 分子）が光励起されると分子 D（最末端のトリプトファン W_{369}）から電子を受け取りラジカル対を生成する．生成初期におけるラジカル対の 2 つの電子スピンは上の段（S）の右のコーン上の 2 つの矢印のように，反対向きである（一重項ラジカル対）．電子スピンと核スピンとの相互作用である超微細結合（HFC）により，2 つの電子スピンの配向は時間とともに変化し，下の段（T）で示した 3 つの状態（三重項ラジカル対）へと，量子力学的に変化する．この変化が磁場の影響を受け磁場効果を与える．

の間で反応が起こり，トリプトファンから電子が放出される．4つのトリプトファンが順に反応することで電子が移動して，長距離離れた2つの孤立した電子のペア，すなわちラジカル対を生成する（図 2.19 (b)）．

(D) ラジカル対の化学反応は磁場に依存する．光化学励起状態からラジカル対を生成するとき，ラジカル対の電子のスピン状態はその前駆体のスピン状態が保存されて，一重項（Singlet, S）状態である．その状態は2つのラジカルそれぞれの周りの環境，特に核スピン状態に依存し，超微細結合（HFC）と呼ばれる相互作用により運動する．その結果2つの電子スピンの運動にずれが生じて，一重項から三重項（Triplet, T）状態への遷移が起こる．この遷移の効率に外部からかかる磁場（地磁気）が影響を与える（図 2.19 (c)）．

(E) その結果，S 状態と T 状態との割合が変化し，結果として S 状態のみから選択的に起こる逆電子移動反応（電荷再結合反応）と，S, T 両方から起こる反応との競争の結果，反応生成物量に変化が生まれ，それをシグナルとして，分子システムに対する磁場の角度情報を感知することになる．

これが，現在考えられているラジカル対メカニズムである．

(4) なぜ量子生物学なのか

未だに解明されてはいないが，この感受のメカニズム（化学コンパス）が本当に渡り鳥の磁気コンパスとして利用されているとすると，生体システムが量子力学に特徴的なダイナミクスを巧みに利用していることになる．元来量子力学はきわめて小さな分子，原子系でのみ働くものと考えられており，同時に生体内の温度ではほとんど半古典的な描像（原子というミクロな粒がくっついたり離れたり）で説明されるものと考えられてきた．しかし，当然のことながら，生物が分子で作られており分子の運動が量子力学で記述される以上，生物内での化学反応や代謝そして生物の行動に量子力学がまったくかかわらないと考えるのもおかしな話である．また，量子力学と古典力学とは背反なものではなく，どこかの系のサイズや時間スケールでつながっている．つまり，量子生物学を考える上においては，同時に「古典的ではなく，量子力学的な現象とは何か？」ということを考えながら進める必要がある．その中で，渡り鳥の磁気コンパスに関するラジカル対説が量子力学的にユニークだと思われるいくつかの点を以下に挙げる．

（A）　スピンに作用する地磁気の相互作用はきわめて小さなエネルギーであり，分子が持ちうる熱エネルギーの約数十万分の 1 程度の大きさしかない．従来の化学反応論では反応速度定数は，活性化エネルギーに対する熱エネルギーとの関係で議論されている．そのことから考えれば，化学反応に地磁気の影響が出るとは考えにくい．しかし，ラジカル対機構は上で述べたように，そのような反応論を超えて，スピン系の持つ量子力学的な運動がそのまま反映される．

（B）　磁場を感じるスピン系の運動は，量子力学に特有なコヒーレントな歳差運動として知られている．このような運動はスピン以外の分子運動モード（振動や回転など）でも見られるが，固体や液体で構成される生物において，体温下では通常の熱ゆらぎによって高速（フェムト秒程度）に失われる．しかし，スピン系はこのような分子系の熱運動との相互作用が弱く，マイクロ秒程度の長い時間コヒーレンスが保持される．そのことはラジカル対が非常に小さな磁場を検知できる理由の一つである．

（C）　ラジカル対が生成した瞬間において，ラジカル対の電子スピンは多くの場合，もつれあい状態（エンタングルメント）となっている．もつれあいとは，たとえば片方のラジカルの電子スピンが上向きで，反対のラジカルの電子スピンが下向きの状態と，その逆である下向き–上向き状態との両方が五分五分の確率で存在するような状態である（図 2.20）．このもつれ合いは，量子力学の非常にミステリアスで興味深い現象の一つである．量子力学では，この 2 種の状態は観測されるまでそのどちらの組み合わせになるのか決まらない．言い換えればこの 2 つのラジカルのうちの一つを観測するまで，相棒のスピンがどちらの状態になるのかが決まらないということである．ラジカル対に限らず，この 2 つのスピンが空間的に離れていると，片方が観測された瞬間に瞬時にその結果が相棒に伝えられることになってしまう．アインシュタインは Spooky action at a distance（奇妙な遠隔作用）と呼び，量子力学の不完全さを表すと考えていた．しかし，距離の離れたもつれ合いの存在は，その後の実験で確認されており，人工衛星を用いた実験では宇宙規模の距離のフォトン同士のエンタングルメントも確認されている．

このエンタングルメントがコヒーレントなスピンダイナミクスの源であることは，明らかではあるが，この現象そのものが微小な磁気感受にどの程度重要であ

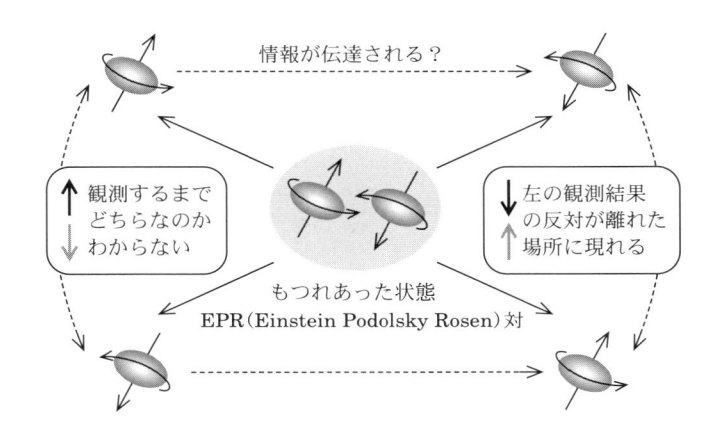

情報が伝達される？

観測するまで
どちらなのか
わからない

左の観測結果
の反対が離れた
場所に現れる

もつれあった状態
EPR（Einstein Podolsky Rosen）対

図 **2.20** エンタングルメント（もつれ合い）と量子力学的な観測

るかを議論するのは難しい．なぜなら，エンタングルメントとコヒーレンスはある種，鶏と卵のような関係があり，どちらが本質的な問題であるのか言うのはたやすくはない．一方で，ラジカル対に加えて第三のラジカルの存在を仮定することにより，上で述べた，観測の問題や奇妙な遠隔作用の効果を考える研究者もいるが，これと動物の磁気感受とを結びつける実験的な証拠も状況証拠も今のところ存在しない．しかし，このような議論がなされること自体は，量子生物学が単なる量子力学の応用分野ではなく，ミクロな状態を記述する量子力学とマクロな存在の生物学とをつなぐ未知のチャレンジであり，量子物理学にも影響を与える可能性を秘めている．

　本小節では，動物の磁気感受メカニズムの一つとされている，化学コンパスについて述べてきた．きわめて近距離だが離れて，もつれ合った 2 つの電子スピンのコヒーレントな運動がもし動物の長距離移動に役立っているのだとすれば，ミクロな分子レベルのダイナミクスから地球規模の動物の行動までを，分野を超えて研究することになり，これはある種のロマンといえる．

2.5　極限環境生物

　アストロバイオロジーの目指す究極的な科学目標は，「生命とは何か」という問いに対して，現在までに知られるたった一例に過ぎない地球生命から導かれる

一つの解答ではなく，宇宙共通原理としての答えを提示することであろう．その
もっとも中心となるテーマとして，太陽系内外の天体に生命が存在する（した）
ことを発見・証明する研究を挙げることができる．太陽系に限ってみても，火星
には過去に地球と同じような表面海が存在したことはほぼ確実であり，木星の氷
で覆われた衛星（氷衛星）であるエウロパ，ガニメデ，カリスト，土星の氷衛星
エンセラダス，タイタンには，現在でもその氷の地下に大量の液体の水，つまり
内部海，が存在すると考えられている．未だ有力な証拠は得られていないもの
の，その他の太陽系内外の天体にも表面海あるいは内部海が存在する可能性が示
されている．

　地球生命の誕生の場が深海熱水域のような海洋環境であったかどうかについて
は未だ議論が続いているが，陸上の地熱環境や深海や地下といった地球表層の温
和な環境条件で生息する生命にとって生息困難に感じられる条件を有する極限暗
黒環境が，地球生命の誕生から現在に至るまでの進化史を支えたもっとも重要な
生命圏の一つであったことは間違いない．この事実は，惑星・衛星における海や
暗黒水圏環境の存在はその惑星に生命が存在・持続しうる巨視的な必要条件とな
ることを意味するかもしれない．そのような観点に基づくと，太陽系内外の普遍
的に存在する「海をいだく天体」や「かつて海を有した天体」に生命が存在して
いる可能性は，決して荒唐無稽な想像や答えの出ない机上の空論の産物ではな
く，もはや人類が直接的に証拠を得ることが可能な太陽系内地球外生命探査に
よって解明しうる研究対象といえる．

　本節では地球における生命や生命圏の限界を制約する極限環境（微）生物につ
いての研究の到達点について概説する．まず生命にとって利用可能な「液体の
水」が存在しうる極限的な物理・化学条件環境を紹介し，そのような極限環境の
ほとんどが極限環境生命の生息領域となっていることを例証する．さらに地球や
宇宙におけるエネルギー論から見た生命存在可能条件（habitability）という概
念について詳しく紹介するとともに，理論的な概念と現実の観測値の間に見られ
る隔たりについて論考する．

2.5.1　地球における生命存在限界を探査する

　地球における生命活動はきわめて多くの要因の相互作用によって規定されるも
のであるが，現実の地球環境ではすでに多くの要因が生命存在可能条件の範囲内

にある．実際我々が直接観察できる地球表層環境（深海や地殻上部も含めて）においては，むしろまったく生命活動がない，あるいは生物そのものや生命活動の痕跡物質が含まれないような生命非存在環境を探すほうがはるかに難しい．後に紹介するように生命活動のもっとも単純な前提条件が「自由エネルギー」と「液体の水」の存在であると仮定した場合，どちらも地球表層環境において豊富に存在する条件である．それ以外のきわめて決定的な条件としては，温度，圧力といった物理的条件やpH，塩濃度といった化学的条件を挙げることができる．地球における生命活動の限界を述べる前に，まず生命にとって利用可能な「液体の水」が存在しうる極限的な物理・化学条件環境を考えてみる．

表2.2には，地球においてこれまでに確認された液体の水が生物にとって利用可能な環境における温度，圧力，pH，塩濃度の条件の極限環境例が示されている．これまでに知られる地球環境における液体の水の最高温度は407°Cであり，大西洋中央海嶺に見つかった深海熱水噴出孔から噴出する熱水の温度である．低温側は氷点下では存在する水のほとんどが固体になってしまうので液体の水の利用がきわめて困難になるが，氷中においてもわずかな液体の水（封入水）の利用可能性が考えられており，極限環境としては記録が残っている測定された最低気温の場を挙げた．圧力について確認された自然環境の最大限界は，マリアナ海溝チャレンジャー海淵の堆積物環境の110 MPaである．低圧側は，宇宙と地球の大気圏の境界である成層圏上限の気圧を示す．pHについては，マリアナ前弧域南チャモロ海山の蛇紋岩流体が現場環境温度においてpH13.1を示し，その強アルカリ性流体がきわめて大きな海底下空間を占めていることが知られる．酸性側では，アメリカのカリフォルニア州の地下鉱山跡の鉱脈地下排水がpH − 3.6というマイナス値に至ることが知られている．塩濃度では，飽和塩分濃度を超えた塩湖が世界中に存在し，塩をほぼまったく含まない純水環境もありふれて存在する．その他，天然のウラン鉱床での放射線照射量が大きい環境や紫外線照射量が大きい環境，石油中の組成水のような有機溶媒を含んだ水環境中の疎水性溶媒の影響といったさまざまな物理・化学条件での極限環境が考えられる．また地球を含む太陽系内の天体における液体の水の存在条件（温度，圧力，pH，塩濃度）の推定や比較に言及する文献もある．

次に，これらの液体の水が利用可能な極限環境の物理・化学条件限界に対する

表 2.2 地球における液体の水が存在しうる極限環境と生命の存在が検出されうる極限環境

物理・化学要因	液体の水が存在しうる極限環境	生命の存在が検出されうる極限環境
低温	南極ボストーク基地 $= -89°C$ 国際宇宙ステーションの軌道上の温度 $= -157°C$	南極ボストーク湖氷床の氷中 $\geq$ $-89°C$
高温	大西洋中央海嶺深海熱水 $= 407°C$	中央インド洋海嶺深海熱水 $= 365°C$
低圧	国際宇宙ステーションの軌道上の気圧 $= 10^{-7} Pa$	58 km 上空の成層圏 $= 600 Pa$
高圧	マリアナ海溝チャレンジャー海淵の海底 $= 110 MPa$	マリアナ海溝チャレンジャー海淵の海底 $= 110 MPa$
酸性	カリフォルニア州地下鉱山廃水 $= pH -3.6$	カリフォルニア州地下鉱山廃水 $>$ $pH -3.6$
アルカリ性	マリアナ前弧域蛇紋岩海山海底下環境 $= pH13.1$	マリアナ前弧域蛇紋岩海山海底下環境 $= pH13.1$
高塩濃度	塩湖や岩塩	塩湖や岩塩
紫外線照射	国際宇宙ステーションの軌道上の紫外線照射 UV-B (280–315 nm) $= 17.5 W/m^2$ UV-C (100–280 nm) $= 6.4 W/m^2$	成層圏
放射線照射	ガボン・オクロの約 20 億年前の天然原子炉 $>1 kGy/h$	γ 線照射殺菌済みの缶詰食品内 30 kGy

生物の生育限界の比較について述べる（図 2.21）．現在までに知られる生物の最高生育温度は，インド洋の深海底熱水活動域の高温熱水中（365°C）で生成された鉱物から分離されたアーキア *Methanopyrus kandleri*116 株の高水圧下での最高増殖温度 122°C である．反対に生物の最低生育温度は，実際の増殖実験で測定された記録としてはバクテリア *Psychromonas ingrahamii* の最低増殖温度 −12°C があり，増殖速度定数と温度の理論的予想からバクテリア *Shewanella gelidimarina* の推定最低増殖温度 −27°C が知られている．

生物の最高生育圧力は，マリアナ海溝から分離された *Colwellia marinimariae*

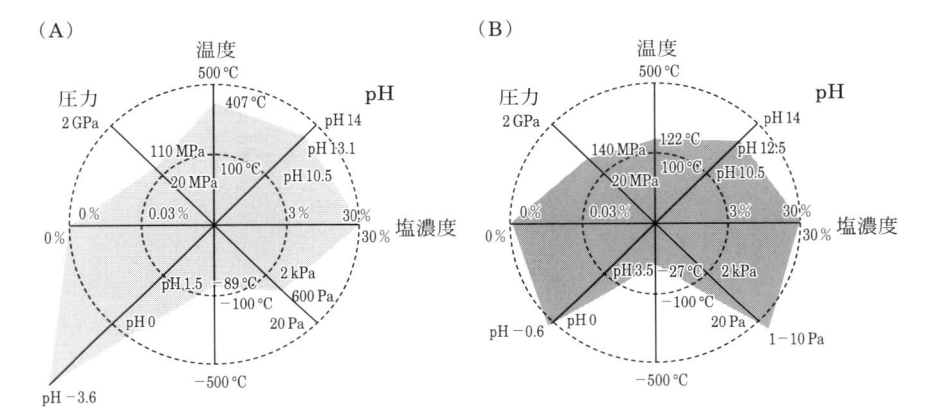

図 **2.21** 地球における液体の水が利用可能な極限環境の物理・化学条件限界と生物の生育限界.（A）液体の水が利用可能な極限環境の物理・化学条件限界.（B）実験室内で再現可能な微生物の生育（増殖）限界条件.

の有する 140 MPa である．低圧条件については，低温と同じように利用し得る液体の水の存在量が生育の律速となるが，*Vibrio* sp. が 1–10 Pa の真空に近い低圧条件で増殖可能であることが知られる．また地上から 58 km 上空の成層圏から生きた微生物が採取されており，微生物細胞や微生物および植物の胞子の生存だけでなくエアロゾル中での生育の可能性も十分考えられる．

　生物の生育 pH 限界については，酸性側では pH0 以下で生育できるアーキアが培養・分離されている．アルカリ性側では，南アフリカ金鉱の地下水のコンクリート貯水槽（pH10.5）から分離された *Alkaliphilus transvaalensis* が pH12.4 まで，カリフォルニアの蛇紋岩泉水（pH11.6）から分離された *Serpentinimonas* 属 B1 株が pH12.5 まで，生育可能であることが報告されている．

　生物の生育における塩濃度の限界条件としては，栄養としての無機・有機物塩を除去しないという前提に立てば，多くの陸水性生物や微生物は塩濃度ほぼ 0 で生育可能であり，飽和塩濃度（NaCl で換算して約 30%w/v）であっても，多くの高度好塩古細菌といくつかの高度好塩細菌は生育可能である．その他の限界条件や極限環境生物についての情報は，巻末の参考文献の Takai（2019）や Merino ら（2019）を参照されたい．

　各々の主要な物理・化学条件における生命の生育限界を紹介してきたが，これ
ら単独の条件の限界は，長い間の極限環境生物研究の中で，徐々に更新されてき
たものであり，今後も研究の進展によって拡張されてゆくはずである．これらの
限界値は，少なくとも各物理・化学条件が，この範囲内にあれば，生物が生育あ
るいは存在し得るという最小の範囲を示すものである．この範囲を地球において
確認された極限環境と比較した場合，温度を除くほとんどすべての条件は，すで
に生物によって生息可能な領域に含まれることがわかる．ただし，これらの考察
はあくまで，単独の条件に限定した場合であり，さまざまな条件が複合した場
合，それぞれの限界値は相乗的に影響を受ける組み合わせもある．実際の複合極
限環境条件では，単独の条件よりも限界値がかなり低くなることが知られてお
り，地球や宇宙における生命存在条件の議論には，さまざまな条件の相互作用を
考慮する必要がある．

2.5.2　地球生命の生命存在条件（**habitability**）

　ここまで紹介した主要な物理・化学条件における地球生物の生育限界は，あく
まで，「現時点までに知られる地球型生命のもっとも小さく見積もられた生命存
在条件の一端」にすぎない．1998 年に NASA のアストロバイオロジー研究所が
発足して以来，「地球型生命の存在条件」のみならず，宇宙共通原理としての生
命存在条件という概念の重要性が認識されるようになった．すなわち，地球外生
命の生命活動を見極めるには科学的に検証可能な確固たる拠所となる概念が必要
であると考えられるようになった．そのなかで考え出された概念が，ハビタビリ
ティ（habitability, 生命存在条件）というものであった．
　この生命存在条件という概念を初めて公式化したのはホエラー（T.M. Hoehler）
である．彼の提案する「エネルギー論としての生命存在条件」という概念は，きわ
めて複雑な系としての生命を，系において利用可能な自由エネルギーポテンシャ
ル（電圧）と単位時間に利用できる自由エネルギー量（電力）の二つの要素だけ
で表現する概念である（図 2.22）．ホエラーは，エネルギー論としての生命存在
条件は，以下の 4 つの境界値で縁取られるエネルギー領域であると結論づけた．
　（1）生命活動の原動力になる「系の複雑さ」を維持する最小の自由エネルギー
ポテンシャル（biological energy quantum: BEQ）．

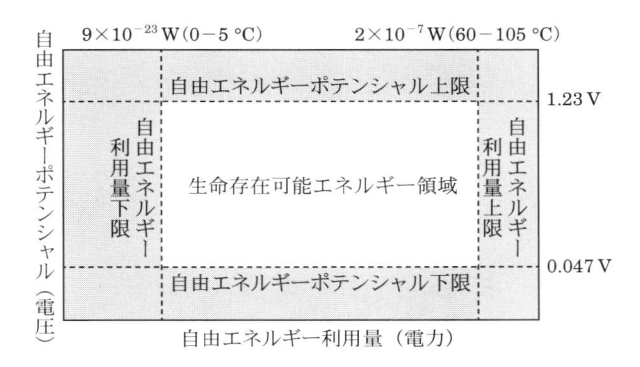

図 **2.22** ホエラーの提案するエネルギー論としての生命存在可能条件の概念と地球の微生物の増殖や生存における限界条件から概算的に推定された 4 つの境界値

(2)「系の複雑さ」が維持され得る最大の自由エネルギーポテンシャル.

(3)「系の複雑さ」を維持する最小の自由エネルギー利用量 (maintenance energy: ME).

(4)「系の複雑さ」を制御することができる最大の自由エネルギー利用量.

高井らは,このホエラーの概念に対して,地球の微生物の増殖や生存における限界条件を外挿することによって,4 つの境界値を概算的に推定した (図 2.22).この地球生命の存続に必要なエネルギー論の概算は,主要な物理・化学条件における地球生物の生育限界値に比べ,宇宙での生命存在条件を考える上でより普遍的な指標となりうる.

一方,生命の存続に不可欠な自由エネルギーの変換や授受を可能とする触媒による複雑な化学反応システムの持続には,溶媒の存在が重要である.固相の化学反応では液相にくらべ反応速度論的制約が大きく,逆に気相中では多様な化学反応ネットワークを系内 (たとえば細胞内) に維持・制御することが難しい.よって液相,さらに言えば,なんらかの区切り (たとえば細胞膜様構造) で制御された液相–液相系,での化学反応相互作用を可能とする溶媒の存在が必要となる.宇宙には液体の水以外にも幾つかの溶媒 (たとえばアンモニアやメタン,ホルムアルデヒド) の存在を想定することが可能であるが,複雑な化学反応システムを支える多様な元素や分子を溶存させることができるもっとも普遍的かつ豊富な溶

媒が水であることは疑いがない．よって液体の水の存在は，地球生命だけでなく
宇宙での生命存在条件を決定づけるもう一つの普遍的な必要条件といえよう．

2.5.3　今後の課題

　本節では，アストロバイオロジーの将来の具体的な「海をいだく地球外天体に
おける生命探査」の出発点となる，地球の生命存在条件を明らかにする研究の到
達点について紹介してきた．

　しかし我々は未だ，いくつかの深海の海底堆積物環境における生命存在環境と
生命非存在環境の境界やその条件を見出したにすぎない状況である．さらにその
ような自然環境における限界生命圏において，地球表層環境とは系統的に大きく
異なる多様な微生物が存在していることは明らかとなったが，その限界生命圏を
構成する微生物群の機能や生命活動の本質の理解に至っていない．

　また近年の急速な分析技術の発展に伴い，我々は，微生物 1 細胞や細胞内 1 分
子の挙動や性質を観察・分析・識別・追跡することができるようになった．しか
したとえば，微生物 1 細胞の挙動や性質は，あくまで微生物 1 細胞の確率的に大
きなゆらぎを有した，また隣接した細胞とは独立した挙動や性質であり，その微
生物 1 細胞の挙動や性質と我々が生命活動と捉えている比較的巨視的な現象と
の関係性についての体系的な理解には至っていない．つまり将来の地球外天体に
おける生命探査において，いったいいくつの（N 個の）生命の総体的な現象を，
我々は生命現象と認識できる，あるいは考えるべきかについて，我々はまだ答え
ることができない．地球外生命探査がアストロバイオロジーを牽引する研究プロ
ジェクトであることは間違いなく，その実現に向けた取り組みはきわめて重要で
ある．それと同時に，このような「生命とは何か」という問いに対する本質的な
地球生命の例解を追求することも，今我々が取り組むべき重要なアストロバイオ
ロジーの研究である．

2.6　生命の起源

　地球生命の起源をめぐる謎は 20 世紀以降，科学の対象として研究されるよう
になった．オパーリン（A.I. Oparin）とホールデン（J.B.S. Haldane）はそれ
ぞれ独立に 1920 年代に「原始スープ仮説」を発表した．この仮説では，生命は

「熱くて薄いスープ（hot dilute soup）」から生じ，初期生命はそのスープに含まれる栄養物を取り込んで生きる従属栄養生物であったとされた．ミラー（S. Miller）は，還元的大気への火花放電によってアミノ酸を非生物的に合成することに初めて成功した．同様の実験から，これまでにアミノ酸のみならず，核酸塩基，脂肪酸など多くの生体分子の生成が実証され，生命の原材料が原始地球表層に蓄積していた可能性が示された．しかし，これら化合物の生成量は原始大気の酸化還元状態に大きく依存する．生命発生当時の地球環境がどの程度有利な状況（すなわち還元的）であったかは未だ決着がついていないため，地球上の合成によってどの程度の量の有機物が合成されたかは不明である．一方，有機分子が宇宙空間で生じ，地球にもたらされた可能性も検証が進んでいる．こうした生命発生前の有機化学プロセスは化学進化と呼ばれており，2.1 節で解説されている．

　生命の原材料や栄養素が濃集したスープが用意されても，それだけでは生命は自発的に発生しない．では，生命システムがどのように生じたのか．この問いに答えるため，遺伝の仕組みから生命誕生の手がかりを得ようとするアプローチがおもに 1980 年代から行われてきた．RNA ワールド仮説はもっとも実証的なモデルとして確立し，今なお発展を続けている．より最近，代謝から前駆的化学プロセスを探る試みも活発化し，特にエネルギー供給場としての地球環境の役割が提案されてきた．以下ではこの「遺伝」と「代謝」の 2 つの機能の起源に迫る取り組みを紹介する．双方から得られた知見は両輪となって，地球生命の起源と初期進化，さらには宇宙に共通する生命発生機構の理解の前進が期待される．

2.6.1 代謝の発生シナリオ

　代謝の仕組みから生命発生前の痕跡を探る現在の取り組みは，おもに 1980 年代後半のヴェヒタースホイザー（G. Wächtershäuser）による提言に端を発する．彼は，従来の研究戦略が生命の原材料となる「モノ」を揃えてからシステム（特に複製機能）の発生を考える立場を取るのに対し，「モノ」作りはシステムに組み込まれた形で探求すべき問題であると主張した．彼のアイデアは独立栄養性生命起源説（Autotrophic origin）と呼ばれ，対となる従属栄養性生命起源説（Heterotrophic origin）の牽引者であったミラーやその支持者とは，1990 年から 2000 年代初頭にかけて激論が交わされた．この対立は代謝と複製（遺伝）の

どちらが先に誕生したのかという点に関わっている．代謝と複製はともに必須の生命機能ではあるものの，残念ながら未だ双方の研究の溝は埋まっていない．

2.6.2　全生物共通祖先の代謝システムとは？

　生物の系統学的・比較生理学的研究から，全生物の共通祖先は熱水噴出孔環境を生息地とし，環境中の CO_2 を炭素源として自らを合成する独立栄養生物であったと推定されている．代謝系で特に重要な中間体としてはアセチルコエンザイム A（アセチル CoA），ピルビン酸，オキサロ酢酸，コハク酸，α-ケトグルタル酸の 5 つが挙げられる（図 2.23）．これらはすべての生物で生体分子（アミノ酸，脂質，糖，核酸塩基など）の前駆体として利用されている．

　CO_2 を固定してアセチル CoA を合成する反応として，ウッド・ユングダール（Wood-Ljungdahl）経路が知られている．この経路では 2 つの CO_2 分子がそれぞれメチル基（-CH$_3$）と一酸化炭素（CO）に還元され，この二つが CoA と結合することでアセチル CoA が生じる．これらのプロセスのうち，CO_2 から CO への還元と，CO・メチル基・CoA からアセチル CoA の生成は，ニッケルや鉄と硫黄とのクラスターを活性中心に持つタンパク質（Carbon Monoxide Dehydrogenase（CODH）と Acetyl-CoA Synthase（ACS））によって担われている（図 2.24（A），121 ページ）．ニッケルや鉄の硫化物は深海熱水噴出孔環境に普遍的に存在する鉱物である．また，この経路は真正細菌と古細菌の両方で確認されている唯一の炭素固定システムであることから，もっとも原始的であると考えられている．

　その他の 4 つの中間体は，アセチル CoA のチオエステル基（図 2.23）を起点とした CO_2 固定によって合成された可能性が提案されている．たとえばチオエステル基内の C-S 結合を切り，C 側に CO_2 を結び付けるとピルビン酸が得られる．続いてピルビン酸のメチル基側に CO_2 を結合するとオキサロ酢酸が得られ，さらにケトン基を還元し，CO_2 を結合すれば，コハク酸と α-ケトグルタル酸が生成できる．

　現行生物は，これら 5 つの中間体を起点とした数千もの反応ステップを含む巨大な代謝ネットワークを持っている．しかしながら，その中には互いによく似た反応パターン（Reaction module）の繰り返しが多数存在する．また，この反応

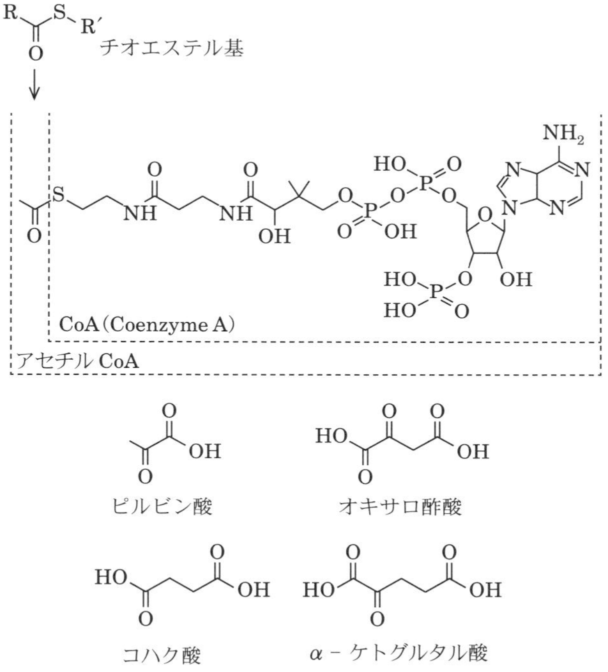

図 **2.23**　生合成の基礎となる 5 つの代謝中間体

パターンをコードするゲノム配列上の遺伝子クラスターにも，対応した類似性が認められる．これらの観察事実は，代謝の各ステップはそれぞれ独立に発生したのではなく，限られた既存の反応パターンが遺伝する中で組み合わさり，適応進化していく過程でネットワークの伸長と多様性をもたらしてきた可能性を示している．

　代謝をサポートする補酵素にも，初期生命の形態を示唆する生化学反応が見出されている．たとえばオキサロ酢酸とホスホエノールピルビン酸間の変換反応を触媒する酵素（phosphoenolpyruvate carboxykinase; PEPCK）は通常 ATP もしくは GTP をエネルギー源として利用するが，代わりにピロリン酸（無機二リン酸）を用いて作動する種類が発見されている．アミノ酸配列の解析から，このピロリン酸を使う酵素の起源は非常に古く，生物の共通祖先の誕生以前にさえ遡る可能性が指摘されている．

2.6.3　深海熱水噴出孔が代謝の起源へ果たした役割

（1）原始代謝が抱える難問

　では，過去を読み解くアプローチから見えてきた代謝システムの原型は，生命発生前の初期地球で生じていたのか？ ここでは第一ステップである CO_2 からアセチル CoA の生成に焦点を当て，可能性を検討してみよう．なお，アセチル CoA 自体は大きく複雑な構造を持つが（図 2.23），化学反応に関与する部位は末端のチオエステル基のみである．このため原始代謝の起点として，CoA をより単純なメチル基や水素原子で置き換えたチオ酢酸 S-メチルやチオ酢酸が候補に挙げられる．

　上で紹介したウード・ユングダール経路を鑑みるに，もっとも素直なシナリオは，「初期の海水に溶けていた CO_2 が熱水噴出孔に存在するニッケルや鉄の硫化物の触媒作用の下で，噴出孔から供給される還元性成分と反応するなどしてチオエステルが生じていた．その無機システムは後にタンパク質へと受け継がれ，現在は CODH や ACS の活性中心としてその形跡を残している」，というものだろう．

　ここに問題が 2 つ存在する．一つは，水素や硫化水素などの熱水噴出孔に見られる代表的な還元性成分は，CO_2 の CO への還元を駆動するのに十分なエネルギーを持ち合わせていない点である．生物はこの不足分を補うため，水素などから得た電子のペアを作り，1 つの電子エネルギーを犠牲にしてもう一つのエネルギーを増幅させるという戦略（Electron Bifurcation）を取っている．このような高度なシステムは生物でなくては実現し難い．もう一つは，ACS によるアセチル CoA の生成プロセスには，酸化反応と還元反応の両方の中間ステップが含まれる点にある．活性中心に位置するニッケル原子は価数を +1 から +3 の間で変化させ，電子のドナー・アクセプター両面の役割を担うことで反応全体を制御している（図 2.24（B））．このような二機能性は天然の鉱物には見られない．

（2）深海熱水噴出孔は天然の発電場

　以上の難問を初期の深海熱水噴出孔は解決できたのか？ そのヒントは，海洋研究開発機構の研究グループが近年実施した海底調査から得ることができる．研究グループは調査船「なつしま」と「かいよう」を利用した沖縄トラフ深海熱水

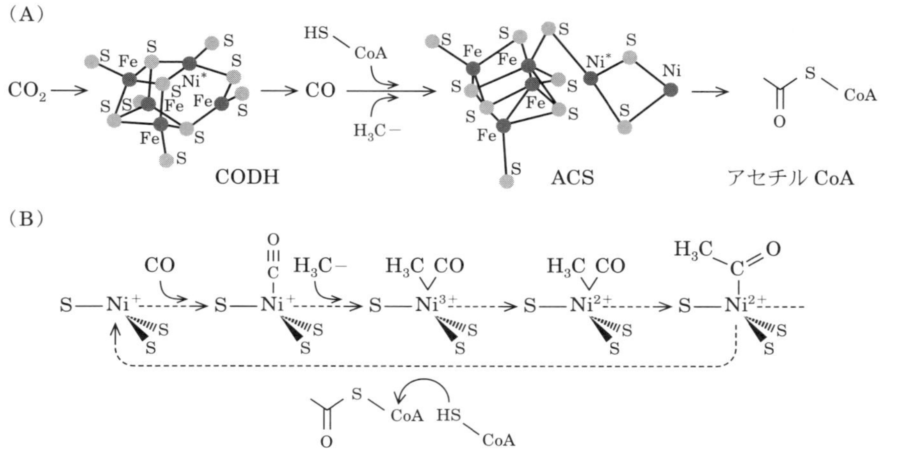

（A）

（B）

図 2.24 （A）CODH と ACS の活性中心には金属－硫黄クラスターが存在し，それぞれ CO_2 の CO への還元，CO・メチル基（H_3C^-）・CoA からアセチル CoA の合成を促進する．特に重要な Ni 原子には*を付す．（B）ACS 中で Ni 原子は酸化数を +1 から +3 の間で変化させ，多段階反応を駆動する．

領域の電気化学計測を行い，噴出孔を中心とした岩体を流れる電流の存在を発見した．電子は，熱水中に溶存する水素や硫化水素が噴出孔の内側で酸化することで生じる（たとえば $H_2 \rightarrow 2H^+ + 2e^-$）（図 2.25（A））．一方，噴出孔や周囲の岩体には，硫化金属などの導電性が高い鉱物が多分に含まれている．また，熱水と海水との間には電位の大きなギャップがあり，熱水は低く（還元的），海水は高い（酸化的）という関係にある．このため，噴出孔の内側で生じた電子が，硫化金属を通じて，熱水－海水間の電位差に沿って，噴出孔の外側に移動することで電流が発生する．これら噴出孔近傍での発電現象（熱水発電）をもたらす条件（1．熱水中に水素や硫化水素が含まれる，2．噴出孔が硫化金属から構成される，3．熱水と海水との間に電位差がある）はいずれも深海熱水系に普遍的に見られる特徴であり，熱水発電は海洋底で幅広く，さらには時代を通して発生している可能性が考えられる．

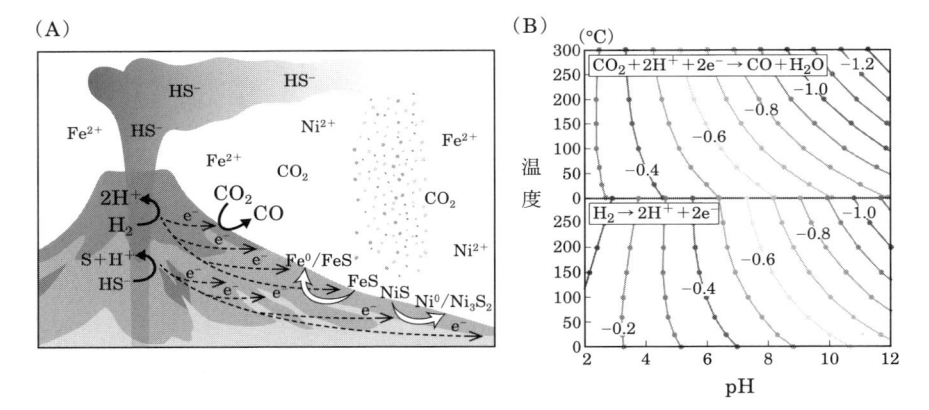

図 **2.25** （A）地球形成初期の深海底に幅広く分布していたと推定される熱水噴出孔の概念図．（B）CO_2 の CO への還元反応と水素の酸化反応の平衡電位（対標準水素電極電位）．

（3）熱水発電で原始代謝は駆動できるか？

　熱水発電現象は，エネルギー供給と反応促進の両面で生命発生に有利に働いたと期待される．まず，前者のメリットを理解するために，CO_2 の CO への還元反応と，水素の酸化反応の平衡電位をさまざまな温度・pH 条件で比べてみよう（図 2.25（B））．いずれの反応も，平衡電位は高温・アルカリ性（各図の右上）ほど大きく負となり，逆に低温・酸性（各図の左下）ほどゼロに近い値となる．このため，水素の酸化から得られる電子のエネルギーは高温・アルカリ性でより強くなり，逆に CO_2 の CO への還元反応に必要なエネルギーは低温・酸性でより弱くてすむ．初期の海水は低温（0–50°C）弱酸性（pH 6–7）だったと推測されるため，高温・アルカリ性の熱水噴出孔は，熱水中の水素が発するエネルギーを海水中の CO_2 の還元に活かす適した反応場であったと考えられる．実際，このような環境条件を模した室内実験では，いくつかの硫化鉱物が触媒として機能し，CO_2 の CO への電気還元が効率よく進むことが示されている．

　もう一つのメリットである反応促進は，硫化鉱物の触媒能と還元力の向上によってもたらされる．負電位を印加すると，硫化鉱物自身も大きな過電圧を要することなく次第に金属へと還元していく（たとえば $FeS + 2H^+ + 2e^- \rightarrow Fe^0 + H_2S$, 図 2.25（A））．ここで生じた硫化鉱物と金属の複合体は，表面にさ

まざまな酸化数の金属原子（たとえば Fe^{2+} と Fe^0）を併せ持ち，ゼロ価の金属に由来する強力な還元力を持つ傍ら，プラスに帯電した金属と織りなす相乗効果による独特の触媒活性を示す．最近では，硫化鉄と金属鉄の複合体が，原始代謝に重要ないくつかの有機化学反応を促進することが示された．CO_2 の CO への還元，CO を炭素源の1つとしたチオエステル基の合成も，ニッケルの硫化物・金属複合体によって駆動できることが確認されている．

（4）今後の展望

　熱水発電は深海熱水噴出孔環境で生じる普遍的な現象である．一方，熱水活動は土星や木星の氷衛星・形成初期の火星に見出されるなど，少なくとも我々の太陽系に幅広く分布している．系外観測では，地球に類似した水惑星が多数発見され，また惑星や衛星に熱エネルギーを付与し長期間維持するさまざまなメカニズムが提案されていることからも，宇宙における熱水系の普遍性が強く示唆されている．

　生物の代謝システムには原始の情報がまだ多く隠れているかもしれない．この発掘と併せ，熱水発電を含む地球化学プロセスによる実現可能性の調査は，代謝の起源さらには地球生命が誕生した環境条件の特定に大きく役立つだろう．これらの取り組みはまた，宇宙における生命の普遍性や類似性を理解するための科学的基盤の構築に繋がると期待される．

2.6.4　生命の起源 RNA ワールド説

（1）遺伝の仕組みと RNA ワールド

　代謝やエネルギーの観点で生命の起源を考えるのに対し，遺伝の仕組みの誕生を重視する考え方がある．その代表が RNA ワールド説である．現在のすべての地球上の生物は同じ遺伝の仕組みを持っている（図 2.26）．DNA は複製され子孫に伝達される．DNA に保存された情報は転写されて mRNA となり，翻訳されてアミノ酸の重合体であるタンパク質となる．しかし，ここに生命の起源に関わる矛盾が存在する．つまり，これらの過程を触媒する DNA ポリメラーゼと RNA ポリメラーゼはタンパク質であり，翻訳を行うリボソームにもタンパク質が含まれている．すなわち，タンパク質がなければ遺伝の仕組みは機能しない．

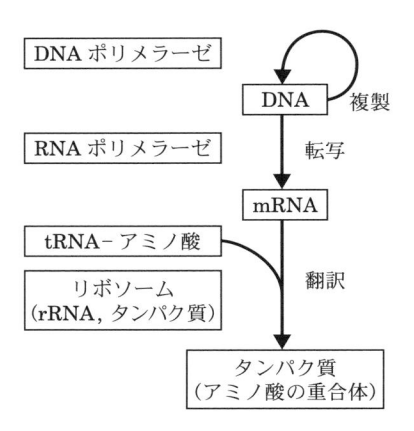

図 **2.26**　地球上の生物の遺伝の仕組み

一方，この遺伝の仕組みが無ければタンパク質は作られない．この矛盾は「タマゴとニワトリのパラドックス」とよばれている．

　このパラドックスを解く鍵が RNA ワールド説である．1980 年代チェック（T.R. Cech）とアルトマン（S. Altman）によって，RNA は触媒能を持ちうるということが発見された．生物の持つ RNA 触媒が他にも発見され，これらはリボザイム（RNA の語頭リボと酵素（エンザイム）の語尾ザイムからの造語）と名付けられた．さらに多数の反応を触媒するリボザイムが人工的に作製されて，RNA だけで触媒される生物の世界があったのではないかと提案されるに至った．RNA は遺伝情報を保持できることから遺伝情報保持のために DNA の存在は不要である．また，RNA は触媒機能を持つことからタンパク質の存在は不要である．RNA によって遺伝の仕組みが担われた生物を考えれば，「タマゴとニワトリのパラドックス」は解消する．RNA が遺伝情報を担い，触媒作用も担うので，RNA さえあれば良いからである．

　RNA ワールドが DNA ワールドより先にあった事を示す証拠はいくつかある．（1）RNA は遺伝情報を保持可能であり，RNA ゲノムをもつウィルスが存在すること，（2）遺伝の仕組みの後半では DNA が関与せず，DNA は不要であること，である．

　また，タンパク質より RNA が先に誕生したということを示唆する結果もいく

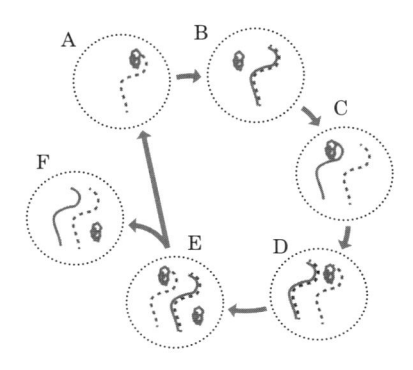

図 2.27　脂質膜に囲まれた RNA 細胞の複製の様子．塊：RNA
複製リボザイム，曲線：複製された複製リボザイム RNA，破線
曲線：鋳型 RNA，点線：脂質膜．

つかある．（1）タンパク質合成に関与するリボソームで，タンパク質合成反応は
RNA によって担われており，タンパク質はリボソームの構成成分ではあるが，
直接反応には関与していないこと，（2）タンパク質によって担われていると思わ
れていた触媒反応の中に，RNA あるいは RNA 誘導体が中心的に関与している
反応が多数あり，これらは RNA ワールドの名残であるという解釈が成り立つこ
と，（3）タンパク質の遺伝情報（アミノ酸配列）を直接複製する仕組みは発見さ
れていないこと，である．

（2）RNA ワールドと脂質膜

　一方，RNA ワールドで RNA 以外に他の因子の関与も提案されている．RNA
ワールドが提案された初期には，RNA ワールドによって「タマゴとニワトリの
パラドックス」が解決したことが注視され，RNA が池の中で存在すればそれで
生命の誕生と考えるような単純な考えも存在した．やがて，現在の地球上の生物
のすべての細胞が膜で囲まれているように，脂質膜で囲まれた RNA ワールドが
提案された．これが，現在にいたるもっともきちんとした RNA ワールドの提案
といえる．

　図 2.27 は脂質膜で囲まれた RNA 複製リボザイム（RNA レプリカーゼ）複製
の様子の模式図である．A. 鋳型 RNA（破線曲線）の配列を RNA 複製リボザイ

ム（塊）が複製して B. 複製リボザイム RNA（曲線）が合成される．C. 複製リボザイム RNA を鋳型にして複製が行われると，（D）鋳型 RNA が合成される．複製リボザイム RNA は折りたたまれて RNA 複製リボザイムの構造をとる（E）．RNA 複製リボザイムと鋳型 RNA が少なくとも一つずつ含まれるように脂質膜（点線）が分裂する（A と F）．なお，これらの反応に必要な素材（リボヌクレオチドとリボソームの材料となる脂質）は溶液中から取り込まれる．

（3）RNA 複製リボザイム

2.1 節では，生命誕生前にどのように有機化合物が合成されたかに関して説明した．有機化合物がただ集まるだけでは生命とはならない．生命の定義に関しては議論が多くまだ結論は得られていないが，個体（システム）が複製できることが生命の重要な性質の一つであることは多くの支持がある．とりわけ，情報（遺伝情報）の複製が生命誕生の鍵となることに関しては（2）で説明した．現在，情報を複製できるシステムは，DNA ポリメラーゼと RNA ポリメラーゼに限られており，タンパク質に担われている遺伝情報（アミノ酸配列）をそのまま複製するしくみは見つかっていない．

一方，RNA 配列を複製できるリボザイムが人工的に合成された．その中でも，もっとも性能の良い RNA 複製リボザイムは約 200 ヌクレオチドの RNA 鎖である．この RNA 複製リボザイムは約 200 ヌクレオチドの RNA 鎖を複製できる．つまり，図 2.27 の A および D の反応ができるリボザイムは存在可能であることが実験的に確かめられている．ただし，図 2.27（B）から（C）の過程では，複製された複製リボザイム RNA と鋳型 RNA が離れなければならないが，この過程は実験的には確かめられていない．つまり，図 2.27 で説明した RNA 細胞の複製のすべての過程が実験的に確かめられているわけではないが，その核心となる RNA 複製リボザイムによる RNA 鎖の複製過程に関しては実験的に確かめられている．

200 ヌクレオチドの複製機能をもつ RNA 複製リボザイムが偶然誕生するかどうかは確率の問題ではあるが，生命誕生の環境が明らかでないため確率は良く分かっていない．しかし，たとえ機能がきわめて低くとも，RNA 複製機能が少しでもあるリボザイムが誕生すれば，ダーウィン進化（2.2 節参照）によってより性能の高い RNA 複製リボザイムが自然選択されたのではないかと推測される．

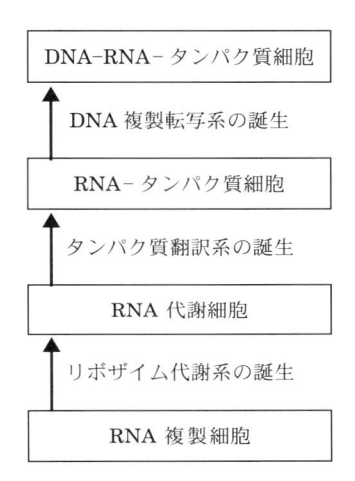

図 **2.28** RNA ワールドでの RNA 複製細胞から現在の生命で
ある DNA–RNA–タンパク質細胞への進化モデル

（4）**RNA** ワールドから **DNA** ワールドへ

最初の RNA 細胞である，RNA 複製細胞から現在の生命である DNA–RNA–
タンパク質細胞への進化過程は，単なる想像の域は出ないが，図 2.28 のよう
に遺伝の機構を獲得していったのではないかと推定されている．RNA 代謝細
胞（生物）では代謝はリボザイムによって担われた．タンパク質翻訳系の誕生
後，リボザイムの機能は徐々にタンパク質触媒（酵素）によって置き換えられた
（RNA–タンパク質細胞）．DNA は反応性を持たないため，RNA より安定であ
り，遺伝物質が DNA に置き換えられた（DNA–RNA–タンパク質細胞）．

2.6.5　生命の起源陸上説

（1）**RNA** 単量体（リボヌクレオチド）の合成

さて RNA ワールド誕生のためには，まず RNA の単量体（リボヌクレオチ
ド：図 2.29）が非生物的に合成されなければならない．リボヌクレオチドは塩
基部分（B: アデニン，ウラシル，グアニン，シトシンのうちの一つ）とリボー
スにリン酸が結合した化合物である．塩基部分は隕石中に見つかっており，還元
的大気中の放電等でも合成されることが分かっている．リボースはごく最近，隕

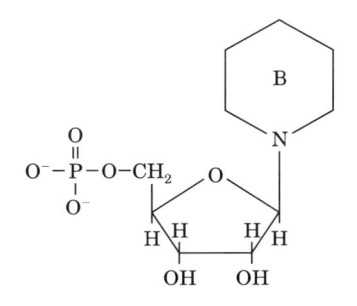

図 **2.29**　リボヌクレオチド．B: 塩基部分，五角形: リボース，
PO₄: リン酸

石中に発見された．リン酸はおそらく原始大洋中にあったであろうと推定されて
いる．これら三つの部分が結合してリボヌクレオチドになる反応は，乾燥過程が
実現するような場所（陸地の温泉，クレーター，干潟等）では進行する．

（2）RNA 重合反応の進行

　RNA の単量体リボヌクレオチドそのものは，触媒活性は持たない．リボヌク
レオチドが 200 個ほど重合することによって，RNA 鎖を複製可能になることは
（1）で説明した．したがって，リボヌクレオチドが 200 個ほど非生物的に重合
するかどうかが RNA 生命誕生の鍵となる．この点で，リボヌクレオチド溶液を
乾燥することでリボヌクレオチドが 40 個ほど重合することが明らかとなってい
る．今後，リボヌクレオチド 200 個が非生物的に重合する条件が明らかとなれ
ば，生命誕生の条件が明らかとなったといえる．

（3）地球生命の起源陸上説

　ここまで説明したように，遺伝情報を保持可能で，複製可能，かつ触媒活性を
持つ可能性のある分子は，RNA 以外には発見されていない．そして RNA の単
量体であるリボヌクレオチドが非生物的に合成される環境として乾燥反応が進行
する場所である必要がある．また，リボヌクレオチドが重合するためにも乾燥が
必要である．したがって，生命誕生の場として乾燥が進行する陸上が候補とな
る．具体的には，隕石によって形成されたクレーターが RNA 合成の場として提
案されており，リボヌクレオチド重合の場として陸上温泉が提案されている．深

海熱水噴出孔を模擬した反応で，アミノ酸が5,6分子重合したという結果が得られているが，リボヌクレオチドの重合は報告されていないので，この点で深海熱水噴出孔は適当な環境とはいえない．

　ここまで，概説したようにRNAワールドは遺伝の仕組みの誕生過程を考える場合にはもっとも実証的な結果がえられた生命誕生モデルといえる．エネルギーや代謝重視の立場からは熱水噴出孔が適切であると2.6.2–2.6.4節で説明した．しかし，陸上温泉では海底熱水噴出孔と同様に水素，還元型硫黄，還元型鉄等のエネルギー源となるものが噴出しており，その意味では陸上温泉は海底熱水噴出孔と同等の環境といえる．鉄硫黄を含む温泉もあり代謝系という意味でも，それほどの差はない．

　RNAワールドでは，エネルギーは別の形で供給されることも重要である．すなわち非生物的なヌクレオチド合成の過程では，紫外線と乾燥が反応進行に必要ではあるが，それ以外のエネルギーは不要である．また，ヌクレオチドを乾燥して重合が進行する場合にも，乾燥がエネルギー源となり，それ以外のエネルギーは必要ではない．

　ただし，いったん誕生したRNA生命の複製過程（図2.27）が進行するためには，ヌクレオチド三リン酸という，ヌクレオチドにさらにリン酸が二つ結合した分子が必要である．しかし，ヌクレオチドからヌクレオチド三リン酸を非生物的に合成する反応はまだ見つかっていない．また，脂質の材料はごく微量，炭素質隕石に含まれることが報告されているが，それ以外の脂質供給機構は見つかっていないので，十分な量の膜の材料が供給されたかどうかはわかっていない．すなわちRNAワールドを支える実験的な証拠がすべて集まっているわけではないが，遺伝の仕組みの誕生を説明するモデルとしてRNAワールドが現在もっとも有力な説といえる．

2.6.6　生命の起源と生命の一般性——生命の起源の解明と地球外生命探査

　さて，太陽系内で生命を探査する場合に地球生命と同様の生命を想定すればよいだろうか．水以外の溶媒を用いる生物，炭素以外の元素を基礎とした生物は一般的には想定可能であるが，水と炭素（有機化合物）を基礎とした生物以外を具体的に想定することは難しい．その最大の理由は，たとえば太陽系を考えても，

液体としてもっとも広範に見つかるのが水であることである．また，炭素の代替元素であるケイ素を用いようとした場合に，高分子合成のために二酸化炭素に変わる二酸化ケイ素を還元しようとすると，二酸化炭素に比べてはるかに大きなエネルギーを必要とする．したがって，ケイ素を炭素の代わりと考えようとしても，炭素生物と同様な代謝形態は考えにくい．

ただし，同じ水と炭素を基礎とした生命だとしても，地球型以外の生命の形式はありうる．たとえば遺伝物質として DNA 以外の分子を用いる生物，アミノ酸として地球生物が用いている 20 種以外を用いている生物は十分想定できる．地球外生命探査では，こうした想定の妥当性を考慮する必要がある．たとえば，火星初期は地球と類似の環境（海，大気，地熱活動，地磁気等）があり，現在の火星にもエネルギー源となるメタンや硫化鉄，液体の水が見つかっている．地球との類似性を考慮すれば，地球型と類似の生命の存在が期待される．逆にもし地球外生命が発見されれば，地球生命の特殊性と一般性が明らかになると期待される．

2.7 生命のキラリティとその天文観測・実験

分子がそれ自身の鏡像と構造的に重ね合わせられない場合，その分子と鏡像分子とは互いに鏡像異性体の関係にあるという．有機分子の多くは鏡像異性体をもつことが知られており，この性質はキラリティ（Chirality）[*2] と呼ばれる．

キラリティの性質を示す分子では，左右の掌に対応したアナロジカルな表現として，いわゆる左手型と右手型の鏡像異性体が存在する．左手型と右手型の鏡像異性体は，巨視的な物性や化学反応性は同じであるが円偏光に対する光学応答，たとえば円二色性（左円偏光と右円偏光に対する吸収の差）の正負符号が互いに逆であるという，いわゆる光学活性を示すので光学異性体ともよばれる．

地球上の生命体を形成する有機分子のうち，たとえばタンパク質の基本構成分子であるアミノ酸（アミノ基とカルボキシル基をもつ有機分子）は，もっとも簡単な構造のグリシンを除いてキラリティを示す分子である．しかし実際の地球上の生命分子においては，タンパク質を構成するアミノ酸は，例外を除いて左手型

[*2] ギリシャ語の「手」を意味する $\chi\varepsilon\iota\rho$（cheir）が語源であり，「掌性」あるいは「対掌性」とも和訳される．左右の掌（てのひら，たなごころ）のように，互いに鏡に写った像の関係にあり，互いに重なり合わない性質を指す．

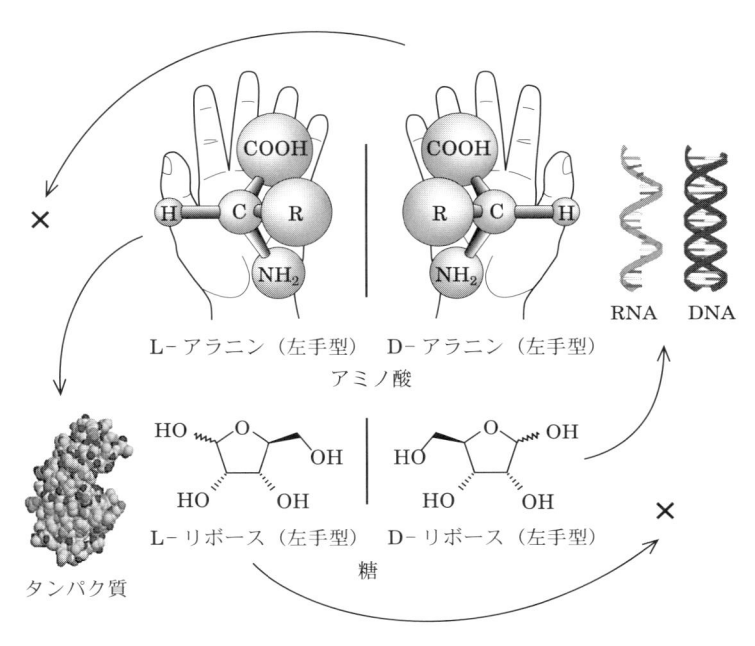

図 2.30 生体有機物における左手型と右手型の鏡像異性体とホモキラリティ

のみであり，遺伝子を構成する DNA や RNA 中の糖（リボース）は右手型のみという非対称性の問題がある（図 2.30）．このような状態は単一のキラリティのみで形成されている，という意味でホモキラリティの状態にある，と呼ばれる．このような地球上の生命分子のホモキラリティの起源は，生命の起源とも密接に関わり，化学進化におけるもっとも重要な課題の一つであるにもかかわらず，未解決の問題である．

2.7.1 宇宙空間における偏極放射と生命分子キラリティとの関連

　地球上の生命分子におけるホモキラリティ起源に関して決定的な説はまだ提唱されていないが，近年アストロバイオロジーの観点から議論しようとする気運が高まっている．特にこの議論の契機となったのは，クローニン（J.R. Cronin）らの，隕石有機物分析からいくつかのアミノ酸が左手型の方が右手型よりも有意差を持って過剰に検出された，という報告である．この結果が強く示唆する仮説

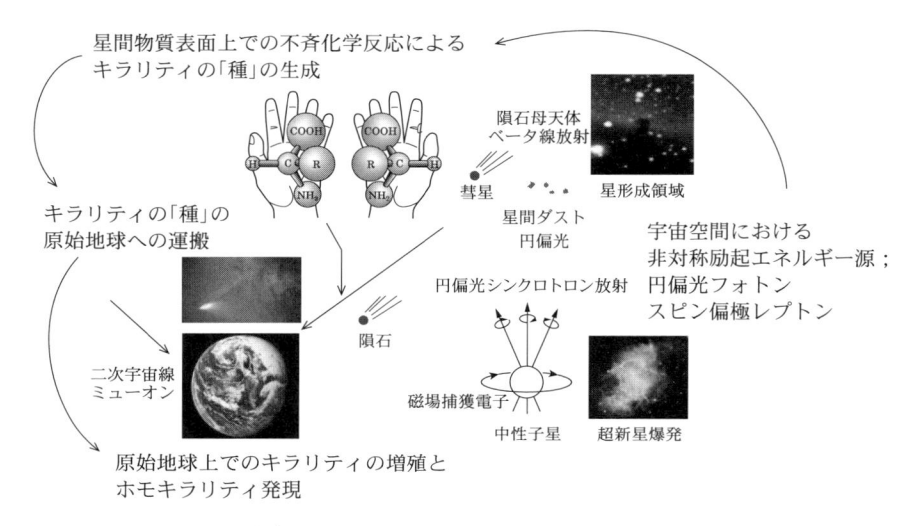

図 2.31 生命分子ホモキラリティの宇宙起源シナリオ（Takahashi, J. 2018, *Isotope News*, 755, 16）

として，分子雲中の星間微粒子（ダスト）表面上に無生物的に形成された有機分子に，物理的に非対称なエネルギーにより不斉化学反応（光学異性体間での化学反応速度などの違いにより生成物の収量に差が出るような反応）が誘起され，これらの反応生成物がキラリティの種となって隕石や彗星などにより地球に輸送された，とする説が提唱されている．ここで，非対称なエネルギー源の候補としては，円偏光フォトンあるいはスピン偏極レプトン（電子，ミューオンなど）が想定される．円二色性の正負符号が互いに逆である分子の光学異性体間では，円偏光フォトンに対する光学応答が逆転するため，円偏光フォトン照射により不斉化学反応が誘起される可能性がある．また，光学異性体間ではスピン偏極電子のスピンベクトルの螺旋方向の正負に対して，円偏光フォトンと同様に応答が逆転することが知られている．したがって，不斉化学反応を誘起したエネルギー源として，宇宙空間に存在する円偏光フォトンやスピン偏極レプトンなどの偏極量子放射が有力候補とされている（図 2.31）．

　特に，星形成領域におけるダストによる散乱に起因する赤外円偏光放射（2.7.2 節参照）の発見から，円偏光フォトン放射の関与が強く支持され始めている．また，星間空間の磁場中を高速回転する電子からのシンクロトロン放射（第 6 巻

7.2 節, 第 15 巻 4.3.4 節参照) においては, 電子回転軸方向に円偏光フォトンが放射される. 中性子星の強磁場に捕獲された電子からのシンクロトロン放射も円偏光フォトン放射源の候補である. ただし, ここで述べた円偏光フォトンの左円偏光と右円偏光の割合は, 空間的に大きなスケールで平均すると等量であると考えられ, 不斉化学反応の方向は左右どちらの円偏光放射の場に晒されるかに依存する.

これに対し, 自然界のベータ線はスピン偏極電子の放射であり, そのスピンベクトルの螺旋方向 (左巻きに進むか右巻きに進むか) は, 弱い相互作用におけるパリティ対称性の破れにより片方のみに偏っている. このスピン偏極電子に誘起された不斉反応により, 光学活性の方向が一意的に決定され, たとえば左手型アミノ酸の優位に至ったのではないかとする説も提唱されている. 特に隕石母天体では短崩壊寿命原子核の崩壊でベータ線が放出され, これが含有有機物の熱変性エネルギー源として働いたとされているが, ベータ線が熱反応効果だけではなく, スピン偏極電子による不斉化学反応を誘起する偏極放射源として働いた可能性も否定できない. また, 地表に到達する二次宇宙線 (空気シャワー) (第 17 巻 3.3.3 節参照) の成分であるミューオンも弱い相互作用におけるパリティ対称性の破れからスピン偏極しており, 原始地球大気分子への不斉化学反応誘起の可能性も示唆される.

以下の節では, 現時点でもっとも有力な偏極放射の候補と考えられている円偏光フォトン放射に関して, 2.7.2 節で赤外線領域の円偏光フォトン放射の天文観測について, 2.7.3 節で高エネルギー加速器からの紫外線領域の円偏光フォトン放射を用いた光学活性発現の地上実験について解説する.

2.7.2 円偏光放射の天文観測

2.7.1 節で述べたように, 地球上の生命分子におけるホモキラリティの起源を宇宙に求める場合, 非対称なエネルギー源としては, 宇宙で普遍的に存在することが期待されるだけでなく, その非対称性がどのようにして星惑星系形成 (とりわけ原始太陽系形成) 過程で作られ, 惑星 (とりわけ地球) にもたらされたか, まで考える必要がある (図 2.32). 本節で紹介する星惑星形成領域における有機分子の非対称的形成は, そのような領域で普遍的と考えられる偏光フォトンに起因するものとして有望である.

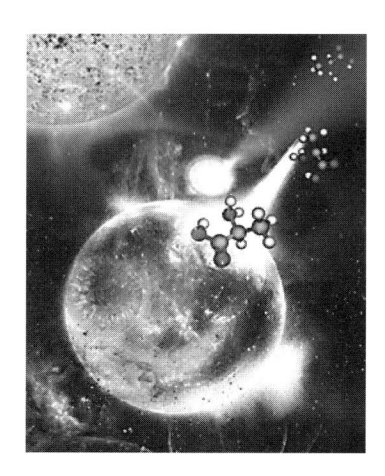

図 2.32 星惑星系形成領域で形成されたアミノ酸が彗星や隕石によって地球にもたらされる仮説のイメージ図

(1) 天文学における偏光観測

　偏光は強度・波長と並んで電磁波の基本的性質である．宇宙観測において可視光をはじめとする電磁波はもっとも古くから，かつ，もっとも頻繁に利用されてきている．電磁波の強度・波長を測定する測光・分光と比べ，偏光観測は遅れていたが，近年，X線を含むすべての波長で可能になった．しかしながら，その多くは直線偏光観測であり，時間とともに偏光面が回転する円偏光の宇宙観測はほとんどが可視光と電波であった．

　電波における直線・円偏光観測は，銀河系スケールから星形成領域スケールにおける磁場の情報を与えてきたが，分子雲コアの高密度領域は未開拓のままであった．最近では，遠赤外・サブミリ波における熱放射の直線偏光観測によって，分子雲コアや原始惑星系円盤に至るまでの磁場構造を描けるようになった．一方，近赤外線波長における直線偏光観測は赤外線アレイの登場によって飛躍的に進展し，分子雲からコアまでの磁場構造を星間物質に吸収された近赤外線によって解明している．

　しかしながら，分子のホモキラリティの原因となるのは直線偏光ではなく円偏光である．上記のような直線偏光観測の進展に比べ，可視光・赤外線での円偏光観測はさらに少ない．マーチソン隕石における L-アミノ酸エナンチオ過剰の発

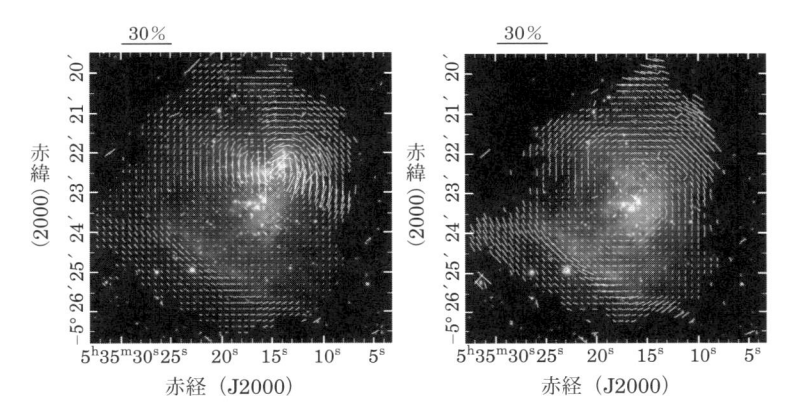

図 **2.33**　オリオン OMC-1 の近赤外線偏光観測．ベクトルの長
さは偏光度に比例し，方向は電場の方向を表す．背景は赤外線強
度で白が明るく，黒が暗い．（左）波長 2.14 μm．大質量原始星
IRc2 と BN が赤外星雲を照らしている．（右）波長 1.25 μm．
この短波長では，大質量の若い星団であるトラペジウムがおもな
照射源になっている．

見（1997 年）までに，中性子星や白色矮星から可視光円偏光が検出されていた
が，星形成領域内の分子に影響を与えることは考えにくい．また観測された偏光
度も小さい（< 1 %）ため，星形成領域で有機物に鏡像異性を与える普遍的な円
偏光源としては不適当であった．

　そもそも星惑星系形成領域はダストの吸収が大きいため可視光観測は困難であ
り，そのような円偏光源を探すには赤外線観測が不可欠となる．一方，星惑星系
形成領域を近赤外線で直線偏光観測すると，中心の若い星のまわりに普遍的に赤
外反射星雲が観測されることが分かってきた（図 2.33）．これは，若い星のまわ
りに分布したダストが，若い星からの赤外線を散乱している状況を見ている．ダ
ストは，若い星のまわりの（原始惑星系）円盤やアウトフローの影響を受けて非
対称に分布している．

　1998 年頃から，このように星惑星系形成領域を円偏光観測すると，非常に大
きな円偏光が観測されることが分かってきた．これまでに約 15 領域で赤外円偏
光が観測されており，そのうち約 80%は南アフリカ天文台に設置された IRSF
望遠鏡と SIRIUS カメラに装着された SIRPOL 偏光器による広視野赤外偏光観

測によるものである.

(2) 星惑星形成領域の赤外線円偏光観測

　オリオン星形成領域は最初に大きな赤外線円偏光が発見された大質量星形成領域である. 1980 年代に単素子赤外線検出器による円偏光観測が行われたが, オリオン BN 天体も含めてすべて偏光度が小さく（1.6%以下）, 大きな関心は持たれなかった. これらは, 原始星[*3]そのものに向けた観測であり, いわば偏光が薄められて観測されるためである. しかし, 赤外線アレイを用いた円偏光観測が 1987 年頃から行われた結果, 原始星そのものではなく, それに付随した赤外反射星雲の一部から 10%を超える大きな円偏光が検出された. 2017 年以降は SIRPOL による広視野赤外偏光観測が, 星形成領域の円偏光データ提供の独壇場となっている（図 2.34）. それらの性質をまとめると以下のようになる.

　（A）　直線偏光した赤外反射星雲の多くで円偏光が検出される.

　（B）　円偏光度の最大値は約 20%にも達する.

　（C）　円偏光度と中心の原始星の光度には良い相関があり, 中心星が高光度（大質量星）であるほど円偏光度が大きい.

　（D）　円偏光のプラス・マイナスのパターンが見られることが多い（図 2.35）.

　（E）　円偏光が検出される領域は最大 10 万天文単位以上にも及ぶ.

　（F）　円偏光領域の大きさも原始星の光度と相関している.

(3) 赤外線円偏光の起源

　星形成領域を含む星間空間における円偏光は大別すると, ダストによる多重散乱, あるいは, 星間物質による吸収, あるいはこれらの組み合わせによって生じる（図 2.36, 138 ページ）. 中心星からの光は 1 回散乱により直線偏光を生じる. 原始星にはコンパクトな原始惑星系円盤が付随するため, 最初の散乱はこの円盤付近で生じることが多い. この直線偏光がさらに散乱されると偏光面が回転する円偏光が生じる（図 2.36 (a)）. この際, ダストの分布が球対称ではなく,

---

　[*3]「原始星」の厳密な定義は重力収縮エネルギーが卓越する天体なので, 小質量原始星は用いられるが, 赤外線天文学で用いられる大・中質量原始星は正確には原始星ではない. 後者は本節では「若い星」の意味で用いている.

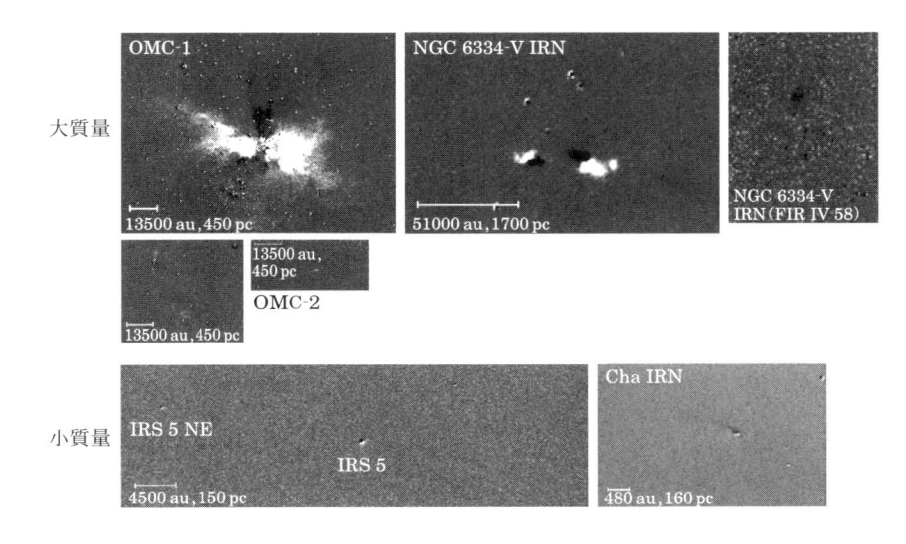

図 **2.34**　さまざまな質量の中心星を含む星惑星形成領域の赤外
円偏光（口絵 4 参照）．白がプラス，黒がマイナス．カラー図の
口絵も参照（Kwon *et al.* 2013, 2014 ほか）．

アウトフローの壁に沿って双極状に分布する．そうすると，生じる円偏光は図
2.35 のようなプラス・マイナスのパターンとなる．小質量原始星の場合は円偏
光度が小さく，このような多重散乱で説明可能である．一方，大質量原始星の場
合は，円偏光パターンは散乱で説明できるが，偏光度が大きすぎ多重散乱だけで
は説明できない．この大きな偏光度を説明するために，大質量原始星の周囲にあ
る多量のダストが磁場で整列を受け，あたかも波長板のように直線偏光を円偏光

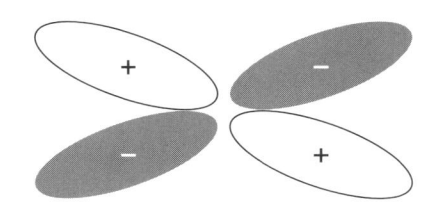

図 **2.35**　観測された円偏光の基本パターン

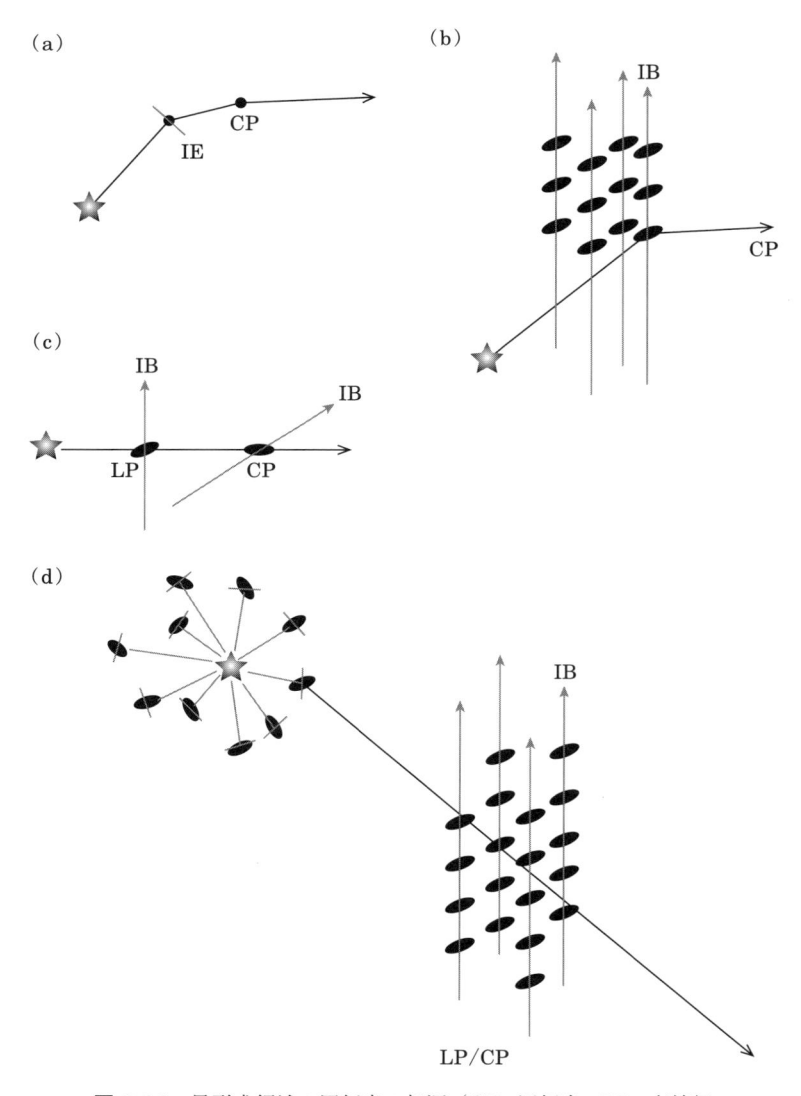

図 2.36 星形成領域の円偏光の起源（CP: 円偏光，LP: 直線偏光，IE: 初期電場，IB: 星間磁場）．（a）ダストによる多重散乱（例：低質量原始星）．（b）整列を受けた非球形ダストによる散乱．（c）ダストの向きが系統的に変化する物質中の吸収（例：銀河中心）．（d）散乱光のダストによる吸収（例：大質量原始星）．本節で効果的な機構は（a）と（d）である．

に変換して大きな偏光度を示していると考えられる（図 2.36（d））．初期の円偏光観測は中心星のみを観測していたため，星雲に付随した大きな円偏光とそのパターンを見逃していたのである．

（4）赤外線偏光：地球上の生命のホモキラリティと太陽系の起源

太陽は代表的な小質量星だが，おうし座分子雲のような小質量星形成領域で単独に生まれたのではなく，オリオンのような大質量星形成領域から集団で生まれたと考えられている．実際，隕石中の短寿命放射性元素の測定から，太陽系の近くで大質量星が超新星爆発を起こしたことが示唆されている．オリオン領域のように，大質量星原始星まわりでは数 10 万天文単位以上に広がった円偏光が卓越し，プラス・マイナスの円偏光領域に原始太陽系が埋もれた状態になる．その場合，円偏光の影響を受けて，原始太陽系星雲全体でアミノ酸が左手型あるいは右手型に偏る可能性がある．アミノ酸に作用する円偏光は紫外線であるが，ダスト散乱による円偏光の場合，赤外線偏光は紫外線偏光の指標となり，ダストの吸収の小さい領域（アウトフローの空洞など）では円偏光紫外線は遠方まで達することが可能である．この紫外線円偏光（右あるいは左）の照射により非対称に破壊され左または右に偏ったアミノ酸が，マーチソン隕石のように彗星や隕石で地球にもたらされホモキラリティの原因となった，と考えることができる．あるいは，原始太陽系円盤の中で局所的に左右円偏光が多重散乱によって生じる可能性もある．その場合は，原始太陽系におけるアミノ酸の偏りは局所的に異なることになる．

2.7.3　光学活性発現の地上模擬実験

2.7.1 節で述べたホモキラリティの宇宙起源の仮説を地上実験で検証する目的で，宇宙空間における非対称な励起エネルギー源である偏極放射（円偏光フォトンやスピン偏極電子）を模擬して，高エネルギー粒子加速器からの偏極量子ビームを用いた地上模擬実験が進められている．ここでは，シンクロトロン放射光源（自由電子レーザー，アンジュレータ光）施設での円偏光紫外線照射により，ホモキラリティに繋がると考えられる新たな光学活性を有機分子試料に発現させる実験の概要を紹介する．

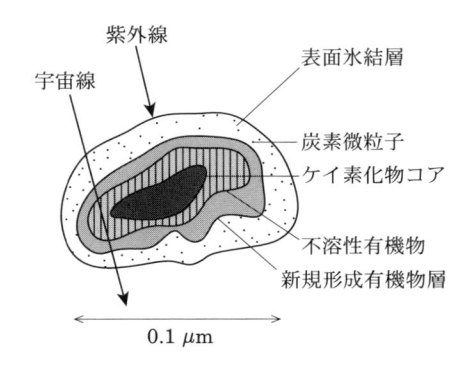

図 **2.37**　ダストの構造のグリーンバーグモデル

　照射試料には，分子雲環境中でダストの表面に生成される有機物を模擬した試料を用いる．タンパク質や DNA など生命物質の基本構成分子のうち，光学活性を示す（右手型・左手型の光学異性体を持つ）分子であるアミノ酸や糖など，あるいはそれらの前駆分子の固体粉末を，おもにシリカやフッ化マグネシウムなどのガラス基板上に，真空蒸着などにより昇華させ固体薄膜として固定する（グリーンバーグ（J.M. Greenberg）モデルに基づくダスト表面を模擬（図 2.37）．ここでは，分子科学研究所極端紫外光研究施設（UVSOR）の自由電子レーザー（FEL）による円偏光紫外線照射によるアミノ酸（アラニンなど）固体薄膜への光学活性発現実験を紹介する．この実験では，照射試料のアミノ酸固体薄膜は左手型・右手型等量のアミノ酸結晶から生成された光学活性のない状態であることを円二色性分光法（左円偏光と右円偏光に対する吸収差の分光測定）により確認した（図 2.38（左））．円偏光紫外線照射後の円二色性スペクトル測定の結果，照射した左および右円偏光により対称的な方向の新たな光学活性が発現していることが明らかにされた（図 2.38（右））．また同施設の円偏光アンジュレータ光の波長制御性を利用して，照射後の円二色性スペクトル（光学活性発現の様子）に照射波長（フォトンエネルギー）依存性があることも確認されている．これらの結果は，円偏光フォトン放射の場に曝されて生じた非対称な励起状態に誘起された不斉化学反応やそれらに伴う構造変化の非対称性の効果が新たな光学活性発現をもたらすことを示唆する．

　これら有機分子に発現した光学活性の分析方法として，おもに円二色性分光

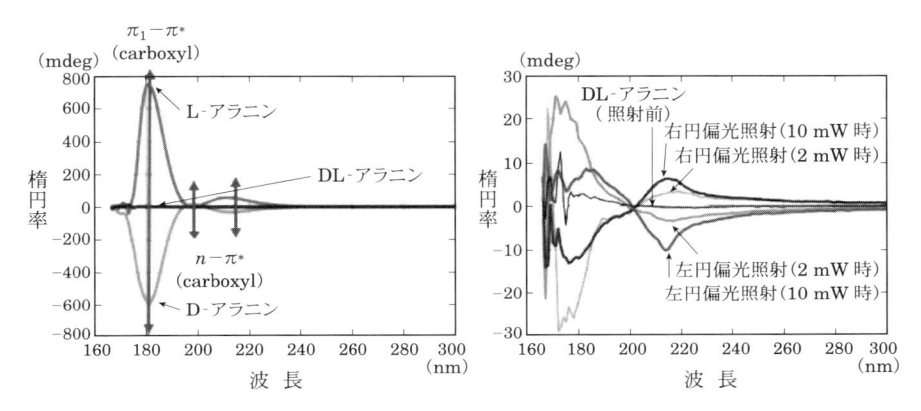

図 **2.38** （左）アミノ酸（アラニン）固体薄膜の円二色性スペクトル，（右）円偏光紫外線照射による光学活性発現実験（J. Takahashi *et al.* 2009, *Int. J. Mol. Sci.*, 10, 3044）

法が用いられている．特に，シンクロトロン放射光の偏光特性を利用した放射光円二色性分析施設として，国内では広島大学放射光科学研究センター（HiSOR）に国内唯一の専用ビームラインがあり，円偏光フォトン照射源との協働利用が推進されている．並行して，偏極量子ビーム照射により発現する構造転移や励起状態などの非対称性の起源解明を目指して，円二色性スペクトルの第一原理量子化学計算などによる理論解析との協働が今後重要であろう．

　一方，スピン偏極レプトン（電子・ミューオン）照射による光学活性発現についても，崩壊原子核からのベータ線や高エネルギー陽子加速器からのミューオンビームを用いた地上実験が進行中である．

2.8　人工生命：合成生物学

　合成生物学とは，生命の要素を細分化して記載してきた生物学の伝統的なアプローチと相補的に，生命の要素を組み合わせて生命システムを人工的に構築するアプローチを研究手段とする学問分野である．また，システム構築において，「イキアタリバッタリ」と称されることもあった遺伝子操作のみに頼らず，数理モデルに基づいた生命システムのデザインと理解を進める，という点も特徴的である．合成生物学には産業的に有用なタンパク質や細胞を作成する工学的な

展開もあるが，アストロバイオロジーの観点からより重要なことは，現在の地球とは異なる環境において機能を発揮することができる生体高分子・存在可能な生命を，地球上の実験室内で創成できることである．地球以外の天体や過去の地球での環境についての測定・推定をさらに精緻化させることが期待される今，これらの環境ではたらく種々の「ありえる生命」「ありえた生命」「何かが欠けたように見える生命もどき」を実際に手にすることは，現在の地球生命に縛られずに「生命とは何か」を考察するための貢献が大であることは間違いない．

2.8.1　試験管内の人工進化

　現在の地球生命では，タンパク質を合成するためには DNA の配列情報が必要であり，一方，DNA を複製するためにはタンパク質酵素の機能が必要である．生命の起源を考えるとき，この相互依存性は，鶏が先か卵が先か，という問題として立ちはだかっていた．その解決として，セントラルドグマにおいて，DNAとタンパク質それぞれの配列情報を繋ぐ RNA にスポットライトが当てられた．すなわち，RNA に酵素としての複製活性があるならば，これを主要な生体高分子とする「RNA ワールド」が存在したのではないか，という仮説である．この仮説がより広まった過程で重要であったことは，天然において RNA が酵素として働くことを示した，リボザイム（2.6.4 節参照）の発見である．しかし，天然におけるリボザイムでは，RNA 鎖の切断・再結合を行うものしか見つかってこなかった．リボザイムの酵素活性が限定されているのであれば，多種多様な酵素活性を要求する生命をリボザイムで達成することは難しいと見なされてしまう．

　天然生物を探索するだけでは研究領域の深化が手詰まりになっていたこの状況を打破した実験が，RNA の試験管内進化による，種々の活性を持つリボザイムの創出であった．たとえば，タンパク質を合成するためには tRNA にアミノ酸を結合させることが必要であるが，現在の地球生命ではこの反応をタンパク質が触媒している．ここにも鶏と卵の問題があったものの，この反応がリボザイムによっても可能であることが試験管内進化により示され，課題が解決した．そして，RNA を複製するリボザイムの創出の試みがこの 30 年ほど継続されており，リボザイムによる，特定領域を数百万–数十億倍に増幅させるポリメラーゼ連鎖反応（PCR 反応）が可能になるなど，大きな前進が見られた．これら現代

の研究で想定されている RNA ワールドとは，この語が最初に提案された際の「RNA のみを生体高分子とする生命」ではなく，化学進化によって蓄積したペプチドなど「他の種類の生体分子と相互作用して成立する生命」である．

一連の試験管内進化の実験が示すことは，特定の RNA 配列が酵素活性を持つ，ということだけでなく，10^{15} など，ある程度の大きさのライブラリサイズがあれば，その中に進化の出発点とすることが可能な強さの活性を持つリボザイムが一定確率で存在する，ということである．特定の環境において，活性化ヌクレオチドやオリゴヌクレオチドの化学進化による供給と，これらの分子の分解によって，その環境に蓄積する RNA の素材の量が決まる．その量と，試験管内進化の示すリボザイムの存在確率とを勘案することで，必要とされる活性を持つリボザイムがその環境に出現できるかどうかの確率を見積もることができる．ただし，試験管内進化実験から生命の起源を考察する際の注意点もある．人工進化で得られた配列そのものが過去に存在した可能性は，配列が持つ場合の数を考えると，きわめて低いことを忘れてはならない．それは，下記の計算から示すことができる．4 種類のヌクレオチド 100 文字が形成する場合の数をすべて分子でそろえるためには 10^{40} g もの RNA が必要である．換言すると，生体高分子の進化は，人の手による人工進化のみならず，地球上の天然の進化においても「ありえる生命の配列」のごく一部しか試されていない．逆の見方をすると，我々の想定外にある分子システムが存在する可能性を示唆しているともいえる．

また，試験管内進化での酵素活性評価は，現在の地球環境に縛られる必要はなく，過去の地球や他の天体の環境を模した人工進化も可能になる．たとえば，光合成によって分子状酸素が蓄積する前の状況を模した嫌気条件下での試験管内進化も行われた．その結果，好気条件下では RNA を非特異的に切断する触媒となるために RNA との相性が悪い鉄イオンも，嫌気条件下ではこれをリボザイムの補因子として使用可能であることが示された．

2.8.2 人工生命の進化：「ありえた生物」・「ありえる生物」から生命を探る

現在の地球生命に共通する機構は，その共通性から生命にとって必須と思われることもあるが，合成生物学による人工生命の創出は，このような共通機構のいくつかは偶然定まってきた，ということを示している．たとえば，DNA や

RNA に記された 4 種類の塩基からなる配列を，タンパク質に記される 20 種類のアミノ酸からなる配列に変換するための表は，大腸菌からヒトまで共通していたために，「普遍」遺伝暗号（Universal genetic code，標準遺伝暗号）と呼ばれた．4 文字からなる配列を 20 文字からなる配列に変換するために，情報の観点からは他の変換表があってもよいにもかかわらず，この表のみが用いられている理由はなぜであろうか．一つは，物理化学的な制約があってこの表以外に成立しないという説や，遺伝子に変異が起きても類似したアミノ酸への置換の確率が多くタンパク質が失活しにくい，という考えである．その対極に，普遍遺伝暗号以外にも同等な暗号がありえたものの，生物が偶然決まった標準規格から抜け出せない，という偶然凍結説がある．後者を示すためには，普遍遺伝暗号以外の変換規則の機能を評価することが近道であったが，天然の暗号表には 20 種類アミノ酸の配置を微修正したものしか見つかってこなかった．

　そこで，合成生物学の進展により，21 種類以上，または 19 種類以下のアミノ酸のみを用いる種々の人工遺伝暗号が構築され，これらに従った人工進化までもが可能になったことが解決策となりつつある．すなわち，普遍遺伝暗号と同等な機能を持つ人工遺伝暗号を構築できることは，地球生命の共通規格である普遍遺伝暗号が，物理化学的な制約で決まっているわけではないことを示している．これら人工遺伝暗号による進化実験を重ねることで，進化上の制約が議論されるようになるだろう．偶然凍結説は，親子関係のない生物の間で遺伝子がやり取りされる水平伝搬を考慮するとより確からしくなる．生命圏で主要となっている遺伝暗号を使用していない生物は，他の生物が発明した有益な遺伝子を取り込むことができずに生き残れなくなるためである．実際，普遍遺伝暗号で機能する遺伝子が人工遺伝暗号では機能しないことが多々ある．その逆に，人工遺伝暗号では機能する一方で普遍遺伝暗号では機能しない遺伝子も構築された．このような暗号表と遺伝子からなる種々のペアの間の排他性によって標準規格が定まることは，すたれつつあるプログラミング言語でコーディングすることの不利さとの類似性がある．また，アミノ酸の種類を変える実験以外にも遺伝暗号に関する標準規格を打破しようとする実験が行われている．その結果，塩基の種類を 4 種類から 6 種類に拡張した核酸や，核酸の糖部分を DNA のデオキシリボースや RNA のリボース以外に変化させた「核酸」を人工進化することで非標準遺伝システムが可能であることが明らかとなっている．

2.8.3 多機能な生命の一部を切り出した人工生命

　合成生物学による人工生命は，試験管内に人工的に構築した系であるがゆえに，系への要素の添加や除去が容易である．たとえば，遺伝暗号の普遍性を知るための人工遺伝暗号の研究では，普遍遺伝暗号によるタンパク質合成を行う系に対して，tRNA やこれにアミノ酸を付加する酵素の添加・除去が行われる．この研究を簡便に行うために，生きた細胞内ではなく，細胞を破砕して得られる細胞抽出物やタンパク質を使用する無細胞翻訳系が活用される．

　細胞内で行われる遺伝子の増幅が生命の重要な機能であることは間違いなく，その本質を知るために，細胞サイズの人工的な微小環境を構築してこの複製反応を行う「人工細胞」の研究が行われている．このような微小環境は，天然の細胞と同様な脂質 2 分子膜からなる小胞（ベシクル）であることもあれば，油中の水滴（エマルジョンやドロップレット）である場合もあり，また，マイクロ加工技術で構築された微小なチャンバーが生命の器とされることもある．マイクロメートルサイズの微小環境内での核酸の増幅に依存した人工進化と，センチメートルサイズの試験管内での核酸の増幅に依存した人工進化を比較することで，人工細胞一つあたりのゲノム分子が少ないことが，ウイルスのようにふるまう寄生性の核酸分子を排除するために重要であることが明らかにされた．

　天然の生命と，これまでに述べた人工進化・人工遺伝暗号・人工細胞を比べると，これら人工生命は何かが欠けた「生命もどき」に見えるかもしれないが，これら人工生命には，2 つの有効性がある．その 1 つは生命の特定機能に焦点を当てることでその機能を浮き彫りにすることである．たとえば，人工進化の研究は，生物が進化する際の自律性を捨て去る代わりに，人間の知恵と操作を投入することで，格段と広い範囲の分子機能の探索を短期間で行うことを可能にした．

　人工生命の構築がもたらすもう一つの大きな有効性は，人工生命と天然の生命とを比較することで生命の定義についての洞察を与えることである．万人が納得する生命の定義は存在しない．そこで，生命と非生命の境界についての人間の認識を深めるために，自律的な存在である生命から何かが欠けたように見える人工生命を作り出し，これを生命と比較することで人工知能の判別のためのチューリングテストのような検査を行うことが可能になる．

　ここで，化学合成 DNA に由来するゲノムによって生きている「親無しバクテ

リア」の創生を紹介したい．天然の生命では，ゲノム DNA 分子は，親の DNA 分子を鋳型として合成される．しかしこの研究では，データベース内のゲノム配列情報から多数の DNA 断片を化学合成し，これらを繋ぎあわせて天然バクテリアと同じ配列を持つゲノム DNA 分子を合成した．この「人工ゲノム」に依存して生きるバクテリアは，当然ながら，データベースが示す天然のバクテリアと見分けがつかない．おそらくは大半の人が生命と認めるこのような「人工生命」を創生できたことは，これまですべての生命の共通特性であった，「親からの遺伝情報の引継ぎを，配列情報を持つ核酸分子を媒体として行う」ということすら，生命の本質ではないことを示している．人工遺伝暗号の研究もこのような地球生命の共通性に対する挑戦であった．

2.8.4 生命の数理モデルに基づく理解

生命の諸構成要素や機能群の一部に焦点を当てて構築される現段階の人工生命において，焦点以外を切り捨てているがために系が単純化されていることは，数理モデル化を通じた理解に適しているという利点にも繋がる．これは，落体の法則を見出すために，落ち葉の落下ではなく，球体を斜面で転がす実験系が重要であったことに対応する．

初期の合成生物学は，MIT の情報科学者トム・ナイト（Tom Kingt）など非生物系のバックグラウンドを持つ研究者によって主導された．このため，すでに進んでいた分子生物学が要素分解的なアプローチによる博物学としての側面が強かったのとは相補的に，合成生物学では要素を組み合わせたシステムを数理モデルに基づいて構築する，という構成的なアプローチを色濃くしている．このため，合成生物学では，解析や時間発展シミュレーションによるシステムの挙動予測・設計が容易になっている．たとえば，生体高分子の標的への結合力などのパラメータを変化させるとシステムが分岐する現象などが解析可能となる．

2.8.5 人工生命の構築と生命発生確率

地球外知性との交信確率を見積もろうとしたドレイク方程式の提案と同様に（4.5 節参照），近年，この式の生命発生確率をより細分化した確率の積で記述する提案がなされている．そこでは，種々の環境で働く生体高分子を人工進化に

よって創出することが可能となり，また，生命システムを設計・シミュレーションすることが発展してきたことが基盤になっている．また生命が誕生し進化する天体の環境については，今後の観測・探査によって精緻に知ることができるようになることが期待される．これらの天体の環境条件を合成生物学でのシミュレーションに反映することができる．今後，宇宙においてありえる生命たちの本質を知るために，さまざまな天体環境で動作する人工生命を合成生物学の手法で構築することも行われていくだろう．

これらの研究手法からさらに次に期待されることは，特定の環境下で生命が発生・進化するために要求される諸事象が生起する確率を見積もることが可能になることである．また，どのような環境パラメータが生命誕生の確率に強く寄与するかを解析することで，そのような環境を持つ天体を見出すための，種々の観測手段や観測・探査対象の優先順位付けが可能になることも期待できる．

第3章

太陽系内における生命とその探査

現時点で人類が把握している生命が居住可能な環境を持つ惑星（ハビタブル惑星と呼ぶこともある）でかつ実際に生命活動が確認されているのは，地球だけである．しかし，地球がなぜハビタブル惑星であるのかは必ずしも自明ではない．太陽系天体としての地球と他の惑星の類似点や相違点を比較し，太陽系天体の中で地球だけが持つ特徴のうち何が本質的に重要なのかを明らかにする必要がある．また，過去の太陽系に目をやれば，たとえば太古の火星は現在の地球と類似のハビタブルな環境を持っていたのかも知れない．さらに，現在の火星の地下圏や木星・土星の衛星に代表される氷天体内部にもハビタブルな環境が成立している可能性もある．そうした，ハビタブル環境の安定性や多様性も念頭に置く必要がある．一方，地球や金星，火星の環境の成立条件の理解は，太陽系の生命居住可能領域（ハビタブルゾーン）という概念の確立につながった．太陽系のハビタブルゾーンやハビタブル環境の理解は，太陽系外惑星における生命居住可能性（4.3節参照）を理解する上での基礎となるものである．

3.1 太陽系のハビタビリティに関する概観

3.1.1 惑星のハビタビリティ

惑星の生命居住可能性あるいはハビタビリティ（planetary habitability）とは，惑星もしくは衛星などの天体が生命の生存可能な環境条件を保持し，それを

維持できるかどうかを計る指標である．生命が生存可能（ハビタブル）な環境であれば，生命が必ず誕生するとか，その天体には生命が存在しているということを示すものではない．ただ，ハビタブルな環境を持つ惑星には，生命が存在している可能性があると考えることはできる．4.3節では，主星の質量やスペクトル，寿命などが太陽と異なることによる影響のほか，ハビタブルゾーンに関連する多様な要因の影響や可能性について述べられているのでそちらも参照してほしい．

どのような環境条件が生命にとってハビタブルであるのか，ということについての理解は不完全である．私たちはこれまで地球外生物の存在を確認できていない．私たちが知っている唯一の生物は地球生物であり，私たちが知っている唯一のハビタブル惑星は地球である．したがって，現時点において，私たちは地球生物及び地球環境を，ハビタビリティを考える上でのひとつの基準とせざるを得ない．そこで，本節では地球生物と地球環境を基準にハビタビリティを考えることにする．地球生物の生存に必要なものとして，エネルギー，栄養，そして水が挙げられる．

とりわけ，これまで知られているすべての地球生物の生存にとって，液体の水は必要不可欠である．そこで，惑星表面に液体の水，すなわち海洋が存在することが，生命の生存にとってもっとも基本的な条件であると考えられている．地表面に液体の水が存在できる条件は，地表面の温度と圧力の条件で決まっており，それは日射量条件と惑星大気の温室効果に強く依存していることから，それらによって惑星表面における海洋の存在条件を制約することが可能である．この条件については3.1.2節で述べる．ただし，地表面に海洋が存在していることは地球からの類推によるものであり，氷衛星のように地表面ではなく天体内部に液体の水が存在していてもよいのかもしれない．

生命活動の維持に必要な栄養として，化学反応によって岩石から溶出されて環境に供給されている元素がある．地球の場合，海底熱水系（岩石の割れ目からしみこんだ海水が，高温のマグマ等の熱によってあたためられ，再び深海に吹き出している場所）における水・岩石反応や，大陸地殻表面における化学風化作用（二酸化炭素が溶けて酸性になった雨水や地下水が岩石を溶解する反応）などがそうした元素を供給する役割を果たしている．地球のように大陸地殻が形成されてそれが海面上に露出していること，岩石からなる海洋地殻によって海底が覆わ

れてそれがプレートの沈み込みによって更新され続けていることなどは，必須元素の供給とその持続可能性にとってきわめて重要な条件である．

　一方，ハビタブル惑星は大気を持つことが重要だとされる．大気のない水星や月のような天体表面には，太陽からの紫外線や太陽風，銀河宇宙線などの高エネルギー粒子，さまざまな大きさの惑星間塵や小惑星等が超高速で直接降り注ぐ．そうした環境は生命の生存に望ましいとは考えられない．大気や海洋の存在は，それらの影響を緩和する．しかし一方で，太陽風が大気を直撃すれば，大気の宇宙空間への散逸が促される．たとえば，火星大気（二酸化炭素や水蒸気）は太陽風との相互作用によって大規模に散逸したと考えられている．そうした大気の散逸を抑制するのが，惑星の固有磁場である．地球磁場は太陽風に対するバリアの役割を果たしており，大気との直接の相互作用を阻害している．

　さらに，地球の温暖湿潤な気候が長期間にわたって安定に維持されているのは，全球的な炭素循環システムにおける気候の安定化作用が効果的に機能しており，大気二酸化炭素濃度が自己調節されているからだと考えられている（3.4節参照）．炭素循環においては，火成活動に伴う地球内部からの二酸化炭素供給がその駆動力として重要な役割を果たしている．このことは，地球が現在もなお活動的な惑星であることの重要性を示唆している．惑星が活動的であることは，惑星内部が“熱い”状態を保っていることの現れである．惑星内部は形成直後から時間とともに冷却していく．岩石中にはウランやトリウムなどの放射性元素が含まれているため，その放射壊変に伴う発熱によって，冷却は抑制されている．しかし，時間が経てば放射性元素の存在度は低下していくため，その発熱率も低下し，やがて惑星内部は岩石が熔融できない温度にまで冷却する．そうなれば惑星の活動は完全に停止する．この惑星の一生を，惑星の熱進化（熱史）と呼ぶ．地球のように，惑星の大気や気候状態が安定に維持されているのは，惑星が熱的に見ればまだ若い活動的な時期に限られるともいえる．

3.1.2　太陽系のハビタブルゾーン

　本小節では，惑星表面に液体状態の水からなる海洋が存在できる条件について述べる．ハビタブルゾーンとは，一般的には，大気中に十分な量の二酸化炭素が含まれ，その温室効果によって惑星表面に液体状態の水が存在できる軌道領域で

あり，それより内側では液体の水がすべて蒸発してしまい，それより外側では液体の水がすべて凍結してしまうという条件になっている．地球は，当然，太陽系のハビタブルゾーン内部に存在しているはずである．以下では思考実験として，地球の軌道を変えた場合，どのような条件で海洋がすべて蒸発してしまうのか（ハビタブルゾーンの内側境界），どのような条件で海洋がすべて凍結してしまうか（ハビタブルゾーンの外側限界）について述べる．惑星系一般のハビタブルゾーンについては 4.3 節で述べられるが，基本的には，太陽系におけるハビタブルゾーンの概念の拡張であると考えて良い．

3.1.3　ハビタブルゾーンの内側境界

（1）暴走温室限界

　惑星の気候を決定づける最大の要素は太陽放射 S である．現在の地球軌道上での太陽放射（＝太陽定数）S_0 の一部は大気や地表面で反射されてしまうため，地球全体の反射率（惑星アルベド）を考慮した正味太陽放射と地球が宇宙空間に射出する惑星放射とがつり合った状態が平衡状態となる．このときに実現される温度は有効温度と呼ばれ，現在の地球条件では 255 K となる．現在の地表面温度は，これに大気の温室効果 33 K が加わった 288 K である．

　いま，水蒸気を除く大気の組成を一定として正味太陽放射を増加させてみる．正味太陽放射が増加すると，地表面温度も上昇する．地表面温度が上昇すると，大気中の水蒸気量が増加し，やがて大気はほとんど水蒸気で占められるようになる．ところが，正味太陽放射がある臨界値（〜 約 300 W/m^2）を超えると，地表面温度が上昇しても，惑星放射はそれ以上大きくはなれなくなる．この臨界値を射出限界と呼ぶ．このことは，水蒸気が主体となる大気（水蒸気大気）が射出できる惑星放射には上限値があることを意味する．このため，もし正味太陽放射が射出限界を超える場合，正味太陽放射と惑星放射は平衡状態を保てなくなり，惑星の地表面温度は際限なく上昇してしまうことになる．この条件を「暴走温室限界」と呼ぶ（Kasting 1988）．なぜこのような現象が生じるのだろうか．

　正味太陽放射が増加すると，地表面気温の上昇によって大気はほとんど水蒸気で占められるようになる．水蒸気は強力な温室効果を持つため，地表面から射出された赤外放射は，大気で吸収・射出を繰り返して，最終的に宇宙空間に放出さ

れる．水蒸気大気が光学的に厚くなると，地表面からの放射はほぼすべて大気に
吸収され，宇宙空間へ直接到達する放射は，大気上層から射出されたものにな
る．ここで，大気上層の温度圧力構造はほぼ飽和水蒸気曲線になっているため，
地表面温度が上昇して水蒸気大気量が増加しても，光学的厚さでみた場合の温度
圧力条件はほとんど変化しなくなる．この結果，地表面温度によらず，水蒸気大
気が射出できる放射には上限（射出限界）が生じることになる．すなわち，水蒸
気大気に入射する正味太陽放射が射出限界を超えると，エネルギー平衡が成り立
たなくなり，地表面温度は一方的に上昇（すなわち暴走）する結果になる．これ
が，暴走温室状態である（阿部 2017）．

　地表面温度が岩石の熔融する約 1200 K にまで上昇すると，地表面はマグマの
海（マグマオーシャン）で覆われるようになり，そこに水蒸気が溶解して新たな
平衡状態が実現する．すなわち，暴走温室状態においては，大気はほとんど水蒸
気（〜 100 気圧）からなり，地表面はマグマオーシャンで覆われることになる
（図 3.1，3.2.4 節も参照）．

　このような，非現実的とも思われる状況は，形成期の地球や形成直後の金星で
実現されていた可能性がある．形成期の地球においては，太陽放射のみでは射出
限界には達しないものの，巨大衝突によって加熱された惑星内部からの熱流量と
の合計が射出限界を上回っていた可能性が考えられるからである．さらに，太陽
を含む主系列星は時間とともに明るくなっていくため，地球が受ける正味太陽放
射はやがて射出限界を上回ることになり，将来暴走温室状態に至る可能性がある
と考えられる．したがって，暴走温室条件は，大量の水を表面に持つ地球のよう
な水惑星に普遍的な性質であると考えることができる．この条件は，正味太陽
放射が現在の地球条件の 1.41 倍（Kasting 1988 Kasting *et al.* 1993），最新の
データを用いた研究では 1.05 倍（Kopparapu *et al.* 2013）程度で生じると推
定されている．現在の太陽系の軌道でいえば，これはそれぞれ約 0.84 au，約
0.97 au に相当する．金星軌道（0.7 au）は暴走温室限界の内側に位置している．

（2）湿潤温室限界

　暴走温室状態にならなくても，海洋が存在できなくなる状況はあり得る．それ
は上層大気において水蒸気が太陽紫外線によって分解され，水素が宇宙空間に散

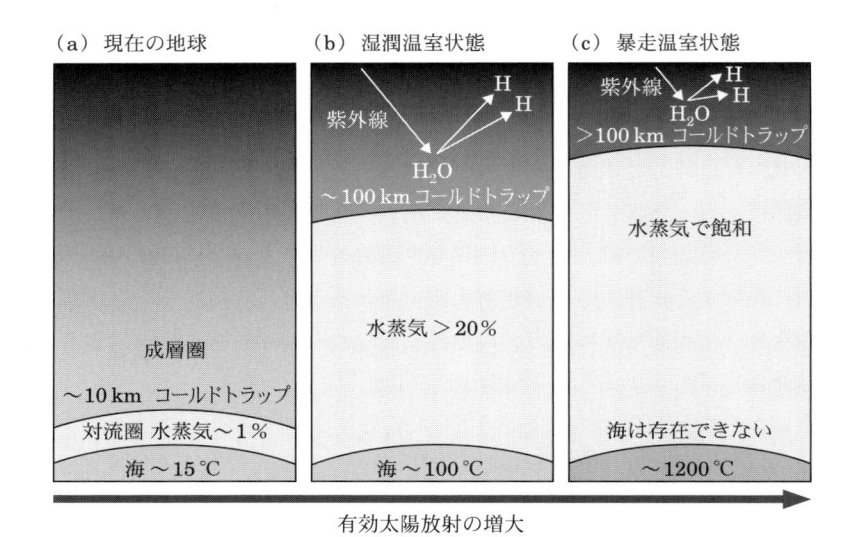

図 3.1　日射量増加と地球環境の変化.（a）現在の地球. 水蒸気は対流圏界面付近のコールドトラップで凝結するため, 成層圏は乾燥している.（b）湿潤温室状態. 正味太陽放射が増大することで, 地表面温度が上昇して海水が蒸発する結果, 大気は水蒸気が主成分となる. 水蒸気が大気上層に効率的に輸送され, 紫外線で分解され, 45 億年で海水量に相当する水素が宇宙空間へ散逸するようになる.（c）暴走温室状態. 正味太陽放射が水蒸気大気が射出できる放射の限界（射出限界）を超えると, 地表面温度は暴走的に上昇し, ついには地表面の岩石が溶けてマグマオーシャンが生じる状況になる.

逸することによって最終的に海洋が消失してしまう, という状況である. このような条件は「湿潤温室限界」もしくは「海洋消失限界」と呼ばれる.

　水蒸気の分解と散逸は, 下層大気から上層大気への水蒸気の供給によって制限を受ける. このような場合, 水蒸気の散逸は拡散律速されているという. 下層大気（対流圏）においては, 上空にいくほど気温が低下するため, 飽和水蒸気量が低下し, 大気における水蒸気の混合比も低下する. そのため水蒸気の凝結が生じて, 雨や雪となって大気から取り除かれてしまう. 通常, 対流圏界面で水蒸気混合比は最小となり, 成層圏に供給される水蒸気が制限される. これを「コールドトラップ」と呼ぶ. このため, 現在の地球大気では成層圏の水蒸気混合比はきわ

めて低く，したがって水蒸気の散逸は非常に小さい．

　しかし，正味太陽放射が増加すると，大気中の水蒸気量が増加し，地表面温度も上昇する．地表面温度が 280 K から 420 K に上昇すると，対流圏界面の高度は 10 km から 170 km に上昇し，成層圏における水蒸気の混合比は 10^{-5} からほぼ 1 近くにまで増加する．これは，対流圏界面の温度が高くなることによって，飽和水蒸気量が大きくなり，成層圏に輸送される水蒸気が増えるためである（図 3.1）．

　成層圏における水蒸気混合比は，地表面温度 340 K 付近で急激に変化する．そして，成層圏の水蒸気混合比が 10^{-3} を超えると，地球海洋質量が約 45 億年以内に散逸する状況になる．この条件は，正味太陽放射が現在の地球条件の 1.1 倍（Kasting 1988; Kasting *et al.* 1993），最新の分子分光データベースを用いた見積もりによれば 1.015 倍（Kopparapu *et al.* 2013）程度で生じると推定されている．これが湿潤温室限界である．現在の太陽系の軌道でいえば，それぞれ約 0.95 au，約 0.99 au に相当する．

　形成直後の金星に大量の水が存在した場合，惑星アルベド次第では，暴走温室状態ではなく湿潤温室状態になっていた可能性も指摘されている（Kasting 1988）．その場合，初期の金星には海洋が存在したが，急速に失われてしまった，ということになる．

3.1.4　ハビタブルゾーンの外側境界

（1）最大温室効果限界

　一般に，地球型惑星大気の主成分は二酸化炭素であると考えられている．現在の金星や火星の大気だけではない．地球も，地表（堆積岩を含む）における揮発性物質として二酸化炭素（40–90 気圧分）は水（270 気圧分）についで二番目に存在度が大きく，もともと大気中に存在したと考えれば，金星とよく似た二酸化炭素主体の大気になる．したがって，地球型惑星のハビタビリティを考える際，そのような二酸化炭素大気の温室効果でどの軌道領域まで温暖環境を形成できるかがひとつの目安を与えることになる．

　大気中の二酸化炭素分圧を増やしていくと，温室効果が増大していくが，やがて大気はすべての赤外波長域において光学的に不透明となり，温室効果は頭打ち

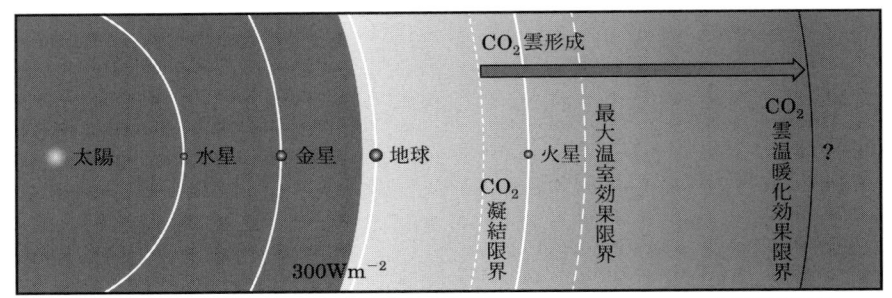

図 **3.2** 現在の太陽系のハビタブルゾーン．内側境界は，暴走温室限界（これより内側では暴走温室となる：0.97 au）が絶対的な境界であるが，湿潤温室限界（図中には表示していない，これより内側では湿潤温室となる：0.99 au）が実質的な境界と考えることもできる．外側境界は，二酸化炭素大気の最大温室効果限界（これ以遠では二酸化炭素による温室効果で温暖環境を維持できなくなる：1.7 au），または二酸化炭素の凝結が生じる限界（1.37 au），もしくは二酸化炭素雲の散乱による温暖化効果による限界（これ以遠では二酸化炭素雲による温暖化効果で温暖環境を維持できなくなる：2.4 au）などが提唱されている．

になる．一方で，二酸化炭素分圧が増えると大気の散乱効果により惑星アルベドが増大するため，正味太陽放射は二酸化炭素分圧の増加に対して低下する．この結果，正味太陽放射を低下させ二酸化炭素分圧を増加させたとしても，正味太陽放射が現在の地球条件の 0.325 倍，二酸化炭素分圧が約 8 気圧の条件で，全球凍結しないでいられる限界となる（Kopparapu *et al.* 2013; Kasting *et al.* 1993）．この条件に対応する現在の太陽系の軌道半径は約 1.7 au である．これを「最大温室効果限界」と呼ぶ（図 3.2）．

（2）二酸化炭素凝結限界

　実際には，二酸化炭素分圧を増大させていくと，最大温室効果限界に達する前に大気中の二酸化炭素は凝結して雲を形成する（Kasting *et al.* 1993）．二酸化炭素分圧が 1 気圧を超えたところで，高度 10 km 付近で二酸化炭素の凝結が生じる．これが「二酸化炭素凝結限界」である（図 3.2）．全球凍結が生じないために必要な二酸化炭素分圧がこの条件となる正味太陽放射は，現在の地球条件の 0.53

倍程度であり，これは現在の太陽系の軌道半径でいえば約 1.37 au に相当する．

二酸化炭素が凝結して雲が形成されると，2つの要因によって，地表面温度が低下する．二酸化炭素の凝結は潜熱の発生を伴うため大気は加熱され，気温減率（温度勾配）が小さくなる．これによって，地表面温度は低下する．さらに，雲の形成により，惑星アルベドが増加すれば，正味太陽放射が低下し，地表面温度は低下する．したがって，二酸化炭素の凝結が生じることによって，地表面温度を温暖に維持することが困難になる可能性が考えられる．

そこで，二酸化炭素凝結限界がハビタブルゾーンの外側限界を制約すると考えられるようになった．この場合，火星は，誕生から現在にいたるまで，ハビタブルゾーンの外側に位置することになり，温暖湿潤な太古の火星という描像を説明することは困難となる．

（3）二酸化炭素雲ほかの影響

実は，二酸化炭素の凝結によって成長する雲粒子の粒径が数 μm 以下だとすると，赤外放射に対してほとんど透明なので上述のような結論になるが，地球の水蒸気が凝結して形成される雲粒子のように 10–100 μm にまで成長した場合には，赤外放射を散乱する効果を持つ．その場合，地表面から射出された赤外放射は二酸化炭素の雲によって効果的に散乱されることによって，地表面温度を上昇させる効果を持つ．これが効果的にはたらけば，二酸化炭素が凝結して雲が生じることによってむしろ正味で温暖化が生じることになる．そのような効果によって，現在の太陽系におけるハビタブルゾーンの外側境界は最大 2.4 au 付近にまで広がる可能性もある（図 3.2, Forget and Pierrehumbert 1997; Mischna *et al.* 2000）．ただし，実際には雲の分布や高度，光学的厚さなどがどうなるかによってその効果は影響を受ける．最近の研究では，二酸化炭素の雲の正味の温室効果はあまり大きくないのではないかという結果も報告されている．

太陽系の場合，地球に加えて火星がハビタブルゾーンに含まれているのかどうかが大きな問題となる．とりわけ，過去の火星が温暖湿潤な気候を持っていたのかどうかということが，地表面にみられるバレーネットワーク（3.3 節参照）のような河床地形の解釈として重要となるが，二酸化炭素の温室効果のみで温暖湿潤気候が実現されていたとする単純な解釈は成立しなくなっているのが現状である．

　二酸化炭素の雲による赤外放射の散乱効果で温暖湿潤気候が実現できなかったとしても，初期の火星は絶対に寒冷だったかといえば，必ずしもそうではない．ほかにも温暖化メカニズムはいろいろ考えられるからである．たとえば，二酸化炭素以外の温室効果気体が重要な役割を担っていた可能性もある．

　代表的なものはメタンである．メタンは強い温室効果を持つため，二酸化炭素と共存すれば，初期の火星を温暖湿潤環境にすることは不可能ではない．また，大気中のメタン濃度が高くなり，二酸化炭素との比が 0.01 から 0.1 以上になると，炭化水素エアロゾル（有機物ヘイズ）が生成する．すると太陽紫外線が遮蔽されるようになるため，その下層においては，微量でも強い温室効果を持つアンモニアのような，通常は大気光化学的に不安定な温室効果気体が，安定に存在できるようになるかもしれない．

　あるいは，初期の火星大気中に多量の二酸化炭素と水素が含まれていたなどとすれば，地表を温暖に保つことができるとする研究もある．

　このように，通常のハビタブルゾーンは二酸化炭素の温室効果のみで境界を定義しているが，それ以外の可能性まで考えればハビタブルゾーンの外側境界の条件は変わり得る．

3.1.5　太陽系天体のハビタビリティ

　いまのところ，太陽系で生命の存在が確認されている惑星は地球のみである．しかし，これまで太陽系天体における生命の存在可能性については，火星やエウロパ，タイタンなどに関してさまざまな議論がなされてきた．詳細は 3.2 節以降で述べられるので，ここでは簡単な概要の紹介にとどめる．

　火星には，探査機が撮像した表面地形の画像解析に基づいて，洪水のような突発的な流体の流れによって形成されたような地形や，降水によって形成された河川系のような地形が知られているほか，北部平原に海洋が存在していたことを示唆する古海岸線跡のような地形が見つかっているなど，かつて温暖湿潤な環境だったのではないかという可能性が昔から議論されている．さらに，火星着陸探査車オポチュニティなどによる探査によって，水の流れによって形成されたと考えられる堆積物や岩塊の構造，さらに水の存在下での沈殿，反応，変質したと解釈できる鉱物の存在などが確認され，かつて液体の水が存在していたことが確実

視されている．鉱物にみられる水の影響については，火星から飛来したと考えられている火星隕石においても報告されている．現在の火星においても，多くの斜面に暗い筋模様（RSL; recurring slope lineae）が発見され，季節的に現れたり消えたりを繰り返しているようにみえることから，水のような流体が季節的に流出している可能性が議論されている．かつて大量にあった可能性のある水の一部は南極冠を構成していると考えられているが，それ以外は火星表面の地下に永久凍土のような形態で存在していると考えられている．最近では，南極冠の地下に地底湖が存在しているらしいことが明らかになり注目されている．かつて火星表面にあった水は，進化の過程で大気から宇宙空間に流出した可能性が議論されている．かつての火星は地表面に液体の水が存在できる環境を持っていたのか，さらには火星において生命活動の痕跡が発見されるか，といった事柄は人類の最大の関心事のひとつである．そのため，火星探査計画が現在次々と計画・実施されている．詳細は，3.3 節を参照されたい．

太陽系には，地球とは異なるタイプのハビタブル環境が存在している可能性もある．それは巨大惑星の衛星や小惑星・彗星などである．代表的なものは木星の衛星エウロパである．エウロパは氷衛星と呼ばれ，氷と岩石からなる天体だが，表面地形の特徴から，地表の年代が若く，氷が割れて内部から液体の水が噴き出したようにみえる地形が一部の地域にみられるなど，表面の氷地殻の下に液体の水が存在している可能性が議論されてきた．その後，探査機ガリレオによって木星磁気圏との相互作用によって生じたと考えられる誘導磁場が観測され，エウロパ内部に塩分を含む液体の水の層，すなわち内部海（地下海）が存在していることが確実視されている．内部海の成因は，木星の巨大な潮汐力によるものであると考えられている．内部海の海底は岩石であることが確実視されており，水・岩石反応が生じている可能性も期待されている．このような内部海環境が生物にとって生存可能なハビタブル環境であるとなれば，地球とは異なるタイプのハビタブル天体としてきわめて重要な意義を持つ．詳細は，3.5 節を参照されたい．

太陽系において，内部海を持つことが議論されている天体は，エウロパ以外にも同じ木星の衛星ガニメデ，カリスト，土星の衛星のミマス，エンセラダス，ディオネ，タイタン，天王星の衛星ミランダ，アリエル，オベロン，海王星の衛星トリトンのほか，準惑星の冥王星やケレスなどがある．すなわち，内部海の存在は

氷と岩石からなる天体にはしばしばみられる特徴であるともいえ，当然，系外惑星系においても，普遍的な存在であることが示唆される．地球がかつて全球凍結した際にも内部海が形成されていたと考えられており，こうした全球凍結天体のアナロジーになり得る事例として，そのハビタビリティの理解が注目されている．

　一方，土星の衛星タイタンは大気を持つことで知られているが，その表面には液体の湖の存在が観測されている．タイタン表面の温度は氷点下 180°C であることから，これはもちろん水ではなく，メタンやエタンといった炭化水素である．それらはタイタンの温度圧力条件では水のように相変化を生じ，蒸発して雨を降らせたり河川系を形成して湖に流れ込んだりしていると考えられている．そうした環境では，地球生物とはまったく異なる生命活動が生じる可能性も長年議論されている（3.5 節参照）．

　さらに，最近，金星大気中にホスフィン（リン化水素）の存在が観測されたとする報告があった．ホスフィンは，地球では主として嫌気性生物による有機物の分解で生成される化合物である．金星の大気上空は温暖環境であるが，雲の強い酸性条件下では，ホスフィンは速やかに分解されるはずであることから，金星には生命活動が生じており，ホスフィンが大気に供給され続けている可能性が指摘されている．ただし，これは観測データや解析方法に問題がある可能性があるため，否定的な議論も多い．

　しかしながら，現在はまだ太陽系天体のごく一部が詳しく探査・観測されている段階であり，今後の探査や観測によって，想像もしなかったさまざまな発見がなされても不思議ではない．将来的には，地球を含めたハビタブル惑星の概念は大きく拡張される可能性が高いことには留意するべきである．

3.2　惑星形成とハビタビリティ

3.2.1　地球・金星・火星の比較

（1）液体の水の安定性

　生命が確認されている天体は，現時点において地球の他にはない．地球が生命を育む天体となった最大の理由は，今日に至るまで表層に液体の水が存在し続けてきたことにあると考えられる．事実，地球の生命はすべて細胞からなり，細胞

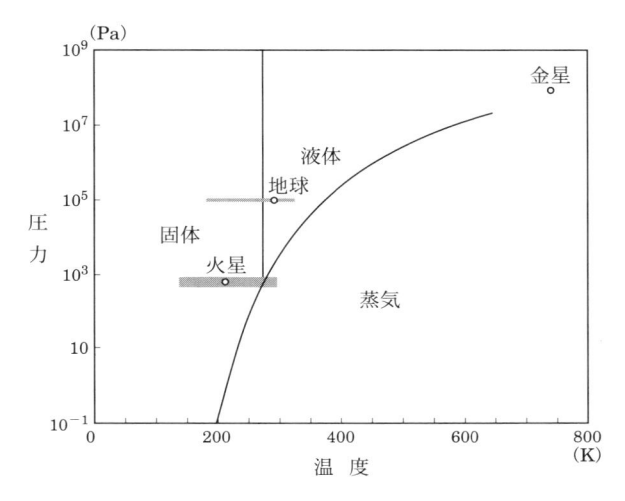

図 3.3 水の状態図. 地球, 金星, 火星の地表面における平均気温と平均気圧を〇印で示した. 地球と火星については, 気温と気圧の地理的, 季節的変化の範囲を灰色領域で示す.

の構造形成と代謝および遺伝に関わる生体分子間の化学反応のほぼすべては, 液体の水を溶媒にして生じている (2.1 節, 2.6 節, 2.8 節).

図 3.3 に水の状態図を示す. 水が液体として存在できる温度範囲は, 三重点 273.16 K (飽和水蒸気圧 6.11×10^2 Pa) から臨界点 647.10 K (同 2.21×10^7 Pa) までである. より低温では水は氷ないし気体, より高温では気体ないし超臨界流体となる. 図中に, 地球, 火星, 金星の平均的な地表面気圧と地表面気温を, それぞれ記した. 地理的・季節的な気候条件が多様な地球と火星については, 地表における気圧と気温の典型的な変動範囲を灰色領域で示す. ここから, 各惑星における液体の水の安定性を知ることができる.

まず, 地球の地表面気温と気圧は, 液体の水の安定領域に大きく重なる. このことから, 地球表面の広い範囲で, 液体の水が存在可能であることが分かる. 他方, 地球の気圧と気温の変動範囲は, 氷の安定領域にも伸び, 地表の一部で水は凍結しうる. 一方, 金星の地表面温度は 730 K と高く, 水の臨界点を上回る. このため金星の地表では液体の水は存在できない. 対照的に, 火星の平均気温は 210 K と低く, 水は氷か蒸気の状態しか許されない. 仮に気圧を保ったまま, 局

所的に地表面気温を上昇させると，かろうじて三重点付近でのみ液体が存在可能となり，さらに昇温すると蒸気になる．つまり，火星の表層環境は，寒冷かつ乾燥しており，液体の水が広範囲にわたって安定な条件にはなっていない．

(2) 地表面気温

惑星ごとの気温差を生む要因には，軌道半径に応じた太陽放射の強度と大気の量および組成の違いが挙げられる．金星軌道における太陽放射の強度は，地球軌道における値のおよそ2倍，火星軌道においては，逆におよそ1/2である．ここから，高温の金星，低温の火星が予想できる．各惑星の平衡温度，すなわち各惑星の太陽放射の吸収とつり合う黒体放射を惑星が射出する場合の黒体温度

$$T_e = \left(\frac{F_\odot (1 - A)}{4\sigma} \right)^{1/4}$$

（$F_\odot$: 太陽放射強度，A: アルベド，

σ: シュテファン–ボルツマン定数）

は，地球の255Kに対し，火星は210Kと低温で，これは予想に沿う．しかし金星の平衡温度は230Kと地球より低く，予想とは逆である．これは金星のアルベドが0.8と，地球の0.3に比べ非常に高いことによる．平衡温度に対し，実際の金星の平均地表面気温は約500K，地球のそれは約33Kそれぞれ上昇している．この気温上昇は大気の温室効果に起因する．温室効果の程度は，大気が厚く，赤外線吸収能の高い成分に富むほど大きい．金星は15μm付近に強い吸収を持つ二酸化炭素を主成分とする厚い大気を有するため，温室効果が大きい．なお，厚い大気では，大気分子による太陽光のレイリー散乱が強く働く．これは，全球を覆う濃硫酸の雲による光散乱と相まって，金星のアルベドを上昇させている．大気の薄い火星では，大気主成分こそ二酸化炭素だが，温室効果は微弱で，平衡温度と平均地表面気温の差はほぼない．この結果，厚い大気を持つ金星では，宇宙空間に熱放射を直接射出する上層大気は低温で，温室効果がもたらす高い地表面気温との間には，大きな温度差が生じている．

(3) 揮発性物質量

図3.4に各惑星の表層における揮発性物質の存在量を示す．ここでは惑星表層に存在する各物質の存在量を，その質量が及ぼす惑星単位面積あたりの平均

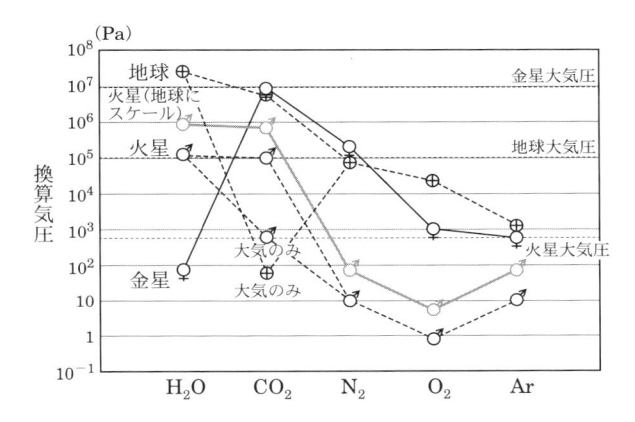

図 **3.4**　地球，金星，火星表層の揮発性物質存在量．それぞれの質量を圧力（惑星単位地表面積あたりの荷重）に換算して示している．大気成分だけでなく，水については液体と固体，二酸化炭素については惑星表層に固体（炭酸塩やドライアイス等）として分布している分も含む．金星大気に酸素分子は含まれておらず，この図には SO_2 量を示す．比較のため，火星の物質量については，それぞれ地球と火星の惑星質量比を乗じて地球上に置いた場合の換算値も示した．

荷重，すなわち換算気圧で表した．まず，地球表層には約 300 気圧相当の水が存在している．これは，地球の平均気温（288 K）下での飽和水蒸気圧（1.7×10^3 Pa）よりも十分に大きく，地球表層で水の大部分が液体として存在することにつながっている．これと比較して，もっぱら水蒸気として大気に含まれている金星表層の水の存在量はきわめて低い．他方，金星の表層には約 90 気圧相当の二酸化炭素が大気の主成分として存在している．この大量の二酸化炭素が，金星に強い温室効果をもたらす．比較して，地球大気は，赤外不活性な窒素と酸素を主成分とし，二酸化炭素には乏しく，温室効果が抑制されている．

地球における大気 CO_2 量の動的調整

　地球大気が二酸化炭素に乏しい理由は，次のように説明される．海洋，大気，陸地を巡る水循環に伴い，陸の岩石の化学風化，すなわち液体の水と岩石の化学反応を通じ，河川から持続的に Ca^{2+} 等の陽イオンが海水に供給される．これが大気から海水に溶解した二酸化炭素と化合し炭酸塩を形成することで，二酸化炭

素が大気から除去される.

　地球大気中の二酸化炭素濃度は，地質学的タイムスケールで進行する炭素循環により，地表気温を安定化するように調節されている（詳しくは 3.4 節参照）.海底に堆積した炭酸塩の一部は，プレート運動によって高温の地球内部に沈み込み，そこで分解して再び火山ガスとして大気に戻る.他方，気温が高いと，化学風化は活発化し，海水への陽イオン供給率が上昇することで，大気から正味の二酸化炭素の除去が起き，温室効果が弱まるようになる.逆に気温が低いと，火山ガスからの供給が卓越して大気への正味の二酸化炭素の蓄積が起き，温室効果が強まるようになる.この負のフィードバックの効果によって，結果的に，地球の地表面温度は，一定の温度範囲内に安定化される.この仕組みは，地球の歴史を通じて，特に太陽光度が現在と比べ約 25% 低かったと推定される 38 億年以上前から，地球表層に液体の水が存在し続けてきたことを示す地質学的証拠を説明する.この機構は大気と海陸が並存する条件下で起こるため，その発現には惑星表層の水量が適度な範囲にあることが必要になる.

　炭酸塩として堆積している分も加えた地球表層の総二酸化炭素量は，金星大気のそれと同程度である（図 3.4）.なお，金星の地表はきわめて高温なため，炭酸塩は不安定であり，表層の二酸化炭素はすべて大気に放出されている.他方，惑星表層の窒素の大部分は大気に存在し，地球と金星での存在量は同程度である.二酸化炭素量の類似性も併せると，惑星形成時の両惑星への揮発性物質の供給量は同程度であったと考えられる.これは地球型惑星への水の供給機構が，両惑星の位置の違いに強く依存しないものであった可能性を示唆する（3.2.3 節参照）.もしそうなら，初期の金星には大量の水が存在したが，後に失われたことになる.実際，金星大気中の水分子の D/H 比は，地球の海水の値の約 100 倍に上昇しており，これは光分解と水素の宇宙空間への散逸によって，金星が水の大部分を失ったことを示唆する.重水素 D は普通の水素 H よりも 2 倍重く，そのため H の方が惑星から脱出しやすい.これが大気の D/H を上昇させる.

水を失った金星

　金星が水を失った背景要因に，暴走温室効果の発生が挙げられる.地球のような海洋で覆われた惑星を想定すると，大気中の水蒸気量は飽和水蒸気圧によって

決まる．一方で水蒸気はきわめて強力な温室効果気体である．仮想的に日射量を増大させると，地表温度が上昇し，大気中の飽和水蒸気量が増して温室効果が強まり，さらなる地表面温度の上昇を引き起こす．この正のフィードバックに歯止めがかからなくなり，海洋が全蒸発してしまうまで気温上昇を起こすのが暴走温室効果である（3.1節参照）．数値モデリングによれば，日射量を現在の地球における値から約1割上昇させるだけで暴走温室効果が発生しうる．金星の軌道上の日射強度は地球のそれの約2倍で，この暴走温室効果の発生条件を満たす．なお，海洋の存在下では，二酸化炭素の炭酸塩への固定が効率的に進むため，暴走温室効果を引き起こす日射量の下限値の推定においては，大気中の二酸化炭素量は小さいものとしている．水がすべて蒸発した金星では，上層大気に大量に水蒸気が供給され，そこで太陽紫外線による水分子の光分解と水素の宇宙空間への散逸が起き水が失われる．取り残された酸素は，岩石や他の大気成分と結合し消費されたと考えられる．

大気全体を失う火星

　火星の揮発性物質量は，惑星の質量差を補正しても，総じて地球に比べ明らかに少ない（図3.4）．二酸化炭素を主成分とする大気は薄く，温室効果はほとんどない．火星隕石の分析からは，火星の材料物質は地球のそれより揮発性物質に富んでいたと推定されている．火星表層における揮発性物質の欠乏は，質量の小さな火星から宇宙空間への効率的な大気成分の散逸に起因する．火星の大気に微量含まれている水蒸気は，40億年前に固化した火星隕石に束縛されていた水分と比べ，数倍高いD/H比を持つ．これは火星においても水の光分解と，そこから派生した水素の宇宙空間への散逸が惑星史を通じて起きたことを示唆する．水分子起源の水素の散逸は，酸素を惑星に残す．しかし金星同様，火星の大気は酸素分子に乏しく（図3.4），このことは残された酸素が他の大気成分や岩石の酸化に消費されたことを示唆する．一方で地球大気には，おもに植物の光合成に由来する酸素分子が大量に含まれている．光合成では，水と二酸化炭素を材料に，光エネルギーを用いて炭水化物と酸素が生成される．酸素が大気に蓄積するには，光合成の主生成物である有機炭素が，酸素と化合して元の水と二酸化炭素に戻ることが妨げられる必要がある．これは，生物の遺骸など有機炭素の一部が，

表層の水循環に伴う土砂の堆積作用によって埋没し，酸素との反応が遮断されることによって実現されている．この有機炭素の埋没にも，炭酸塩の堆積同様に二酸化炭素を除去する効果がある．固定炭素量で比較すると，有機炭素の埋没は炭酸塩による埋没の数分の 1 〜 1/10 程度と見積もられている．

　火星からは，現在も水素だけでなく，酸素，炭素，窒素，アルゴン等が宇宙空間へと脱出していることが，火星周回探査によって確認されている．この観測値を太陽進化も考慮して過去に外挿すると，約 40 億年前から，少なくとも 8×10^4 Pa 相当の二酸化炭素と，8.5×10^5 Pa 相当の水が失われたと推定される．地殻への固定も考慮すると，太古の火星大気は現在の地球と同程度かより高圧の大気を有し，その温室効果によって，痕跡が豊富に残る過去の流水活動が支えられていたと考えられる．火星の湖成堆積物の探査結果は，当時の表層水が生命活動に適した組成を有していたことを示している．もし当時の火星に微生物が出現していたならば，液体の水が安定化する温度圧力条件を持ち，生命に有害な太陽紫外線が遮られている地下環境に生き延びている可能性が考えられる．

3.2.2　月の形成

　地球の月の母惑星に対する相対的なサイズ（約 1/4）と質量（約 1/80）は，太陽系の惑星の衛星としては際だって大きく，月の地球周りの公転角運動量は，地球の自転角運動量のほぼ 5 倍に達する．月は地球に顕著な潮汐力を及ぼし，潮の干満に代表される地球の潮汐変形や，変形部の質量と月が及ぼし合う重力トルクに起因する地球公転周期の減速と月軌道の後退を引き起こしている．また，惑星重力の摂動によって地球の自転軸傾斜は数千年以上の時間スケールで変動するが，その周期や振幅は，月が地球に及ぼす重力の作用の有無で著しく変わる．

　月が生命の誕生と進化に与えた影響は，はっきりとはしていないながら，一定の重要性を持っていた可能性がある．具体的には，前生命的化学進化を促したかもしれない陸源物質と海洋物質の混合と乾固を繰り返す潮間帯の形成，潮汐波とその砕波による海洋の鉛直混合，月の重力がもたらす地球の自転軸傾斜変動の抑制とそれによる地球気候の安定化，月の潮汐軌道進化に伴う地球の自転速度の減速とそれが及ぼす大気海洋循環場の変化，海棲生物に多く見られる概月リズムの形成などが挙げられる．

　現在，月の起源としてもっとも有力視されているのは巨大衝突説である．この説では，およそ45億年前に，ほぼ現在の大きさに成長した原始の地球に火星質量（地球質量の1/10）程度の天体が斜めに衝突する．この衝突により原始地球と衝突天体のマントル物質が原始地球の周辺に飛散し，円盤が形成される．この円盤中で，マントル物質が重力的に集積することによって月が形成される（第9巻4.2節），と考えられている．

　巨大衝突説は，アポロ計画以前に考えられてきた月の起源に関する古典的な仮説（分裂説，捕獲説，双子説）では説明のつかない数多くの観測的条件を説明することができる．たとえば，月内部に金属鉄の核がない，もしくはあったとしてもきわめて小さいという観測事実は，衝突天体もしくは原始地球のマントル物質で月が形成されることで自然と説明がつく．他にも，月の揮発性元素の欠乏，初期の月の大規模な溶融は，巨大な天体が衝突することによって解放される衝突エネルギーが膨大であることで説明がつく．さらに，最近の地球型惑星形成の詳細な数値モデリングの結果による描像（詳しくは，第9巻6.3節）から，地球型惑星形成の後期には火星サイズの原始惑星同士の衝突が複数回起きることがわかっており，これも巨大衝突説を支持するものとなっている．一方で，地球と月のいくつかの元素の同位体組成がきわめて類似していることは，従来の巨大衝突説を必ずしも支持していない．一般的に，地球とは異なる場所で作られた衝突天体は地球とは異なる同位体組成を持っているため，おもに衝突天体の物質から月ができると，地球と月は異なる同位体組成をもってしまう．この問題を解決すべく，多数回衝突による月形成モデルや，衝突時に原始地球がマグマオーシャンに覆われていたことにより，地球マントル物質が飛び出しやすくなり，その物質から月が作られたとするモデルなどが提案されている．

3.2.3　水の供給

　地球はしばしば「水惑星」と呼ばれる．実際，地球は他の太陽系の地球型惑星とくらべて圧倒的に大量の水を表面にもっており（3.2.1節），太陽との絶妙な距離により，その水が液体として存在できるハビタブルゾーン（3.1節参照）の中に位置している．太陽以外の恒星でもハビタブルゾーン内に地球サイズの系外惑星がいくつか発見されているが，これらの惑星が，地球のように海をたたえる惑

星であるかどうかは自明ではない．一般に，ハビタブルゾーンは，原始惑星系円盤のスノーライン，すなわち円盤ガス中の水蒸気がその外側で凝結を起こす境界線，よりも内側にあるため，ハビタブルゾーン内で形成された惑星の材料物質（たとえば，微惑星）には水分子が含まれない．したがって，ハビタブルゾーン内の地球型惑星が地球のように海をたたえる惑星になるためには，どこからか水を供給する必要がある．

　また，地球の海洋は，地球質量の 0.023% を占めるに過ぎず，地球全体としてみればわずかな量である．もし，地球表面に液体の水が現在の海水量の 10 倍，つまり 0.2% もあったならばすべての大陸は水没し，現在の地球とは大きく異なる環境になるはずである．このような観点に立つと，地球は「ほどほど」に大量の水を持っている惑星であり，そのことが現在の地球環境を生む上で重要であったと考えられる．

　地質学的な証拠から，海洋は少なくとも 38 億年前には存在していたらしいことがわかっている．さらに冥王代のジルコンの酸素同位体データなどの地球化学的な証拠からは，44 億年前には海洋が存在していた可能性が指摘されている．そして，最近では，アポロ計画で持ち帰った月の岩石試料，特に 45 億年前に月のマグマオーシャンが固化した際に形成された斜長石の中に，微量の水が発見されたことにより，月が形成された約 45 億年前の形成最終段階の原始地球に，すでに水が存在していたと考えられるようになってきた．このように，水は地球の歴史のきわめて初期，おそらく地球形成最終段階にはすでに存在していたと思われる．

　一方，水が地球にどこからどのように供給されたのかに関しては，未だ明快な答えは得られておらず，おもに以下の 4 つの可能性が指摘されている．

　（1）円盤ガス：惑星は太陽を円盤状に取り巻くガスと塵からなる原始太陽系星雲の中で作られた．惑星がある程度大きくなると，円盤内のガスを重力的に集めることができ，木星や土星などの巨大ガス惑星がこの過程で形成されたが，地球も少量この円盤ガスを捕獲した可能性がある（3.2.4 節）．原始太陽系円盤には水蒸気として水分子が含まれているため，地球がまとった円盤ガスの量によっては，地球は現在の海洋質量程度の水を容易に獲得することができる．

　しかしながら，地球型惑星の現在の大気組成や海水の同位体比は，水がこの過程で供給された可能性が低いことを示している．まず，太陽と同じ組成を持つ原

始太陽系星雲のガス組成は，地球型惑星の大気にくらべて希ガスを多く含んでおり，これは現在の地球型惑星の大気組成とは異なる（第 9 巻 6.5 節）．希ガス（Ne, Ar, Kr, Xe）は化学的に不活性な揮発性の高い元素であることから，惑星大気の起源や進化に強い制約条件を与える．また，太陽組成ガスの D/H 比は地球の海水の約 1/7 であり，重水素に乏しすぎる．以上の考察から，もし原始太陽系星雲ガスが地球の水の起原であったとすれば，太陽と同定度の希ガスおよび D/H 比を持ってたはずで，現在の地球の希ガスおよび D に比べて H の少ないことから，原始太陽系星雲ガスは，地球に水をもたらした主要な供給源ではなかった可能性が高い．

（2）彗星：主要成分が水氷である彗星は，現在でも地球に接近するものもあることから，地球への水の供給源として魅力的である．しかし，観測されたほとんどの彗星の D/H 比が地球の海水よりも約 2 倍大きく，重水素が過剰である．大気散逸時に重水素が濃縮することはあっても普通の水素が濃縮することは考えにくいことから，彗星による水の供給過程はあったかもしれないが，主要なものではなかったと考えられる．

（3）小惑星帯付近の固体物質：現在も火星と木星の軌道の間に無数に存在している小惑星は，地球への水および大気成分の供給源としてもっとも有望視されている．まず，小惑星の破片である隕石に水分を多く含むものがあり，それらが持つ D/H 比は地球の海水の値に近い．また，希ガス元素の含有量が少なく，元素間の存在度パターンが，地球型惑星の大気組成に比較的類似していることが理由として挙げられる（第 9 巻 6.5 節）．炭素質隕石の中には質量比で 6% もの水を含むものもあり，少量の炭素質隕石の飛来で地球の水の量を説明することが可能である．しかし，炭素質隕石の C/H 比が地球表層の C/H 比よりも高いことや，地球形成末期にもたらされた物質に由来する地球マントル中の強親鉄性元素と同位体組成が異なることから，地球形成末期の炭素質隕石の集積が，主要な水の供給過程ではなかったとする主張もある．

（4）地球軌道付近の微惑星：（2）と（3）の供給過程は，もともと地球軌道から遠く外側に位置していた小天体が地球に飛来することで水を供給する．一方で，地球の主材料となった近傍の微惑星そのものに水が含まれていたならば，当然，地球の集積成長と並行して水が供給されたはずである．ただし，その組成に

ついては現時点では物証に乏しい.

　従来は，地球軌道付近の固体物質は基本的に水分を含まず，乾燥していたと考えられてきた．しかし，円盤内に塵が大量にある段階では，円盤表面は太陽放射によって加熱されるが，円盤内部には直接太陽光は差し込まない．このときの円盤内部の温度を求めると，金星軌道のすぐ外側でも氷が凝結するほど低温であったと推定できる．このモデルを適用すると，地球型惑星領域の広い範囲で，氷微惑星からの惑星形成が起こることになる．一方，塵が徐々に失われ円盤の透明度が上がるにつれて，太陽光が微惑星を直接照らして温めるようになる．微惑星は昇華しながら集積し，地球に供給される水の量は集積と昇華の競合の結果決まる．これは塵の再生成など，定量化の難しい過程に依存するため，最終的に地球に供給される水の量は，地球総質量のほぼゼロ％から数％以上まで推定値に幅がある.

　地球の水が地球の形成とほぼ同時期に供給されたことについては，ほとんど疑いはない．しかしながら，どの供給過程が地球に水をもたらしたのかについては，それぞれ一長一短があり，少なくとも上に挙げた単一の過程では説明できていない．また，どの供給過程においても，最終的に惑星に供給される水の量には確率的な幅がありうる．現在，系外惑星が5000個以上発見されており，地球型惑星と思われる岩石惑星も多数見つかってきている（第 4 章参照）．これまでみてきた惑星への水の供給過程を考えた場合，近い将来，さまざまな水量を持つ地球型惑星が発見されるかもしれない.

3.2.4　大気形成

　大気の形成は，地球上での生命の誕生に深く関わっていると考えられている．模擬大気の放電実験では，生命材料物質であるアミノ酸が生成することが示されている．その生成率は大気の酸化還元状態に強く依存し，とくに水素やメタン，アンモニアに富む還元的な大気中では効率的に生成する．また，アミノ酸を生成する別の過程として，海底の熱水噴出孔での化学反応も挙げられている．液体の水（海）は生命の維持活動にも不可欠であり，そもそも海が形成するかどうかは地表の温度・圧力条件によって決まる．それらを支配しているのは大気の量と温室効果である．形成する大気の性質は，大気を構成する揮発性元素を惑星がいつどのように獲得したか，また，それらが惑星上でどのように分配されたのかによっ

て大きく異なると予想される．惑星を形成した材料物質の組成や，水素に富む円盤ガスの獲得・保持，また惑星集積期に地表を覆ったマグマの海（マグマオーシャン）の組成によっては，有機物生成に有利な還元的な大気も形成されうる．

　水の獲得と同様に，希ガス元素の存在量から，地球，金星，火星の大気は，おもに惑星の固体材料物質から脱ガスした揮発性元素に由来すると考えられる．地球で脱ガスが起こった時期は，大気とマントルの希ガス同位体比を比較することで制約される．岩石に含まれているカリウムの放射性同位体 ^{40}K は半減期約12.5 億年で ^{40}Ar へ壊変する．現在の地球では，大気中の ^{40}Ar/^{36}Ar 比は 295.5 であるのに対し，上部マントルの ^{40}Ar/^{36}Ar 比は 32000 ± 4000，マントルプリュームの ^{40}Ar/^{36}Ar は約 8000 であり，地球内部は放射壊変によって生じた ^{40}Ar に富んでいる．このような ^{40}Ar/^{36}Ar 比の違いは，^{40}K の壊変が十分進行する前に，Ar を含む揮発性物質の大規模な脱ガスが起こって大気が形成され，その後 ^{40}K の壊変により徐々に岩石中に ^{40}Ar が蓄積したために生じたと解釈される．同様の傾向は火星大気と火星隕石中の ^{40}Ar/^{36}Ar 比の関係にも見られる．

　金星では，マントル物質が採取されていないため，こうした脱ガス時期の議論はできない．単純に大気中の ^{40}Ar 量を比べてみると，金星大気中の ^{40}Ar 量は地球と比べ 24%ほど少ない（図 3.4）．金星では脱ガス後に大気散逸により ^{40}Ar が宇宙空間へ地球より多く失われたか，あるいは脱ガスそのものがやや不活発であった可能性がある．

　マントルに比べ大気の方が，放射壊変によって生成した希ガスに乏しいという特徴は，地球では消滅核種 ^{129}I（半減期 1600 万年）の壊変生成物である ^{129}Xe の，他の Xe 同位体に対する相対存在度にも見られる．^{129}I の半減期は，巨大衝突により地球と月が形成したとされる時間より短いため，このことは太陽系の誕生から数千万年以内という短期間のうちに，惑星の集積と並行して脱ガスによる大気形成が進んでいたことを示す．

（1）固体物質からの脱ガス

　現在の地球では，火山活動に伴い惑星内部からの脱ガスが起きている．水，炭素，窒素，希ガスといった海洋と大気を構成する揮発性元素は，固体の岩石よりもマグマに分配されやすい，すなわち液相濃集性をもつ．したがって岩石が部分

的に融解してマグマが生成すると，もともと岩石中にあった揮発性元素はマグマに溶け込み，マグマとともに地表へ向かって運ばれる．マグマが上昇し減圧すると，マグマに溶けきれなくなった揮発性元素が気体として遊離し脱ガスする．現在の地球では，火山性ガスの主成分は表層と地球内部を循環している水蒸気や二酸化炭素であり，硫化水素や水素分子などの還元的な気体は微量である．

20 世紀半ばまで，地球形成時には大気が存在せず，後の火山活動により脱ガスした気体が地表に徐々に蓄積し，大気が形成されたという説が受け入れられていた．しかし，前述のように大気形成をもたらす大規模な脱ガス過程は，惑星形成期にさかのぼる地球の歴史のごく初期に起こったと推測される．

惑星形成期における脱ガス過程としては，微惑星衝突に伴う脱ガス，すなわち衝突脱ガスが重要であったと考えられる．微惑星が衝突すると，衝撃による圧縮・加熱の強さに応じて岩石の変成，融解，蒸発が起こり，含まれていた揮発性成分が気体として放出される．衝突脱ガスは岩石が蒸発するよりも低速度の衝突でも起こる．衝突実験によると，蛇紋岩や炭酸塩岩，炭素質隕石など揮発性元素を多く含む岩石では，約 $3\,\mathrm{km\,s^{-1}}$ の衝突速度に相当する衝撃を加えると，揮発性元素を含有する鉱物が分解し，水や二酸化炭素を放出するようになる．そして衝突速度が約 $5\,\mathrm{km\,s^{-1}}$ に相当する衝撃を加えると岩石自体が融解し，揮発性成分をほぼすべて放出するようになる．これらの速度は月や火星の脱出速度と同程度である．遠方から飛来する天体は惑星の脱出速度程度以上の速度で衝突することから，惑星の集積段階から形成後の隕石重爆撃期の幅広い期間にわたり，衝突脱ガスが起きたと考えられる．

衝突脱ガスで放出される気体の組成は，衝突する天体の組成に依存する．高温条件下での化学平衡組成の計算によると，衝突天体が炭素質コンドライトの場合では，水や二酸化炭素，それについで水素が多くなる．一方，普通コンドライト組成では，水素や一酸化炭素が多くの割合を占める．衝突脱ガスによって放出される気体は，現在の地球の火山性ガスよりも還元的であった可能性が高い．

(2) 宇宙空間への大気散逸

形成期の惑星から大規模に大気が失われる過程は，天体衝突による吹き飛ばしと，太陽からの極紫外線によって上層大気が加熱されて起こる大気流出の二つ

に大別できる.

天体衝突は脱ガスによって気体を供給するのと同時に,もともと存在していた大気の一部を吹き飛ばす可能性がある.衝突地点付近では,衝突によって発生した衝撃波の伝播と岩石蒸気の膨張によって,上空の大気が加速され,惑星外へ失われる.さらに衝突天体が惑星規模のサイズとなると,全球的に惑星内部を伝播した衝撃波が,衝突地点から遠方の地表にも大振幅で到達し,各地点上空の大気が上方へ加速され宇宙空間に失われる.このとき海洋は衝撃波の通過によって急速に蒸発膨張し,上空の大気の加速と散逸を促進する働きがある.数値モデリングの結果によると,地球に火星サイズの惑星が衝突した場合,海洋が存在しない場合は大気質量の 0–2 割,大気の 100 倍の質量をもつ海洋が存在する場合は,大気質量の 6 割以上が失われる.巨大衝突が繰り返し起こることで,希ガスのように,水や岩石との反応性が低く大気中の存在割合が高い気体種が選択的に失われると考えられる.

大気流出あるいはハイドロダイナミックエスケープとは,若い太陽からの極紫外線(EUV)により大気上層で加熱が起こることで高温となった気体が惑星の重力を振り切り宇宙空間へ流出する過程である.大気上層がもっとも軽い原子である水素に富む場合,高い散逸フラックスが期待され,他の重い気体もその流れに引きずられて水素とともに惑星外へと失われる.現在の太陽系の惑星では,地球型惑星ではその大気中に水素が欠乏している.また,巨大惑星では重力が強大なことから,大気流出は生じていない.ただし,恒星近傍を公転する系外惑星の一部には,惑星を取り巻くように広がる水素原子でできた'雲'が確認されており,大気流出が起こっていることを示している.

太陽と同程度の質量をもつ多様な年齢の恒星の観測から,若い恒星は現在の太陽の 100–1000 倍の強い X 線や極紫外線を放出すると推定される.いま仮に若い太陽が同様の強い X 線・極紫外線を放出し,そのうち惑星が浴びた分の 1 割が上層大気の加熱に使われたと仮定すると,地球軌道では 30 bar(1 bar = 10^5 Pa)の水素(水に換算して 1 海洋質量)が 10^7 年程度で失われると推定される.水分子は上層大気中で水素原子と酸素原子とに分解される.したがって水素が散逸すると,結果として,惑星から水が失われることになる.集積エネルギーや太陽光による加熱によって気温が高く保たれる場合には,大気中の水蒸気混合

比が上昇するので，水素散逸に伴う水の損失速度は極紫外線の強度に応じて高くなる．一方，下層大気の温度が低下し水の凝縮が起こると，上層大気中の水蒸気混合比が低下し，水の損失速度は著しく減少する．

（3）原始大気とマグマオーシャン

　地球型惑星の形成は，無数の微惑星が連続的に集積して原始惑星が形成する段階と，原始惑星どうしが巨大衝突により合体する段階の 2 つに分けられる．それぞれの形成段階において，天体衝突で解放される重力エネルギーによって惑星の表面が全球的に溶融すると，マグマオーシャンが形成される．巨大衝突の直後には，短時間に放出される膨大な重力エネルギーによって，深いマグマオーシャンが形成されることになる．

　微惑星の集積によって成長する原始惑星においてマグマオーシャンが形成されるかどうかは，原始大気の保温効果に依存する．微惑星集積で供給される重力エネルギーは衝突により熱に変換され，放射される．これが原始大気によって吸収・地表へと再放射されることで地表温度が上昇し，岩石の融点を超えるとマグマオーシャンが形成される．

　円盤ガス中で集積する原始惑星は周囲のガスを重力で束縛し，捕獲大気を形成する．捕獲大気を形成する条件は

$$M_{\mathrm{pl}} > 1.3 \times 10^{23} \left(\frac{T}{280\,\mathrm{K}}\right)^{3/2} \left(\frac{\mu}{2\,\mathrm{amu}}\right)^{-3/2} \left(\frac{\rho_{\mathrm{pl}}}{3000\,\mathrm{kg/m^3}}\right)^{-1/2}\,\mathrm{kg}$$

で与えられる．M_{pl}, ρ_{pl} はそれぞれ原始惑星の質量と平均密度，T は円盤ガスの温度，μ は円盤ガスの分子量である．地球軌道付近の温度条件では，原始惑星が月程度以上の質量をもったときに，水素やヘリウムに富む捕獲大気が形成される．原始惑星の質量が増加するとともに，より多くのガスを引きつけることで，捕獲大気量は増加する．その結果，大気の保温効果も強くなり，地表温度も上昇する．捕獲大気のみでマグマオーシャンが形成されるには，10^6–10^7 年の集積時間で，原始惑星の質量が 0.3 地球質量以上となる必要がある．一方，衝突脱ガスによって大気が形成された場合は，大気成分は水蒸気など重元素に富む．仮に火星サイズの原始惑星が，隕石年代学から示唆される火星集積期間の 3×10^6 年で集積した場合，20 bar 程度の水蒸気大気があれば，その保温効果によってマグマ

オーシャンが形成される．より現実的には，円盤ガス中で集積する原始惑星には，脱ガス成分と円盤ガス成分の双方からなる原始大気が形成されたと考えられる．いま仮に大気下層が水蒸気だけでなく H_2 や CH_4 に富んだ還元的な脱ガス成分で構成され，大気上層が円盤ガスからなる混成大気で構成されていたと想定すると，原始惑星が 3×10^6 年で火星質量まで集積した場合には，地表大気圧が約 $2000\,\mathrm{bar}$ を超えたところでマグマオーシャンが形成される．

マグマオーシャンの形成がもたらす現象のひとつは，大気，マグマオーシャン，溶融金属鉄間での揮発性元素の分配である．炭素，水素，窒素，硫黄などの揮発性元素は金属鉄に親和性を持つ親鉄性元素でもある．マグマとの密度差によって，溶融した金属鉄がマグマオーシャンを沈降すると，金属鉄に溶解していた揮発性元素もともにコアへと持ち去られる．これらの揮発性元素の低圧下での溶解度から推測すると，炭素，窒素，硫黄は，水素や希ガスよりも金属鉄へ分配されやすい．よって，金属鉄がコアへと沈降すると，残ったマグマオーシャン・大気は，相対的にこれらの元素に枯渇することになる．実際，始原的な隕石と比較すると，地球の大気と上部マントルは，炭素，窒素，硫黄が水素に比べて強く欠乏している．

マグマオーシャンの形成はそれを覆う原始大気の酸化還元度にも影響する．高温条件における化学反応速度の増大と，持続的な天体衝突による攪拌を考慮すると，大気量に比べマグマの量が圧倒的に大きい場合には，下層大気の酸素分圧はマグマの酸化還元度に従うと考えられる．現在の地球の大陸地殻やマントルは一定の割合で Fe^{3+} を含み，マグマオーシャンのマグマの組成が現在のマントルや地殻と同じであった場合には，現在の火山性ガスと同様に水蒸気や二酸化炭素などが原始大気の主成分となる．しかし，地球形成期のマグマオーシャンの酸化還元度は，より還元的だった可能性がある．集積物質から供給される金属鉄の共存下でマグマは還元的になり，その還元的マグマとの化学平衡を仮定すると当時の大気組成は水素や一酸化炭素，メタンが主成分となる．

マグマオーシャンへの揮発性物質の溶解は，原始大気量を決める重要な過程の一つと考えられる．特に，マグマへの溶解度が高い気体種では，マグマオーシャンの成長や固化に伴って，大気量が大きく増減しうる．中でも水蒸気はマグマへの溶解度が高く，同時に強力な温室効果気体でもある．微惑星集積期の原始惑星

上で原始大気中の水蒸気量が増加し温室効果が強まると，まず地表温度が上昇する．すると岩石の融解が進みマグマの量が増える．その結果，水蒸気が大気からマグマオーシャンへと溶け込み，大気水蒸気量の増加が抑制される．地表が溶融している間は，大気中の水蒸気量がこのように調整されながら惑星が成長する可能性がある．

巨大衝突では短時間で莫大な衝突エネルギーが解放され，その結果，惑星は深部まで融解する．深部まで融解した段階から，惑星は宇宙空間へ熱を放射し，時間とともに冷却していく．マグマオーシャンが固化するにつれて，溶解していた揮発性元素のごく一部は岩石に取り込まれるが，残りはマグマへと濃集し，溶解度を超えた分が地表へ脱ガスする．揮発性元素がほぼすべて脱ガスしたとすると，初期のマグマオーシャン中の水・二酸化炭素量が数百 ppm あれば，数百 bar の厚い大気が形成しうる．厚い大気による保温効果は，宇宙空間へ射出される熱放射を減少させ，マグマオーシャンの固化速度を律速する．このように，初期の大気は衝突脱ガスと捕獲ガスを出発点として，形成された初期大気がマグマオーシャンとの平衡を形成しながら徐々に温度を下げていった．その酸化還元状態はこれらの寄与の大小によって変わるために現在もまだ確定していない．

(4) 海洋の形成

大気中に水蒸気があり，十分に地表温度が低下すれば，惑星表面に海洋が形成される．地表温度は，惑星が宇宙空間へ射出する放射と地表に流入するエネルギーとのバランスで決まる．特に，大気が水蒸気に富む場合には，地表に流入するエネルギーが暴走温室限界（3.1 節参照）を上回るかどうかが重要である．形成期の惑星では，微惑星の集積エネルギーあるいはマグマオーシャンの対流によって内部から運ばれる熱フラックスが，地表に流入するエネルギーの大部分を占める．これらが暴走温室限界を上回る間は，大気は暴走温室状態にあり，海洋は形成されない．形成末期にこれらの熱フラックスが低下するにつれ，太陽から受け取るエネルギーがより重要な熱源となる．

ハビタブルゾーンの内側限界 a_{cr} は，暴走温室限界 F_{rw} と太陽から正味で受け取るエネルギーが等しくなる軌道距離として，以下のように書ける（3.1 節も参照）．

$$a_{\mathrm{cr}} \sim 0.83 \left(\frac{F_{\mathrm{rw}}}{280\,\mathrm{W/m^{-2}}} \right)^{-1/2} \left(\frac{S}{0.7 S_{\mathrm{sun}}} \right)^{1/2} \left(\frac{1-A}{1-0.2} \right)^{1/2} \mathrm{au}$$

S, S_{sun} はそれぞれ，惑星形成時および現在において 1 au の距離で太陽から受け取る放射量，A は惑星アルベドである．a_{cr} よりも太陽から離れた軌道では，集積完了後に日射も併せた地表への総エネルギー流入量が暴走温室限界を下回る．この場合，地球質量の惑星では，厚い水蒸気大気に覆われていたとしても，巨大衝突後，数百万年以内にマグマオーシャンが固化し，海洋が形成する．この間の大気流出は限定的であり，巨大衝突直後に惑星が保持していた水はほぼ失われずに残る．

　一方で，a_{cr} よりも太陽に近い軌道で形成した惑星では，太陽によるエネルギーが暴走温室限界を上回るため，海洋は形成されない．さらに，水蒸気大気が 30 bar（地球質量の天体の場合）以上あれば，その温室効果により地表温度は岩石の融点を超えてしまう．つまり，ハビタブルゾーンの内側境界よりもさらに太陽に近い領域で形成した惑星では，水蒸気が十分に失われない限り，マグマオーシャンが維持される．大気中の水蒸気は光分解と大気流出によって失われ，徐々にマグマオーシャンの冷却と脱ガスが進む．金星の原始大気は実際にこのように進化を遂げた可能性がある．

3.2.5　まとめ

　本節では，惑星形成とハビタビリティを支配する諸条件について，そのもっとも詳しい調査研究がなされている地球と，同じ地球型惑星である金星，火星とを比較することで，その最新の理解を解説した．

　［地球・金星・火星の比較］　両隣の惑星，金星および火星と比較すると，地球は二酸化炭素に乏しい大気組成で特徴づけられる．これは表層に液体の水からなる海洋が存在し，地球の表層と内部を巡る炭素循環を通じて二酸化炭素が海中で炭酸塩として固定され，大気から除去されているためである．この炭素循環には，太陽光度の変化など外的条件の変動に対して，温室効果気体である大気中の二酸化炭素量を調節し，地球の気温を安定に保つ働きがある（3.4.1 節参照）．この表層環境の安定化の機構には，大陸の化学風化率の温度依存性が重要である．

　金星は，日射が強いため，仮に海洋が存在したとしても，暴走温室効果を起こ

して海洋はすべて蒸発してしまう．炭酸塩の形成が起きないため，金星の大気中には二酸化炭素が大量に蓄積し，その温室効果のために地表は高温となり，生命の生存に適さない環境になっている．火星は，サイズが小さく，重力が弱いため，大気の大部分を宇宙空間に失った．そのため温室効果がほとんど働かず，地表は凍り付き，生命の生存には不利になっている．地球の表層に液体の水が持続的に存在するには，適度な日射量と，大気をつなぎ留めることのできる惑星質量が必要である．

　［月の形成］　地球は大型の衛星である月を有し，これは金星と火星にない特徴である．月がハビタビリティに及ぼす影響には，地球の気候の安定化など多くの可能性がある．月の形成は，地球集積の最終段階で起きた巨大衝突に起因する．月と地球の物質の同位体組成が類似していることを手掛かりに，月を産んだ巨大衝突現象の発生条件が議論されている．

　［水の供給］　原始惑星系円盤の地球型惑星形成領域では，氷や水を含む固体物質は熱力学的に不安定であり，地球が水を獲得できたのは自明なことではない．水の供給源の候補には，原始惑星系円盤の水素ガス，彗星，小惑星，微惑星が考えられる．円盤水素ガスのみあるいは彗星のみが供給源とする考えは，地球大気の希ガスの存在比率や海水中の重水素の比率などから否定される．小惑星や微惑星が供給源として重要だったと考えられるが，他の供給源との組み合わせであった可能性も否定できない．

　［大気形成］　小惑星においては，水素や炭素など揮発性物質は鉱物中に取り込まれており，地球軌道周辺で形成された微惑星も同様であったと考えられる．これらは惑星に集積する際に衝突脱ガスを起こし，水蒸気等からなる原始大気が形成される．その組成は，水蒸気だけでなく，生命の材料分子の光化学反応等による合成に適した，水素やメタンに富むものであった可能性がある．地球や金星の集積過程の最終段階では，巨大衝突が起き，原始惑星は強い加熱を受けて大規模に融解し，水蒸気を主成分とする高温の原始大気がマグマオーシャンを覆う状態になる．この高温の原始水蒸気大気のその後の進化は，日射の強弱によって，最終的に海洋が形成されるケースと，惑星が水をほぼすべて失うケースに二分される．

　これらの妥当性や一般性は，今後，太陽系や系外惑星系のさらなる観測・探査によって検証され，より深い理解につながってゆくものと期待される．

3.3 火星環境史とハビタビリティ

火星は，現在は寒冷（平均気温 218 K）で乾燥した惑星である．かつて（40億年前）は磁場や厚い大気，そして液体の水（海・湖）が存在していたことが明らかとなっている．このように火星は，少なくてもある一時期において地球に似た表層環境を有し，かつ地球から近距離に位置する生命の存在条件を満たすハビタブル惑星として，比較惑星学およびアストロバイオロジーの観点から，もっとも精力的な研究が行われてきた天体である．極端な考えではあるが，地球よりも先に原始生命が誕生し，火星隕石とともに地球に飛来したという説もある．火星の環境史を生命環境の条件と合わせて考えることは重要である．

3.3.1 ハビタブルゾーンと火星

液体の水が天体の表面に安定して存在すること，これが，ハビタブル惑星の条件である．キャスティングらは，二酸化炭素，水蒸気，窒素を主成分とする地球型惑星を想定し，その地表面温度を計算した（3.1 節参照）．この計算では，太陽を含むさまざまな質量の恒星からの距離に依存して，惑星の受ける放射エネルギーの恒星進化に伴う変化を考慮している．結果として液体の水が安定になる領域（ハビタブルゾーン）として，0.95–1.37 au という値を得ている（暴走温室限界から最大温室効果限界までの範囲．詳しくは 3.1 節参照）．内側の境界は暴走温室効果および光分解で水が失われること（金星の状況）で決まる．また，外側の境界は，二酸化炭素の雲が天体のアルベドを減じることで決まる．さらに，昔の太陽は暗かったことを考えると，46 億年前から継続してハビタブルであるためには，外側の境界は 1.15 au となる．

この結果は，火星（1.5 au）が地球質量の天体であってもハビタブルな環境には単純にはならないことを示している．火星の質量は地球の約 10 分の 1，半径は約 2 分の 1 である．現在の火星の二酸化炭素大気の表面気圧は地球の 1000 分の 6 しかない．二酸化炭素の大気量を増やすと，地表の気圧が数気圧になれば，地表温度は 273 K を超える．現在の金星大気の二酸化炭素量や地球表層の炭酸塩鉱物の量を考えると，火星で数気圧の二酸化炭素を考えることは不自然ではないが，以下で述べるように，二酸化炭素は増えすぎると凝縮して雲を作り負のフィードバックが働くこととなる（詳しくは 3.1 節参照）．

3.3.2 火星大気のパラドックス

40 億年以上昔の太陽光度は，現在の 70 パーセント程度であったと考えられる．地球であれば，二酸化炭素の温室効果で表面温度を高くすることは可能である．ところが，火星では上空の気温が下がると二酸化炭素が凝結して，雪として落ちてしまう．凝結熱のため断熱温度勾配も低くなり，表面温度は抑えられる．太陽光度が現在の 70%のときは，二酸化炭素が凝結しない限界である 1 気圧（10^5 Pa）まで二酸化炭素を増やしても，表面温度は現在と同程度である．二酸化炭素大気の量は数気圧になることはない（図 3.5）．雪として凍結した二酸化炭素は表面の反射率を上昇させることで火星が吸収する太陽エネルギーを減らし，さらに寒冷化を促進させる．

火星表面の流路地形，特に南半球に広く分布しているバレーネットワークの存在は，比較的温暖な環境がしばらく火星に存在したことを示している．二酸化硫黄や水素のような他の温室効果ガスを考えたり，水の雲の効果を考えたりすることで，二酸化炭素を凝縮させずに，火星の表面温度を上昇させることができるという意見もある．しかし，昔の暗い太陽の時代に火星に温暖な環境が生まれたという暗い太陽のパラドックス（3.4 節参照）は本当に解決したとは言えないだろう．さらには，太陽は G 型星としては例外的で，（当初は質量がもっと大きくて，その後の太陽風活動で 10%程度質量を失った結果として）明るさが 10%程度しか増えていないという考えもある．図 3.5 で分かるとおり，この場合は数気圧の二酸化炭素が地表温度を高くすることができる．

3.3.3 ALH 84001 隕石

1996 年夏に，火星由来の隕石 ALH 84001 に，微生物化石が発見されたというニュースが報じられ，関心を集めた．この隕石は，41 億年前に固化した輝石を主成分とする隕石で，酸素同位体組成と希ガスの組成から，代表的な SNC 隕石[*1]と鉱物組成は異なるものの，火星由来とされている．この隕石には炭酸塩鉱物が含まれていて，この炭酸塩鉱物を電子顕微鏡で分析すると，100 nm 程度の

[*1] SNC 隕石：Shergottite, Nakhlite, Chassignite と名付けられた 3 種類の火成岩質の火星隕石で，その頭文字をとり SNC 隕石と呼ばれている．SNC 隕石として 100 個以上の試料が発見されている．

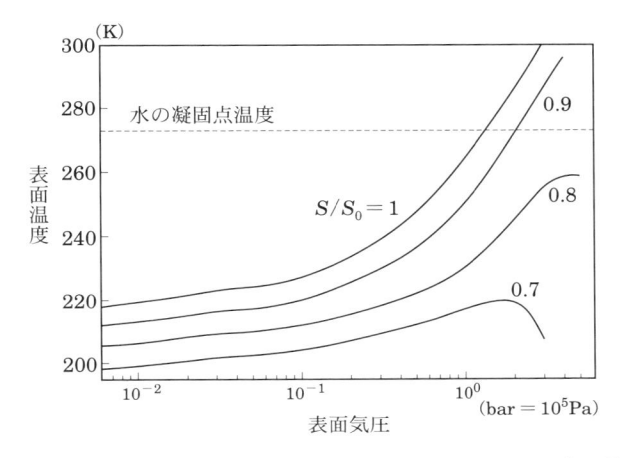

図 **3.5** 太陽光度 S が低い場合の，火星の表面温度．現在の値 S_0 の 80%になると，大気中の二酸化炭素が凝結するため，大気量，表面温度とも，上限がある（Kasting 1991, *Icarus*, 101, 108–128, Ramirez *et al.* 2017, *Nat. Geoscience* 7, 59–63 より）．大気組成は 95%CO$_2$，2%N$_2$ を仮定している．

細長いチューブ状のバクテリアのような構造が多数確認された（McKay *et al.* 1996）．炭酸塩鉱物は水質変成により形成され，一時は 13.9 億年前という若い年代が主張されたが，39 億年（Rb–Sr 年代）から 40 億年（Pb–Pb 年代）前という形成年代が公表されている（Borg *et al.* 1999）．水質変成の温度は，当初は低温から 700°C まで幅があったが，炭素及び酸素同位体の詳細分析から 18±4°C 程度という結果が得られている（Halevy *et al.* 2011）．また，地球の磁性バクテリア中に存在するものと形やサイズが近い磁鉄鉱微粒子も発見されているが，鎖状に並んではいない．発見されたチューブ状の構造や磁鉄鉱微粒子は無機的にも生成されるという研究もある．これらが，本当に生命由来なのかどうかについては，決着は着いていない（否定的な意見の方が強いようだ）．しかし，ALH 84001 は，地下微生物の研究を促したこと，そして研究者のみならず一般の人々の火星探査への興味をかき立てたことは間違いない．バクテリア説を否定する立場にたっても，39–40 億年前の火星表層に水質変成が進行するような場所があり，二酸化炭素濃度が高かったことは間違いない．火星進化ではノアキアン（38 億年以前）にあたり，広範囲にバレーネットワークが形成された時期に対応している．

3.3.4 火星の水と地下湖

火星の表面温度，圧力は低く，たとえ，温度を上げたとしても，液体の水は表面では不安定である．火星の南極，北極には，2–3 km の高さの極冠があり，ほとんどが水の氷だが，表面は二酸化炭素の氷層があり，大気の圧力をコントロールしている．マーズエクスプレスに搭載された電波レーダー MARSIS による南極域の探査から，南極冠および周囲の堆積物に含まれている水の量が，1.6×10^6 km^3，火星全表面平均では深さ 11 m になることが明らかになった（Plaut *et al.* 2007）．これは，地形から見積もられていた北極冠の水量とほぼ同じである．しかしこの水量では，火星の広い範囲の流路地形を説明することはできない．初期の火星を温めていた二酸化炭素大気の大部分とともに，火星表層から水も失われたと考えられる．火星の地殻物質の空隙率が高ければ，水は地下に浸透していくことができる．現在もかなりの量の水が，氷や含水鉱物の形で火星の地下に蓄えられている可能性がある（3.3.5 節参照）．しかし，二酸化炭素の地中への固定は容易ではない．水が凍ると岩石の風化を通じた二酸化炭素の固定プロセスも停まってしまうからである．したがって，過去に存在したと考えられる大量の二酸化炭素大気は，宇宙空間に散逸したと考えられる．重力の小さい火星では，天体初期の激しい衝突による大気の剥ぎ取りも有効かも知れない．おそらく，大気流出のきっかけはダイナモ磁場の休止にともない，太陽風が直接上層大気と相互作用するようになったからであろう．この大気散逸過程は現在でも進行中である（大気散逸については，佐々木ら 2019 の 5.5 節を参照）．

電波レーダー MARSIS は，極冠の厚さの測定を行った他に，南極冠の近く極域堆積物（緯度 80 度）の地下約 1.5 km に強く電波を反射する幅 20 km 程度の領域を発見した．この強い電波反射はさまざまな衛星軌道で何度も確認されており，液体の水の存在を強く示唆している（図 3.6 参照）．ただし，これが本当に地下湖なのか，水を大量に含む堆積層なのかは不明である．地球の南極氷床の下には，いくつかの湖が存在することが知られていて，独自の生態系が存在するのではと考えられている．火星の地下湖にはおそらくさまざまな塩類が融け込んでいるため，低温でも液体として存在することが可能であろうと推測される（塩化カルシウムだけで，凝固点は 50 度下がる）．

火星にはフォボス，ダイモスという 2 つの衛星がある．以前は，二つの衛星は

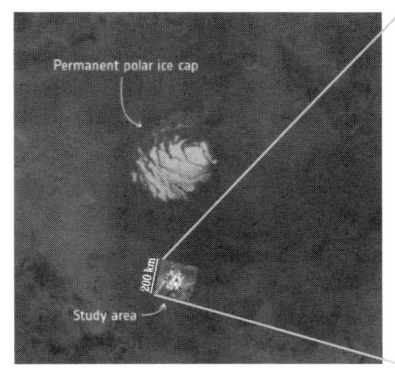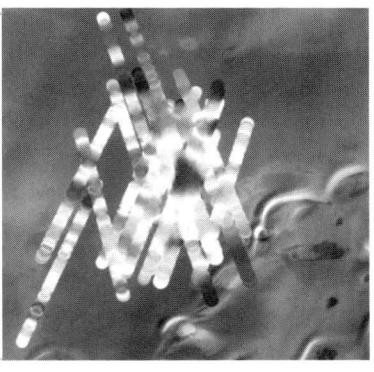

図 **3.6** 火星の地下湖（口絵 5 参照）．左図が南極冠との位置関係をあらわす．右の拡大図の中央の濃い灰色三角形の部分が電波の反射が強く液体の水が存在すると考えられる領域．中心の三角形に見える領域が地下湖と考えられる（Orosei *et al.* 2018，ESA/NASA）．

火星に捕獲された炭素質コンドライト天体と考えられていたが，火星へ天体が衝突したときの破片が集まって形成されたというモデルもあり，この場合は火星物質が衛星で発見される可能性がある（MMX 計画，後述）．衛星質量が小さいため，地球—月系と異なり，火星の自転軸の傾きは不安定で長時間で大きく変化する（500 万年前は傾きが 45 度を超える）．自転軸が大きく変わると，夏の高緯度域の温度が上がり，火星の極冠は，不安定になる．そのため，極冠の寿命は高々数千万年程度とも考えられている．火星表層物質の熱拡散率を $10^{-7}\,\mathrm{m}^2\,\mathrm{s}^{-1}$ と仮定すると，温度変化は数 km の深さまで及ぶ可能性がある．たとえ，地下湖が現存するとしても，億年単位で継続するとは考えにくい．

3.3.5 地質記録に残された火星環境進化史

　火星のダイナミックな環境進化は，地質記録として火星地殻に記録されている．火星地殻は年代・組成・地形学的に明瞭な二分性を持ち，年代の古い（ノアキアン，約 37–45 億年前）玄武岩質な岩石で覆われている南部高地（地殻の厚さ約 60 km）と，比較的年代が若く（ヘスペリアン，約 30–37 億年前）変質した玄武岩堆積物で覆われていると考えられる北部低地（地殻の厚さ約 30 km）に分け

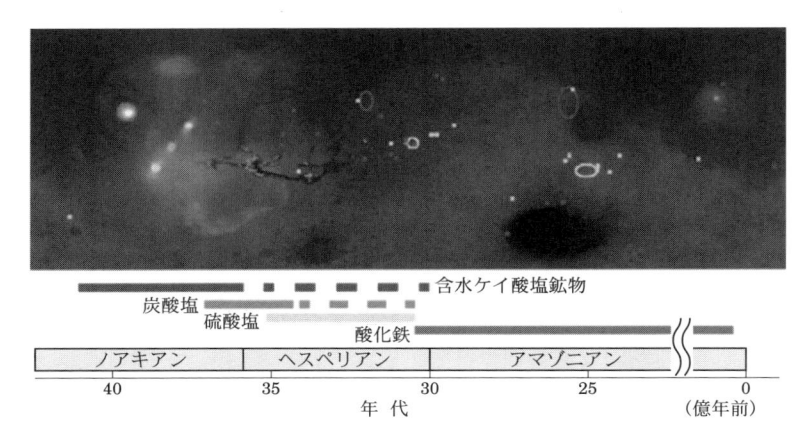

図 **3.7**　変質鉱物の分布図（上）．鉱物種の色分けは地質年代区分
図（下）に示されたものと対応している（口絵 6 参照，Bibiring
et al. 2006 および Ehlmann *et al.* 2014 を基に作成）．

られる．地殻二分性の成因については，外因性（たとえばジャイアントインパク
ト説）及び内因性（たとえばマントル対流）の両者が提案されている．また，
半球規模での二分性地殻に加え，北部低地よりさらに年代が若く（アマゾニア
ン，約 30 億年前以降），大規模なプリューム活動によって形成されたと考えられ
るエリシウム火山および複数の楯状火山からなるタルシス高地（地殻の厚さ約
100 km 以上）が存在する．

　この火星地質区分（ノアキアン・ヘスペリアン・アマゾニアン）はもともとク
レーター年代学に基づき分類された．この地質区分は地殻二分性を伴う地形学
的特徴に加え，表層の水成・風成鉱物の分布状況とも大局的な相関を示す（図
3.7）．粘土鉱物に代表される含水フィロケイ酸塩鉱物は，もっとも古い地質年代
区分であるノアキアンに顕著に認められる．ヘスペリアンでは，フィロケイ酸塩
鉱物の割合が相対的に減少し，炭酸塩鉱物や，その層序学的上位に硫酸塩が分布
する．一方，もっとも若い地質年代区分であるアマゾニアンには無水鉱物や酸化
鉄が卓越している．

　流体の存在下で形成される粘土鉱物や炭酸塩・硫酸塩鉱物の存在は，少なくて
もノアキアン・ヘスペリアンにおいて液体水が存在した時期があったことを強く
示唆する．また，高い水－岩石比の環境において形成される粘土鉱物，中性～塩

基性溶液中で安定な炭酸塩，酸性流体からの蒸発物として形成される硫酸塩の年代分布から，火星環境は表層水量の減少に伴い酸性化していったと考えられている．

　過去の液体水量は地形データを基に見積もられてきた．たとえば，三角州などの地形情報を基に推定された海岸線の高度分布と，クレーター密度から得られた年代情報を組み合わせることで，古海洋の体積の時代変化を推定することが可能である．その推定の結果，全球の約 1/3 に相当する北部低地を覆い尽くす古海洋が，ノアキアン・ヘスペリアンの一時期において存在していたことが示されている．しかし，このような地形学に基づいた推定は，地質記録が残されていない約 42 億年以前の海の情報や，地下水圏に関する情報が得られないといった手法上の限界が存在するため注意が必要である．

　近年，火星の水の貯蔵層として，地下水圏や地下凍土層の存在が着目され始めている．たとえば，レーダーサウンダーを用いた地下構造探査により，古海洋に匹敵する量の水が現在でも氷として地下に存在している可能性が示唆されている．一方，可視光による観測では，中緯度地域に層厚 100 m を超える地下氷そのものの露出が多数確認された．また，低緯度地域では，地下帯水（氷）層からの季節的な塩水の浸出で形成されたと解釈されている地質現象が発見されている．この現象は，クレーター壁などの傾斜地に卓越し，年毎に繰り返し現れることと，直線状であることから Recurring Slope Lineae（RSL）と呼ばれている（図 3.8）．

　ノアキアン・ヘスペリアンにおいて，液体水は静的な古海洋として存在しただけでなく，動的な流体として扇状地や三角州といった堆積構造や，複雑な谷地形を形成した．特に，ヘスペリアンでは，大規模な洪水地形の 1 つであるアウトフローチャネルが卓越しており，大量の流体が集中的に火星表面に流出したことを示している．アウトフローチャネルの形成要因に関しては，天体衝突による地下凍土層の融解や，火山活動による一時的な温暖化などが挙げられているが，統一的な見解が得られているわけではない．一方，過去においても，液体水が火星表面に安定的に存在できるほどの十分な大気圧や効果的な温暖化ガスは考えにくく，水の多くが地下水，凍土層，あるいは氷床として存在していたという説も有力である．

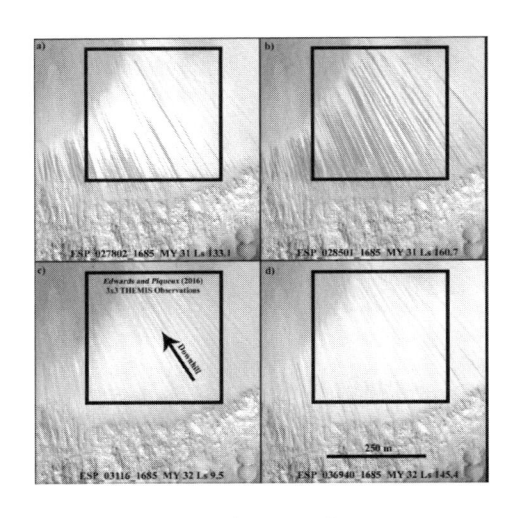

図 **3.8** RSL の季節変化を表した図（Stillman *et al.* 2017）

3.3.6 火星生命探査の歴史

火星生命探査の歴史は 19 世紀後半，火星大接近を契機に行われた天文観測に遡る．1877 年にイタリアの天文学者スキャパレリ（G.V. Schiaparelli）により，火星に直線的な網目状の模様があることが報告された．その後，アメリカの天文学者ローウェル（P. Lowell）は，それら網目模様が幾何学的な形状をなしていることから，火星生命体による人工運河であると結論付けた．結局，彼の運河説は否定されることになるが，火星は単なる天文観測の対象から，地球外生命の存在が示唆される天体として興味が持たれることになった．

1960 年代に入り，月に続く探査対象として多くの探査機が火星に送られるようになった．初の火星フライバイに成功したマリナー 4 号，火星軌道投入に成功したマリナー 9 号（ともにアメリカ）により，多くの画像が送られてきた．初の火星着陸は旧ソ連によるマルス 2 号であるが，着陸後に科学観測を成功させたのは，NASA によるバイキング計画であった．

バイキング計画は着陸機と周回機 2 機ずつからなる．着陸機は 90 kg を超える科学測機を搭載し，主目的である生命代謝・有機物検出実験を始め，大気組成分析・地震計測・岩石組成分析といったさまざまな観測を行った．結局，生命の存

在を示唆する強力な証拠は得ることができなかったものの，我々の火星に関する知見はバイキング計画により大幅に増加することとなった．

　バイキング計画の後，NASAの火星探査の主目的は，火星生命そのもの（あるいはその痕跡）を検出することから，生命の存在可能性に大きな影響をおよぼす「液体水（およびその痕跡）の検出」に移行していった．

　バイキング後の火星探査のハイライトは，同型の2機のローバー（スピリットとオポチュニティー）によるマーズ・エクスプロレーション・ローバー（MER）計画であろう．両ローバーは，アセィーナと呼ばれる多彩な科学測機パッケージと，広範囲を移動できる機動力により，我々人間が地球で行ってきたものに比較的近い形での地質・岩石調査を可能とした．

　オポチュニティーの着陸地点であるメリディアニ平原では，水の関与が強く示唆されるさまざまな地質学的証拠が数多く発見された．メリディアニ平原の堆積層に分布している硫酸塩鉱物や，"ブルーベリー"と名づけられた球粒状の赤鉄鉱は，地球上での塩湖に認められるような，酸性流体からの蒸発によって形成されたと考えられている．また，流水による堆積作用を強く示唆する，トラフ型斜交成層と呼ばれる波状の模様を示す堆積岩露頭も報告されている．一方，スピリットの着陸地点であるグセフクレーターからは，熱水活動に伴って形成されたと推察されるオパールや炭酸塩の濃集した岩石露頭が報告された．

　MER計画に続くフェニックス計画では，太陽電池による活動エネルギー確保の理由から避けられてきた高緯度地域（北緯68度）への着陸が試みられた．フェニックス計画では，地下氷の存在に加え，土壌中から炭酸塩や過塩素酸の検出に成功した．過塩素酸は生命の存在を危うくする強酸化剤である反面，その過塩素酸をエネルギー源として活動する地球生命も存在することから，火星生命の存在条件を考えるうえで重要な発見となった．

　2012年8月には，マーズ・サイエンス・ラボラトリー（MSL）計画により，MERローバーの10倍以上の重量の科学測機（85 kg）を搭載したローバー（キュリオシティ）がヘリシウム平原南部のゲイルクレーターへの着陸に成功した．キュリオシティはクレーター内部の堆積層を分析し，過去の液体水の存在を示唆する多種類の粘土鉱物・硫酸塩・過塩素酸塩を報告した（図3.9）．また，同じ地層から生命活動との関連が示唆される多種類の有機化合物を検出し，大気中に間

図 **3.9**　キュリオシティローバーによって撮影された，湖底堆積物層に発達した硫酸塩などからなる脈（白い部分）（口絵 7 参照，NASA/JPL-Caltech/MSSS）

欠的なメタンガスの放出を観測した．キュリオシティは，2024 年 5 月現在でも，活動を続けており，今後も成果が期待される．

3.3.7　今後の火星生命探査：火星・火星衛星サンプルリターン

　今後の火星生命探査では，火星圏からのサンプルリターンが主軸となる．従来のリモートセンシングに頼らざるを得ない着陸機・周回機による火星探査では，得られる科学データに限りがあるだけでなく，実験室とはまったく異なる環境・条件での分析を強いられるため，探査データの取り扱いに注意を要する．一方，隕石（火星隕石）を用いた研究では，実験室における詳細な岩石記載・化学分析により高精度の科学情報が得られる反面，産状の不明瞭な隕石試料から得られた情報が地質学的に多様な惑星である火星をどれだけ代表しているかという問題をつねに伴う．サンプルリターンは，これらリモートセンシング探査と隕石研究の欠点を補う探査として，国際的な枠組みでの検討が本格化している．

　NASA および ESA が主導する火星サンプルリターン計画（MSR: Mars Sample Return）では，多様な湖底堆積物が認められるジェゼロ（Jezero）クレーター（図 3.10）からのサンプルリターンを目指し，キュリオシティと同型のローバー（パーサビアランス，Perseverance）が 2021 年に火星着陸に成功した．このパーサビアランスと火星ヘリコプター「インジェニュイティ」から構成され

図 **3.10** パーサビアランスが着陸したジェゼロ・クレーター内西側の三角州（USGS）．三角州の横方向のスケールは 5 km.中央部のクレーターの直径は約 800 m.

るミッションをマーズ 2020（Mars2020）と呼ぶ．マーズ 2020 により回収された岩石や土壌などの試料は，2026 年に打ち上げ予定のリターンオービターおよびリターンランダ—により収納・回収され，2031 年に地球への帰還が計画されている．MSR によって回収される湖底堆積物にはバイオマーカーを含む多種類の有機物が含まれると予想される．これら有機物に加え，火星生命の化石，あるいは現存する生物そのものが存在している可能性も考えられ，それらの分析を通じ，火星の生命存在に関する決定的な証拠が得られると期待される．また，火星生命の痕跡が得られた場合には，地球生命との比較により，宇宙における生命の普遍性や進化に関する新たな知見が得られると予想される．

　MSR と相補的な探査として，火星の衛星（フォボス・ダイモス）からのサンプルリターンが，日本主導で検討されている（火星衛星サンプルリターン計画，MMX; Martian Moons eXploration）．探査対象のフォボスは，太陽系の衛星の中でもっとも主惑星に近く，火星の表面から 6000 km 以内の軌道を回っている．そのため，MMX により回収されるフォボスの表土には，火星から飛来した物質が存在していると予想される．フォボス表土に含まれる火星飛来物質には，火星由来の有機物（もしかすると生命の痕跡）が存在している可能性があり，MSR で得られる試料との比較から，生命あるいは生命前駆物質の惑星間移動に

関する物的証拠が得られるのではないかと期待されている.

3.4 地球環境史とハビタビリティ

3.4.1 地球のハビタビリティ

　地球はなぜハビタブルであるのか. その理解は太陽系や太陽系外におけるハビタブル惑星を理解する上での基礎になる. ここではハビタビリティのもっとも基本的な概念のひとつである, 気候の長期的安定性に関する議論を簡単に紹介する.

　主系列星である太陽は, 誕生時には現在の約70%程度の明るさしかなかったと推定されており, その進化とともに明るさを増している (図3.11). その結果, 太陽の周囲を公転している地球の気候にも大きな影響が及ぶ. すなわち, 地球が受け取る太陽放射が時間とともに増大するため, 地球の気候は長期的に温暖化の強制力がはたらいてきたことになる.

　仮に, 現在の地球を基準に考えてみよう. 地球の大気組成が過去においても現在と同じだったと仮定して, 太陽放射のみを低下させてみる. すると, 約20億年前以前の地球史前半においては, 地球の全球平均気温は氷点下となり, 地球は誕生以来ずっと全球凍結していたことになる (図3.11). しかし, 地球には約39億5000万年前からほぼ連続的に海洋が存在し続けてきた地質学的証拠があり (さらに約44億年前にはすでに液体の水 (～海洋) が存在していた証拠も知られている), しかも約30億年前より以前の古海水温は, 現在と同等かそれよりもずっと高かったという推定がある. このことは, 上述の理論的推定と矛盾する. これは「暗い太陽のパラドックス」として知られる古典的命題である.

　暗い太陽のパラドックスは, 過去の地球大気中には温室効果ガスが現在よりも大量に存在していたとすることで解決する. 大気の温室効果によって低い太陽放射の影響が相殺されていたと考えることができるからである. その温室効果ガスの最有力候補は二酸化炭素であると考えられている. 二酸化炭素は, 金星や火星の大気の主成分であり, 地球上にも石灰岩などの炭酸塩鉱物の形で大量に存在している. 現在堆積岩として固定されている二酸化炭素はもともと環境中に存在していたものであり, その総量は数十気圧分にも相当する. したがって, かつての地球大気中には現在よりもずっと多量の二酸化炭素が存在していたと考えてもお

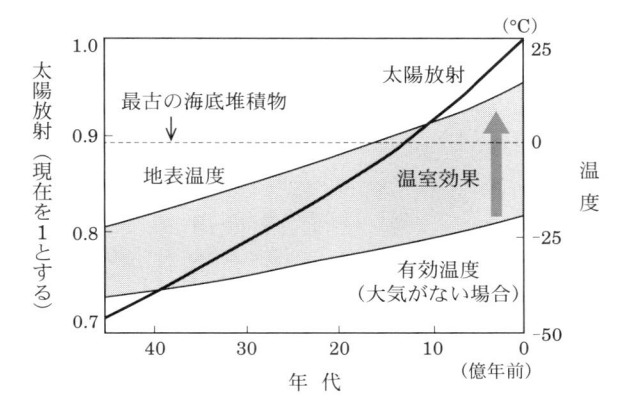

図 **3.11** 暗い太陽のパラドックス．太陽光度の時間的増大（太線）と大気組成も惑星アルベドも現在と同じだとしたときの地表気温の時間変化．

かしくはない．それでは，大気中の二酸化炭素と太陽放射とはどのような関係にあるのだろうか？

　そもそも大気中の二酸化炭素濃度は，大気への二酸化炭素の供給と大気からの二酸化炭素の除去のバランスによって決まっている．それは「炭素循環」と呼ばれる物質循環システムの一部を構成している（図3.12）．二酸化炭素の大気への供給は，主として火山活動が担っており，大気からの二酸化炭素の除去は，主として地表面の化学風化反応と海洋における炭酸塩鉱物の沈殿が担っている．

　地表面の化学風化反応とは，二酸化炭素が水に溶けて炭酸となり，地表面を構成している岩石（鉱物）を溶解する反応のことである．この溶解反応によってカルシウムイオンなどが溶けだし，河川を通じて海洋に運ばれる．海洋においては，カルシウムイオンが炭酸イオンと反応して炭酸カルシウムのような炭酸塩鉱物として沈殿する．これらは一連の反応と考えることができ，結果的に大気中の二酸化炭素を除去する役割を担っている．

　ここで重要なことは，化学風化反応には温度依存性があるという点である．温暖化によって反応速度が増加すれば二酸化炭素の除去率が増加することになるため，大気二酸化炭素濃度の増大，すなわち温暖化を抑制する．一方，寒冷化が生じた場合は逆に大気からの二酸化炭素の除去率が低下するため，火山活動によっ

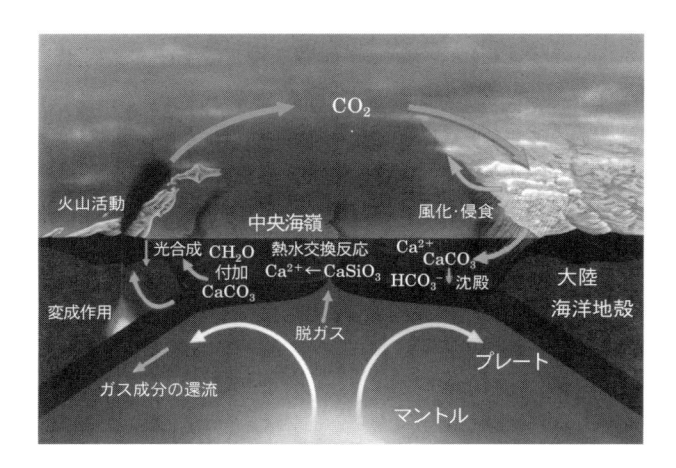

図 3.12　地球の炭素循環の概要（©Studio L/ Studio R）．二酸化炭素は火山活動によって大気に供給されるが，大陸表面の化学風化作用と海洋における炭酸塩鉱物の沈澱や生物の光合成活動によって消費される．ここで，化学風化作用の温度依存性によって，大気中の二酸化炭素濃度は，地表面温度が平衡状態となるように，自己調節されていると考えられている．

て二酸化炭素が定常的に供給されていれば，二酸化炭素が正味で蓄積することになる．それによって二酸化炭素濃度の低下，すなわち寒冷化を抑制することになる．

　これは，一般に負のフィードバックと呼ばれ，システムの暴走を防ぎ，システムを安定化するはたらきである．発見者の名前を取って，「ウォーカー・フィードバック」と呼ばれている．この働きによって，地球の気候は長期的に安定化されており，暴走的な温暖化や寒冷化が起こりにくくなっている（Walker *et al.* 1981）．太陽放射が増大すれば，温暖化が生じることが予想されるが，ウォーカー・フィードバックが働くことによって，大気中の二酸化炭素濃度が低下し，気候は安定に保たれる．このはたらきが現在まで続いてきたと考えると，現在の地球大気中に二酸化炭素がごく微量（産業革命以前で ~ 280 ppm）しか含まれていない理由も理解できる．

　こうした気候の長期的安定化メカニズムの存在は，地球がハビタブルな惑星である本質的な理由のひとつであると考えられている．

3.4.2　初期地球環境

　地球は微惑星の集積によって形成されたと考えられているが，集積の後期過程は，火星サイズの原始惑星同士の巨大衝突で特徴づけられる．最後の巨大衝突で月が形成されたとする巨大衝突説（ジャイアント・インパクト説）が有力視されているが，巨大衝突によってそれまでの原始大気の大部分は吹き飛ばされ，地球は内部まで大規模に溶融して，マグマオーシャンが形成されたと考えられる（3.2 節参照）．もし地球の材料物質が水を含んでいれば，それらはマグマオーシャンから吐き出され，水蒸気大気を形成した可能性が高い．地球内部はきわめて高温に加熱されるため，地表に向かって非常に大きな熱の流れが生じたはずである．この結果，地表面に供給される総エネルギー量は，水蒸気大気の射出限界を上回っていたと推定される．すなわち，巨大衝突直後には暴走温室条件（3.1 節参照）が実現されていた．

　このときの大気は水蒸気や二酸化炭素が主成分であると考えられるものの，マグマオーシャン中にもし金属鉄が共存していたとすると，水蒸気と反応して酸素を奪うため，気相は著しく還元的になり，水蒸気と同程度の水素が共存することになる．また，二酸化炭素よりも一酸化炭素が優位となる（3.2 節参照）．金属鉄は，高密度であるがゆえに重力的に沈降して中心核（コア）を形成する（阿部 2017）．

　暴走温室条件は数百万年程度継続するが，やがて地球内部が冷えてくるとエネルギー流量の低下により，暴走温室条件は破れ，水蒸気大気は凝結して数千年にわたって地表に雨を降らせ，原始海洋が形成される（阿部 2017）．このとき，大気中に塩素や硫黄の化合物が含まれていたとすると，雨は高温（〜 200°C）かつ強酸性を呈することから，地表を構成する岩石と激しく反応し，原始海洋は急速に中和されたと考えられる．

　その後，数億年間にわたって，小天体の重爆撃が続いたと考えられている．これは月面に分布する衝突クレーター密度と米国アポロ計画等の月着陸地点である複数地域の岩石試料を地球に持ち帰って年代測定した結果との対応関係から推定されているものである．ちなみに，約 39 億年前頃に衝突頻度のピークがあったとするカタクリズムもしくは後期隕石重爆撃（late heavy bombardment）と呼ばれるイベントが生じた可能性が示唆されている．この説明として，太陽系形成

後の惑星移動によって，数億年を経てそのような衝突イベントをもたらすとするニース・モデルが注目されている．しかし，実際にカタクリズムが生じたのかどうかは必ずしも明らかではなく，当初から否定的な見解があることには注意が必要である．

いずれにせよ，初期地球環境の特徴として，現在よりも天体衝突頻度がはるかに高かった可能性はほぼ間違いなく，それによる地球環境や生命の起源への影響がさまざまに議論されている．衝突天体のサイズ分布を考慮すると，海洋全体が蒸発するような大衝突イベントも何回か生じた可能性があることや，生命は何度も誕生しては絶滅を繰り返してきた可能性，あるいは衝突を避けて地殻中に逃げ込んで高温環境に適応した生命がその後拡散した可能性などが議論されている．また，衝突によるイジェクタ（衝突破片）のサイズ分布と量を考慮すると，地球は全球凍結してしまっていたのではないかとする推定もある．これは，ダストのような細かい衝突破片が大量に生産されると，化学風化が生じる岩石の実効的な表面積が増加するため，化学風化効率が劇的に増加して二酸化炭素が急速に除去されるからである．

地球上で生命が誕生したのは，そのような時代であったものと考えられている．最古の生物化石は約35億年前にさかのぼるが，それ以前にも生命活動の痕跡は残されている．当時の有機炭素は，変成作用によって現在ではグラファイト化されているが，その炭素同位体比を分析すると，生命活動に特徴的な同位体比の変化（炭素同位体分別効果）がみられる．従来は，約38億年前の西グリーンランドのイスア地域における炭素同位体記録が有名であったが，最近では約39.5年前のカナダ東部ラブラドル半島のザグレック岩体から同様の証拠が得られた．さらに，約41億年前の西オーストラリアのジャックヒルズから産出するジルコン粒子中からもそうしたデータが得られており，すでに約40億年前には生命活動が生じていたらしい証拠が続々と発見されている．したがって，地球上における生命の起源は約40億年前より以前である可能性は高い．

いまから35–30億年前まで時代を下ると，すでに地球上では多様な生命活動が生じていたことが化石記録からもうかがえる．当時の古海水温を復元する研究によると，チャート中の酸素同位体比の分析から当時は55–85°Cという，高温環境だった可能性が示唆されてきた．同じ結果が，チャート中のケイ素同位体比

からも示唆されているほか，現生生物から復元された祖先型タンパク質の熱耐性を調べる実験によっても，同様の結果が得られている．最近では，海洋表層に生息して光合成を行うシアノバクテリアの祖先型タンパク質復元からも同様の結果が得られた．こうした推定結果には反論も多いが，少なくとも 30 億年前以前の地球が寒冷であったとする証拠はなく，現在と同程度か現在よりも温暖であった可能性が高い．

なお，酸素発生型光合成を行うシアノバクテリアの出現以前は，水素や鉄を電子供与体として用いる酸素非発生型光合成細菌が基礎生産を担っていたものと考えられているが，生産された有機物は最終的にはメタン生成古細菌（メタン菌）によってメタンと二酸化炭素に分解され，大気中に放出されていたものと考えられる．メタンは強い温室効果ガスでもあるため，これによって気候はさらに温暖化するようにも思われるが，ウォーカー・フィードバックがはたらく結果，二酸化炭素濃度が相対的に低下することで気候を安定化するものと予想される．実際，古土壌を用いて推定される古二酸化炭素濃度は，少なくとも約 22 億年前頃までは，太陽光度の低下を補うのに必要とされる二酸化炭素濃度よりも低かった可能性が示唆されており，その足りない分はメタンの温室効果によって補われていた可能性が提唱されている．

3.4.3　大酸化イベント

地球史における最大の地球環境変動は，いまから約 24.5 億–21 億年前に生じた「大酸化イベント」（Great Oxidation Event; GOE）と呼ばれる現象であろう（図 3.13）．このとき，大気中の酸素濃度は現在の十万分の一以下から百分の一程度にまで急上昇したと考えられている．これがなぜ地球史上最大の環境変動かといえば，このとき地球表層環境の酸化還元状態が一変したからである．

地球誕生以来，大気中の酸素濃度はきわめて低かったと考えられている．大気光化学反応で生成される酸素濃度は現在の十兆分の一レベルだったと推定されており，事実上の無酸素環境（嫌気的な環境）であった．嫌気的な環境下では，地球表層で生じる化学反応は現在とは大きく異なるものであり，大気や海水の化学組成も現在と異なっていたはずである．生命はそのような環境で誕生し，進化してきたことになる．

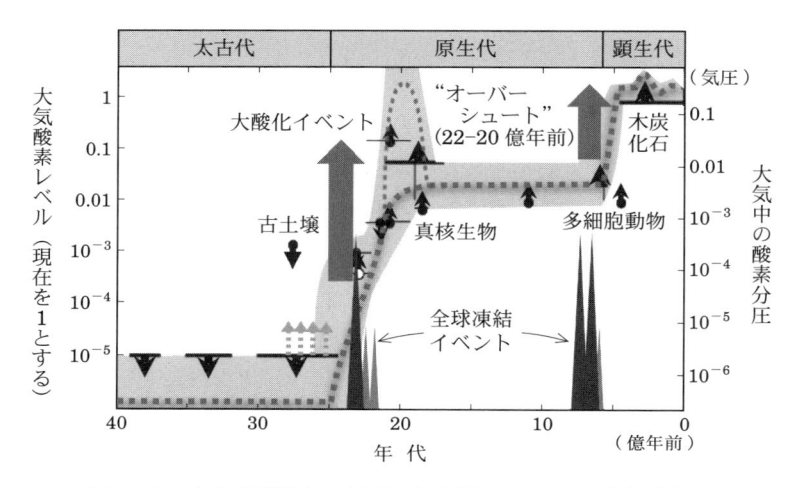

図 3.13 大気酸素濃度の変遷と全球凍結イベント．大気酸素濃度は，約 20 億年前に急上昇した後，約 6 億年前にも再び急上昇して現在のレベルに達したと考えられている．2 回の急上昇イベントの直前には，全球凍結イベントが生じている．

　ところが，大酸化イベント以降は富酸素的な条件（好気的な環境）となり，環境中では酸素が関与するような化学反応が生じるようになる．このことが生命に大きな影響を与えたことは確実である．酸素を利用した酸素呼吸によるエネルギーの獲得は，好気的環境への適応進化においてきわめて重要な意味を持っていたといえる．そうした好気性の生物を細胞内に取り込んだ真核生物の出現も，富酸素環境への適応進化であるとみなすこともできる（2.2.4 節参照）．逆に，嫌気性の生物は，海洋深部や堆積物内部などの酸素のほとんどない環境へ追いやられることになった．ただし，海洋深部まで富酸素的になるのはいまからほんの数億年前の話で，それ以前は長い間，大気は好気的環境だが海洋は表層を除いてほとんどが嫌気的環境という状況が続いていたらしいことが分かっている．

　大酸化イベントの成因は，酸素発生型光合成生物の出現と関係しているはずであるが，そのような生物（シアノバクテリア）がいつ出現したのかは，実はよく分かっているわけではない．しかし，少なくとも 25 億年前以前の太古代においても，環境が微妙に酸化的条件になったことを示唆する微量金属元素の濃集が知られており，環境中の酸素濃度が揺らいでいたらしいことが示唆されていること

から，シアノバクテリアの出現は約 27 億年前頃ではないかとも考えられている.

それでは酸素発生型光合成が生じるようになったにもかかわらず，なぜ環境中の酸素濃度の上昇までに時間がかかったのであろうか．それは一般に，酸化剤と還元剤の収支が変わったことで説明される．すなわち，酸素発生量が還元剤の供給量を上回ることで，環境中に酸素が蓄積できるようになったということである．具体的には，火山ガスによる還元的気体の供給率や海底熱水系からの鉄の供給率が低下するか，酸素発生型光合成活動が活発化するといったことによる．それが地球史半ばに生じたことの説明については，昔からさまざまな仮説が提案されているが，必ずしも単純ではない．実際には，酸化還元収支はつねにつり合っている必要があるため，大酸化イベントの前後でも酸化剤と還元剤の収支はつり合っているはずで，酸化還元システムの安定性の議論が必要となる.

一方，大気中の酸素濃度は 6–8 億年間にも急上昇を経験したらしいことが知られており，原生代後期酸化イベントと呼ばれている．この結果，大気酸素濃度は現在と似たようなレベルにまで上昇したらしい．すなわち，酸素濃度は地球史において大きく二回の時期に段階的な上昇を経験してきたことになる（図 3.13）.

最近の数億年間は，大気酸素濃度は 15–35% 程度で変動しているらしいことが示唆されているが，大気中の酸素の平均滞在時間（入れ替わり時間）が数百万年程度であることを考えれば，これはほぼ一定レベルに安定化されているとみることもできる．何らかの負のフィードバックメカニズムが存在していることは間違いなく，これまで多くの候補が提唱されているが，それが何かは現時点でもよく分かっていない．このことは，現在の大気中の酸素濃度がなぜ 21% なのかを原理的に説明できないことを意味しており，これが酸素濃度の議論を難しくしている.

太陽系外地球型惑星の大気に酸素が含まれているかどうかを天文学的に観測しようとする計画があるが，地球史をふりかえると，酸素発生型光合成生物の出現は地球史半ばのことであり，さらに検出可能な酸素レベルになったのは，45 億年の歴史のなかで最近 5 億年程度の期間であり，それがどのように安定化されているのかといったメカニズムもよく理解されていないことには注意が必要であろう.

とりわけ興味深いのは，酸素濃度が上昇した 2 回の時期には，地球が全球凍結したらしいという事実である．次項で，その問題について紹介する.

3.4.4　全球凍結イベント

いまから，約 24 億年前，約 7 億年前，約 6.4 億年前の 3 回の時期には，当時の赤道域に，現在の南極大陸を覆っているような巨大な大陸氷床が存在したことを示唆する証拠（低緯度氷床が存在した証拠）が発見されており，当時の地球は完全に凍結していたのではないかと考えられるようになった．この現象を「スノーボールアース（全球凍結）イベント」と呼ぶ．全球凍結したと考えると，同時代に見つかっている他の謎めいた地質学的特徴も無理なく説明することができる（田近 2007）．

地球が全球凍結すること自体は理論的にはよく知られている．すなわち，氷の高いアルベド（反射率）によって，全球凍結した地球は正味の太陽放射が低い一方で，低温のため地球放射も低く，両者がつりあった安定な平衡状態が実現される．その温度は氷点下 30–40°C 程度であり，いったん全球凍結したらその状態から抜け出すことは困難である．水が凍れば生命は生存できなくなることから，地球史においてそのような状態には一度もならなかったはずだと考えられてきた．

ところが，全球凍結したことを示唆する地質学的証拠が複数の時代で見つかったことから，もし地球が全球凍結しても，その状態から抜け出すことができたはずである．その理由は，全球凍結中でも火山活動は生じていたはずで，それによって大気中に二酸化炭素が放出されていたためだと考えられている．二酸化炭素は，水に溶ける性質があるが，全球凍結下では，水は凍結しているので化学風化作用によって消費されることがない．また生命の光合成活動によって消費されることもない．したがって，二酸化炭素は長い時間をかけて大気中に大量に蓄積することが可能であり，数百万〜数千万年かければ現在の数百〜数千倍の量が大気中に蓄積され，その温室効果で氷を溶かすことができるものと考えられる．このようにして，地球は凍結しても自動的に融解して通常の気候状態に戻ることが可能だったと考えられるようになった．

全球凍結下で生命がどこでどうやって生き延びたのかは最大の謎である．全球凍結下でも海洋深部は凍結しておらず，内部海（地下海）が存在していたと考えられており（3.1 節参照），海底熱水系で生息するような生物群集は影響を受けなかった可能性はある．しかし問題は，水と光の両方が必要な光合成生物（とくに藻類）がどこで生き延びたかである．これについては，さまざまな仮説が提唱

されているもののよく分かっていない（田近 2007）.

　水惑星が全球凍結するという観点からも，この現象は大変興味深いが，なぜ全球凍結したのかという理由は必ずしもよく分かってはいない．低緯度に形成された超大陸の分裂による二酸化炭素消費率の増加や，全球的な火山活動度の低下による二酸化炭素供給率の低下はその原因となり得るものの，まだ推測の域をでてはいない（田近 2007）.

　興味深いのは，3.4.3 節で指摘した，大酸化イベントとの関連性である．南アフリカに分布する約 24 億年前の地層からは，当時の全球凍結イベントを反映した氷河性堆積物の直上に，地球史上最初のマンガン酸化物の堆積物が形成されているが，それは酸素濃度上昇を反映したものである可能性が示唆されている．マンガンは酸化還元電位が高い元素であり，それを酸化することができるのは，事実上，酸素だけだからである．このことは，全球凍結が直後に大酸化イベントを引き起こした可能性を示唆しておりきわめて興味深い.

　実際，全球凍結直後には酸素濃度が必然的に上昇する可能性がある．それは，全球凍結直後は大量の二酸化炭素が大気中に存在しており，それによってきわめて高温の環境（全球平均温度が 60°C）が生じる．そのような気候条件では，地表面は激しく風化され，大量のリンが大陸から海洋へ供給されることが期待される．海水中のリン濃度は現在より一桁大きな値となることから，光合成活動も桁で増大し，大量の酸素が発生することによって，大気中の酸素濃度が一時的に現在よりも高いレベルにまで増加した後，現在の百分の一レベルで安定したのではないかと考えられる．6–8 億年前にも，同様の事象が発生したのではないか.

　もしそのことが本当であれば，現在の地球大気が酸素を主成分とするのは全球凍結が地球の進化過程で 2, 3 回生じたからなのかも知れない．太陽系外において地球のような酸素に富む大気を持つ惑星を探るためには，こうした知見はきわめて重要である．惑星進化過程の違いでどのような環境進化の違いが生じるのか，今後深く検討する必要があるだろう.

3.4.5　地球環境と生命圏の将来

　将来の地球環境がどのような運命をたどるのかについてはいくつかの議論がある．そもそも，惑星は誕生以来，熱的に冷却していくため，やがて内部は冷え

切ってプレート運動はもちろん，火成活動も完全に停止してしまうことになる．こうした惑星の熱進化は，惑星自身の進化を規定するものであり，地球の進化もまた熱進化によって規定される．現在のような活発な火成活動は，物質循環を駆動し，地球環境の長期的安定性をもたらす自己調節機構（ウォーカー・フィードバック）が機能する要因になっている．地球内部が完全に冷却する時間スケールは数十億年であることから，まだ当分，地球は活動的な惑星であるといえる．

　しかし，その一方で，太陽が時間とともに明るくなるという外部要因があるため，地球環境はその影響を受けてきた．ウォーカー・フィードバックが機能してきた結果，大気中の二酸化炭素濃度は長期的には低下の一途をたどってきた．今後，さらに太陽が明るくなれば，やがていまから 10 億年程度で二酸化炭素濃度は生物が光合成に利用できなくなるほど低濃度（$< 10\,\mathrm{ppm}$）となることが予測される．それが生物圏の終焉である．その後，さらに太陽光度が増加すると気温が上昇していき，やがて遅くても 15 億年後までに地球は湿潤温室条件（3.1 節参照）となり，水蒸気が大気の 20% 以上を占めるようになる．大気上層に水蒸気が効率的に輸送されるようになり，水蒸気が紫外線によって分解されて生成した水素が宇宙空間へ散逸する．このプロセスが急速に生じるようになれば，海水は 10 億年程度ですべて散逸してしまう可能性がある．

　あるいは，その前に，地球は暴走温室状態（3.1 節参照）になるかもしれない．すなわち，海水の蒸発がさらに進行して地球が水蒸気大気に覆われると，水蒸気大気が宇宙空間へ射出できる放射には上限（射出限界）があるため，正味日射量がそれを上回れば海水はすべて蒸発し，さらに地表面温度が上昇して，やがて岩石が溶ける温度（$> 1200°\mathrm{C}$）になり，地表はマグマの海（マグマオーシャン）に覆われる．

　地球の運命は太陽の進化によって強く規定されているといえる．ただ，地球は数十億年間にわたって，自身が持つ自己調節機能の働きによって，太陽光度の増加の影響を緩和し，環境を安定に維持し得る点が本質的に重要である．このことが，地球がハビタブルな理由だと考えられるからである．その間に，生命が誕生し，酸素を発生し，環境中の酸素濃度が上昇し，それに適応進化することによって，多細胞で複雑な動物の出現が可能となり，さらには高度な文明を持つまでに至った．しかし，惑星の自己調節機能には適用限界があり，それを超える条件

（暴走温室条件）においては、もはや環境の維持は不可能となる。それが、ハビタブル惑星の寿命であるともいえる。

3.5 太陽系氷天体——Ocean Worlds

本節では、最新の探査結果を中心に、太陽系の氷天体におけるアストロバイオロジーを概説する。氷天体とは、水と岩石を主成分とする外側太陽系の天体を指す。小惑星帯以遠の外側太陽系では太陽光エネルギーは乏しく、水が安定となる極寒の世界が広がっている。このような世界では、生命はおろか液体の水の存在も期待できないと思われるかもしれない。ところが、極寒の世界であるはずの氷天体の地下には、地下海あるいは内部海と呼ばれる液体の海が存在する。木星や土星を周る氷でできた衛星（氷衛星）のなかにも、ガニメデ、エウロパ、カリスト、エンセラダス、タイタンなど片手に余る数の天体が地下海を有すると考えられている。また、冥王星やケレスなど原始惑星も過去に存在していた（あるいは過去に存在していた）こともわかってきた。さらには、土星の衛星タイタンでは、地表面に液体メタンの海や湖も存在する。外側太陽系の氷天体には、我々が想像するより多彩な海の世界が広がっている。衛星・準惑星の日本語名称については天文学辞典（巻末の参考文献参照）も参照されたい。

これら氷天体は、なぜ地下海を持つのだろうか。それは、岩石に含まれる放射性元素の壊変熱、そして水衛星の場合はそれに加え、巨大ガス惑星との潮汐作用による変形で内部が暖められることによる。水と岩石が太陽系においてありふれた物質であることを考えると、内部の熱を逃がしにくい、ある程度の大きさの水天体であれば、地下海を持つことは普遍的な現象といえる。カイパーベルト天体も含めて、外側太陽系は地下海をもつ天体であふれているといっていい。さらに近年の探査によって、氷天体の中には生命を育む3要素と言われる液体、有機物、エネルギーの地下海をもつものも複数見つかってきている。このような外側太陽系のすべてが存在する氷天体はオーシャン・ワールド（Ocean Worlds）と呼ばれ、生命の可能性も含めて一般から広く注目を集める存在となっている。

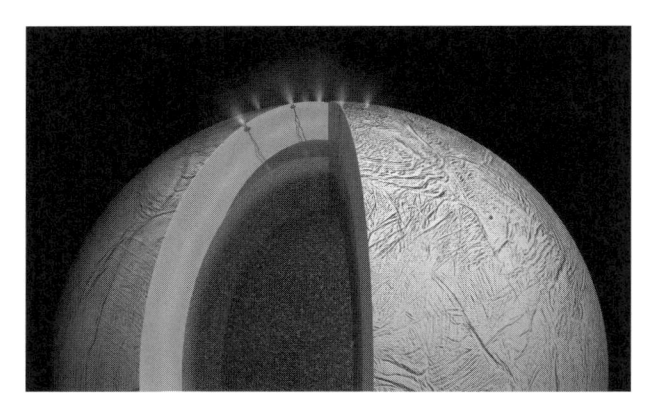

図 **3.14**　地下海とプルーム活動をもつ土星氷衛星エンセラダスの表面と断面モデル図（口絵 8 参照，NASA）

3.5.1　氷衛星の地下海——エンセラダスとエウロパ

　ここでは，地下海を持つ氷衛星，現存する生命が期待される氷天体として木星衛星エウロパと土星衛星エンセラダスを紹介する．探査機や望遠鏡による最新観測結果についてまとめた後，地下海の生命存在可能性に関する比較を行っていく．

（**1**）土星衛星エンセラダス

　土星には，直径が 400–1500 km 程度の中型衛星と呼ばれる氷衛星が複数存在する．そのうちの 1 つが，エンセラダスである（図 3.14）．エンセラダスは，中型衛星の中でも小さく，直径は約 500 km でしかない．このような小さな天体であるにもかかわらず，エンセラダスの内部は，岩石コア，地下海，氷地殻に分化しており，土星との潮汐加熱や放射性元素の加熱に起因した地質活動が現在でも存在する．

　エンセラダスでまず目を引く地形的特徴は，地表面の二分性である．エンセラダスの北半球はクレータで覆われているが，対照的に南半球はクレータがほとんどなく表面に割れ目が存在する（図 3.14）．クレータ数密度から推定される表面年代は，北半球では約 20–40 億年であるのに対し，南半球は 1 億年以内と非常に若い．このことは，地質活動による地表更新や緩和が，南半球で現在も活発に起きていることを示す．また，南半球の割れ目付近では，高い地殻熱流量も観測

されている．氷地殻と地下海の平均厚さは，それぞれ 20–30 km と 30–40 km であるが，熱流量の高い南極付近の氷地殻の厚さは 5 km 程度と非常に薄い．これらのことは，エンセラダス内部の加熱は空間的に均質ではなく，南極付近に集中して起きていることを示している．

　エンセラダスの特徴は，暖かい南極付近の氷地殻の割れ目から，宇宙空間に地下海の海水が間欠泉プルームとして噴出していることである（図 3.14）．このプルーム物質に対する探査機のその場分析によって，通常は入手困難な地下海の化学組成，さらには生命存在可能性に迫ることが可能となっている．エンセラダスのプルームはガスと固体粒子からなり，ともに主成分は水分子（水氷および水蒸気）である．プルームの固体粒子には，水氷の他に，有機物やケイ酸塩，塩分（ナトリウム塩，炭酸塩）などが含まれている．固体成分から推定される海水のナトリウム濃度は 100–$300\,\mathrm{mmol\,kg}^{-1}$，塩素濃度は 50–$200\,\mathrm{mmol\,kg}^{-1}$，pH は 9–11 程度のアルカリ性の海である．ナトリウムなどの金属イオンは，もともとは岩石コア中の鉱物に含まれていたが，液体の水と触れ合うことで溶脱し海水に含まれたものである．

　プルームのガス成分は大部分が水蒸気であり，水蒸気に対して $0.5\,\mathrm{mol\%}$ の二酸化炭素，0.1–$0.3\,\mathrm{mol\%}$ のメタン，0.4–$1\,\mathrm{mol\%}$ のアンモニアおよび同程度の水素分子が含まれる．これらガス成分は海水に溶存していたが，プルームが宇宙空間に放出される際の減圧に伴い脱ガスしたものである．ガス成分である二酸化炭素，メタン，アンモニアは，エンセラダスを作った材料物質である氷微惑星に含まれていたものと推測される．一方，水素分子は，後述のように，内部での熱水活動により生成したものである．さらに，アルデヒドやアルコールなど，彗星にも含まれるさまざまな有機分子もガス成分に含まれており，分子量が 200 を超え，アミノ基などの官能基を持つ高分子有機物も見つかっている．

　これらの観測結果は，エンセラダス内部に液体の水と有機物が共存することを示している．では，生命を育む 3 要素の最後の 1 つであるエネルギーは存在するのだろうか．エンセラダスから噴出したプルーム固体粒子には，ナノシリカ粒子も含まれている．ナノシリカ粒子は，地球上では温泉などの熱水環境において生成する物質である．高温の水–岩石反応で岩石から熱水中に溶けだしたケイ酸が，熱水が冷やされる際にナノシリカとして析出するのである．すなわち，ナノシリ

カ粒子の存在は，エンセラダス内部の岩石コアに温泉のような熱水環境が存在することを示している．室内実験によると，ナノシリカを形成するために必要となる熱水の温度は 100°C 以上と推定されている．このような高温熱水環境では，水による岩石中の二価鉄の酸化により水素分子が生成する．実際，このような熱水活動由来の水素分子が，上記のように，プルームのガス成分として観測される．

エンセラダスの地下海では，熱水環境で生成した還元剤である水素と，材料物質に含まれていた酸化的な二酸化炭素が混在することになる．両者は熱力学的に非平衡状態であり，より安定なメタンが生成する際にエネルギー（反応熱）を生じうる．地球上の原始的な生命は，このような周辺環境に存在する非平衡状態から自由エネルギーを取り出すことで生命活動を維持している（2.5 節参照）．実際，地球上の温泉などの熱水環境では，二酸化炭素と水素からメタンを生成することでエネルギーを得るメタン菌と呼ばれる微生物が存在しており，エンセラダスにおいて同様の代謝過程を持つ生命の存在も期待されている．

（2）木星衛星エウロパ

エウロパは木星ガリレオ衛星の 1 つ，直径約 3140 km の氷衛星であり，直径約 500 km のエンセラダスに比べてそのサイズはずっと大きい．平均密度は約 $3\,\mathrm{g\,cm^{-3}}$ であり，氷成分は全質量の 1–2 割程度でしかなく，エウロパ内部では岩石コアが大半を占め，表面付近にのみ地下海と氷層が存在している．また，地表には衝突クレータはほとんど見られない（図 3.15）．このことは，地表面が活発に更新されていることを意味する．このような地質活動は，エンセラダスと同様，放射性元素と木星との潮汐作用による加熱で維持されている．

NASA の探査機ガリレオにより，エウロパにおける地下海の存在を支持する証拠が複数得られている．たとえば，探査機ガリレオはエウロパ周辺で木星の磁場が乱れることを発見している．これは，エウロパ内部に導電性の高い流体，つまり塩分を含む海水が存在し，それが木星磁場中を公転することで誘導磁場が発生しているためである．観測される誘導磁場などから，エウロパの氷地殻の厚さは平均 10–30 km であり，その下には 100–150 km の厚さを持つ地下海水が存在すると推測されている．このような塩分を含む地下海の存在は，地表物質からも支持されている．近年の地上望遠鏡観測により，エウロパの表面，特にカオス領

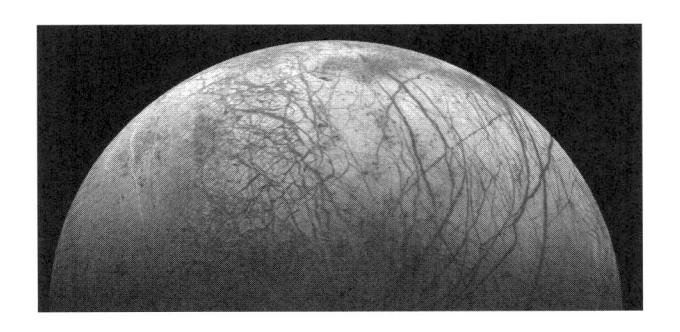

図 3.15　木星衛星エウロパの地表面（NASA）

域という地下海水が表面に噴出したとされる領域には，水氷の他にナトリウム塩やマグネシウム塩が含まれることが示唆されている．エンセラダス同様，ナトリウムやマグネシウムといった金属イオンは，液体の水と岩石コアとの反応により岩石から溶け出したものであり，塩分の存在が岩石と触れ合う液体の海の存在を示唆している．

　これらの証拠から，エウロパ内部には液体の海が存在することは確実視されている．では，生命を育む 3 要素の残り 2 つである，有機物とエネルギーはエウロパに存在するのだろうか．現在までのところ，これに対する明確な答えは得られていない．探査機ガリレオはミッション期間内で十分な観測を行うことができず，エウロパの地下海の化学組成や生命生存可能性については大部分が未知であり，エウロパ・クリッパーやジュースなどの周回探査やエウロパ着陸機による精査が待たれる．

（3）地下海における比較惑星生命論

　エンセラダスとエウロパは，物理的に似た内部構造を持つ．すなわち，氷地殻の下に地下海を持ち，それが岩石の海底に接しているという構造である．そして，この構造が放射性元素と潮汐作用による加熱で維持されている点も共通している．ところが，地下海の化学組成，特に有機物とエネルギーの存否には大きな差があるのではないかと考えられている．地下海の化学組成に違いがあるということは，当然ながら，そこに生まれる生命にも多様性が生じるということである．ここでは，有機物とエネルギーに着目し，氷衛星地下海において，これらの

多様性が生み出される原因について考えてみる.

　上述のように, エンセラダスの地下海にはアルコールやアルデヒドを始めさま ざまな有機分子が存在しているが, これはエンセラダスの材料物質が低温で形成 されたためである. エンセラダスの起源には, 原始太陽系における土星形成と同 時に周土星円盤から形成されたという考えと, 土星形成後に土星リングから形成 したという考えがあるが, いずれの場合でも, 土星系が存在する低温環境では揮 発性分子が固体として凝結しやすく, 衛星を作る材料物質となりやすい. 地下海 の熱水環境ではこれら有機分子が縮合重合し, 高分子有機物を生成することに なる.

　一方, エウロパの地下海には有機物は乏しいという予想が有力である. 木星系 は土星系に比べて太陽に近く, 比較的温度の高い領域で形成した. そのため, 上 記の揮発性分子が凝結できず, 木星衛星の材料物質に含まれない. さらに, 木星 の大きな質量も衛星への有機物供給には不利である. 原始太陽系において木星に 衛星の材料となる固体成分が集積する際, 木星の巨大な重力により高速に加速さ れ, 周木星系円盤に供給されるときに衝撃加熱を経験するためである. そのよう な衝撃加熱により, 仮に氷成分に有機物が含まれていても, それらは熱分解して しまう. すなわち, 氷衛星を比較すると, 外側の低温領域で形成した惑星系の衛 星ほど豊富に有機分子を含むことになる一方, 内側の温度の高い領域あるいは質 量の大きな惑星の衛星には有機物は乏しくなる. このような傾向は, 太陽系のみ ならず太陽系外の氷衛星における有機物の供給にも当てはまる.

　また, エネルギーはどうであろうか. エンセラダスには, 上述のように, 熱水 環境で生成した水素と, 材料物質に含まれていた二酸化炭素が共存し, この非平 衡状態から生命はエネルギーを取り出すことが可能である. しかし, エンセラダ スにおいて, この非平衡状態は長期間持続されにくい. 材料物質に含まれる二酸 化炭素には限りがあることと, 長期にわたり熱水環境が維持されることがエンセ ラダスにおいては難しいことによる. 後者は, エンセラダスのように小さい衛星 での放射性熱源や潮汐加熱が小さいことに起因している.

　さらに, エウロパは衛星自体が岩石質で多くの放射性元素を含むことに加え て, 巨大な木星の重力による潮汐作用で大きな加熱が起きる. このような加熱が 熱水環境を作れば, 水素のような還元剤も豊富に生まれうる. また, エウロパの

地下海には酸化剤も恒常的に供給される可能性がある．エウロパでは，木星の強力な磁場で加速された太陽風プラズマが地表に降り注いでいる．これにより表面の水分子が分解し，軽い水素原子が宇宙空間に散逸することで酸化剤が形成する．酸素分子，オゾン，過酸化水素，硫酸といった分子がそれであり，これらが地下海に供給されれば，非平衡状態を作る酸化剤となる．このように，木星が巨大であることによる潮汐加熱と強力な磁場により，エウロパの地下海の非平衡状態は長期にわたって維持されるかもしれない．

　以上のように，氷衛星地下海の生命生存可能性は，中心の巨大ガス惑星の形成位置や質量などによって多様性が生まれることがわかる．有機物についていえば，低質量かつ低温領域で形成する惑星系の衛星が有利であるが，エネルギーに関しては，逆に巨大な惑星系の衛星が有利であろう．有機物とエネルギーの両方が生命の生存に必要なことを踏まえると，両者の最適条件が一見相反していることは"地下海生命のジレンマ"と呼ぶべき問題かもしれない．このジレンマが，実際に地下海の生命の存否に影響を与えるのかを調べることは次世代探査のテーマであり，我々に生命が誕生するために必要な条件とは何かを気づかせてくれるヒントにもなるだろう．

3.5.2　氷準惑星セレス

　太陽系に存在する Ocean Worlds は氷衛星だけでなく，氷準惑星も含まれる．初期太陽系でこれら天体は，短寿命放射性元素の崩壊による強い加熱を受けて地下海を持つ．氷準惑星の中には，冥王星のように今日も地下海を保持しているものもある．氷準惑星は，アストロバイオロジーにおける重要性だけでなく，太陽系形成をひも解く重要な手がかりを我々に与えてくれる．ここでは，小惑星帯に存在するセレスに着目して，これらを概説する．

（1）初期太陽系とセレス

　準惑星セレス（日本語では，ケレスとも記される）は，火星と木星の間に存在する小惑星帯における最大の天体である（図 3.16）．直径は約 950 km であり，軌道長半径は 2.77 au である．平均密度は $2.2\,\mathrm{g\,cm^{-3}}$ であり，この天体が岩石と氷の混合物からできていることを示す．その内部構造は，岩石コア，氷と岩石

図 3.16 探査機ドーンが撮影したセレスの外観（NASA）

が混合した氷マントルに分化しており，岩石質の地殻が氷マントルを覆う．この地殻ももともとは氷マントルと同じような，氷と岩石の混合物であり，長期にわたり宇宙空間にさらされる中で，表面付近の氷成分が昇華し，岩石質の地殻ができたと推測される．表面には，液体の水と岩石の反応で形成する含水鉱物や炭酸塩などの二次鉱物のほかに，岩石の 20%という大量の有機物が存在する．分化した内部構造や二次鉱物は液体の水なくしては生じないため，これらはこの天体にかつて全球的な地下海が存在したことを示す証拠となっている．

　実際，セレスが太陽系形成から 200–300 万年程度で形成した場合，短寿命放射性元素の崩壊熱によって氷成分が溶融し，1 億年程度かそれ以上に渡り地下海を持つようになった．現在セレスが地下海を持っているかは不明であるが，氷マントルの熱伝導率や粘性次第では現在も地下海を持つことも可能である．高温になる初期セレスの地下海では，彗星にも含まれるアルデヒド，アルコール，シアン化合物のような有機分子が重合し，複雑な有機物へと化学進化することも可能である．このような有機化学進化は，セレスにおける生命の可能性に留まらず，エンセラダスの地下海（3.5.1 節参照）や初期地球の海底での化学進化過程の理解の一助となる．地質時間スケールの有機化学進化の生成物が，探査機が到達できる地表に大量に露出しているということはセレスの魅力であろう．

　セレス地下海の化学組成を明らかにすることは，太陽系形成論の観点からも重要である．一般的な太陽系形成論では，原始太陽系円盤内でまず 100 km サイズの微惑星が形成し，その後，これら微惑星の衝突合体によって 1000 km サイズの原始惑星が形成するとされる（1.4 節参照）．小惑星帯に存在する無数の小惑星が微惑星の生き残りやその破片であるのに対して，セレスはそのサイズから原始惑星の生き残りといっていい．原始惑星の生き残りと考えられる天体は，セレス，冥王星など数えるほどしか残っておらず，惑星形成期というもっともダイナミックな時代の記録を留める貴重な天体である．

　最近の太陽系形成論では，原始惑星の存在する惑星形成期には，木星や土星といった巨大ガス惑星の軌道進化に伴い，大規模な物質移動が起きていた可能性が示唆されている．原始太陽系円盤で形成する巨大ガス惑星は，円盤ガスや他の惑星との相互作用によって，その軌道を大きく変化させうる．ある理論モデルによれば，原始木星はかつて現在の小惑星帯付近で形成し，火星軌道付近までいったん内側に移動した後，今度は現在の位置に向かって外側に移動したとされる．この例に限らず，もし原始円盤において圧倒的な重力を誇る巨大ガス惑星が移動したならば，円盤内に存在した微惑星や原始惑星は，激しい重力散乱を受ける．たとえば，円盤外側の低温領域の小天体群が，地球形成領域である内側太陽系に運ばれることも起きうる．また，巨大ガス惑星の移動は，内側太陽系でも原始惑星群の巨大衝突を引き起こし，原始惑星が地球サイズの岩石惑星へと成長するきっかけにもなる．巨大ガス惑星の大移動が起きたのであれば，それは太陽系全体の大規模構造をデザインしたもっとも重要な事件であったはずである．

　果たして，そのような巨大ガス惑星の大移動は起きていたのであろうか．巨大ガス惑星は文字通りガスの塊であり，基本的に過去の記録を留めることはできない．地球型惑星は，巨大ガス惑星の形成・移動後に誕生したため（3.2 節参照），やはり惑星移動時の痕跡をとどめない．その点，セレスは大変動イベントを生き抜いた原始惑星の生き残りであり，その地表を覆う古い表面物質は，巨大ガス惑星の大移動の有無に対して，実証的な制約を与えることができると期待される．

（2）セレス地下海の化学

　セレス表面物質に関する観測的情報は，NASA のドーン探査により飛躍的に増加した．セレスの表面反射スペクトルは，C 型小惑星やそれに由来すると考え

られる炭素質隕石の反射スペクトルに似ており，含水鉱物としては蛇紋石やサポ
ナイトが存在し，Mg および Ca の炭酸塩も存在する．セレス表面に観測される
これらの物質は，炭素質隕石と共通のものが多く，両者は基本的にはよく似た
水–岩石反応を経験していると考えられている（3.6 節参照）．しかし，炭素質隕
石では見られずセレスにしか含まれない物質も存在する．それはアンモニウムイ
オンを層間に持つサポナイト（アンモニウム・サポナイト）である．サポナイト
は，分子レベルで見るとケイ酸塩で構成されたシートが層をなす構造をとり，層
間に周囲の水分子やそこに溶存する陽イオンを取り込むという特徴を持つ．周辺
の水が失われた後も層間の陽イオンは失われないため，その層間イオン組成はか
つて存在した水質を復元する重要な手がかりとなる．セレスのサポナイト層間に
アンモニウムイオンが含まれているということは，初期のセレスの地下海にアン
モニウムイオンが豊富に存在していたことを示している．

　このアンモニウムイオンがサポナイトの層間を占めるということから，初期セ
レスの地下海の水質を制約することが可能となる．まず，アンモニウムイオンが
層間に存在するためには，下の反応式からわかるように低い pH が必要である．

$$NH_4^+ \leftrightarrow NH_3 + H^+$$

pH が高ければ，上の反応は右に進み，アンモニウムイオン（NH_4^+）ではなく，
溶存アンモニア（NH_3）が主たる溶存種となってしまうためである．熱力学計算
の結果，アンモニウムイオンが溶液中の主成分となるためには高アルカリ pH は
除外され，pH が約 11 以下となる必要があることがわかる．一方，セレス表面
にはアンモニウム・サポナイトとともに Mg/Ca 炭酸塩も存在する．炭酸塩が沈
殿するには，一般的に中性およびアルカリ性が必要となる．水–岩石反応モデル
で予想される溶存 Mg 濃度を考えると，Mg 炭酸塩が沈殿するためには pH が約
7 以上であったと示唆される．以上の条件により，初期セレスの地下海水の pH
は 7–11 であると推定される．

　アンモニウムイオンがサポナイトの層間において主要成分になるためには，地
下海水の陽イオンにおいてもアンモニウムイオンが主成分である必要がある．た
とえば，アンモニウムイオン濃度がナトリウムやカリウムなど他の陽イオン濃度
に対して，非常に少なければサポナイトの層間はこれら金属イオンで占められ，
アンモニウム・サポナイトは形成されない．サポナイト層内の分子地球化学モデ

ルによると，必要なアンモニウムイオン濃度は $50\text{--}100\,\mathrm{mmol\,L^{-1}}$ 程度という高濃度となる．これは水分子に対するモル比に換算すると，アンモニウムイオンが含まれる割合が $0.05\,\mathrm{mol\%}$ 以上に相当する．

（3）雪線（スノーライン）と惑星移動

では，なぜアンモニウムイオンがこれほどセレスの地下海に存在していたのか．アンモニウムイオンの元となったアンモニアは，原始太陽系円盤にはありふれた分子であり，彗星組成や分子雲の観測から，原始太陽系円盤には平均的に水分子に対して $0.3\text{--}1\,\mathrm{mol\%}$ 程度含まれていたと推定されている．ところが，アンモニアの凝固点は水分子に比べて低いため，太陽から遠い低温の円盤領域でのみ，氷として固体天体に供給されうる．このような原始円盤において揮発性分子が凝結する温度を雪線（スノーライン，1.4.2 節参照）と呼ぶ．

セレスの海洋に必要なアンモニウムイオン濃度（$> 0.05\,\mathrm{mol\%}$）を考えると，セレスが形成したのは，アンモニアの雪線以遠の低温領域（$80\text{--}100\,\mathrm{K}$ 以下）とするのが自然である．すなわち，セレスにアンモニウム・サポナイトが存在するということは，この天体がもともと $100\,\mathrm{K}$ 以下の低温環境の材料物質から形成したことを示唆する．原始太陽系円盤にダストが少なく光学的に薄い場合，$100\,\mathrm{K}$ 程度の低温環境になるのは，太陽からの距離が $8\text{--}10\,\mathrm{au}$ 程度であり，その場合，セレス自体が現在の軌道（$2.77\,\mathrm{au}$）よりもずっと遠方で形成し，その後，何らかの理由によって現在の位置に移動したことになる．その移動の原因として考えられるのは，前述の巨大ガス惑星の大移動である．言い換えれば，セレスのアンモニウム・サポナイトは，巨大ガス惑星移動の痕跡ともいえる．別の可能性としては，現在のセレスの位置までアンモニアの雪線が近づいたこともありうる．原始太陽系円盤の光学的厚さと温度は時間とともに大きく変化する．ある理論研究では，$100\,\mathrm{K}$ 程度の温度が一時的に $2\text{--}3\,\mathrm{au}$ まで近づく可能性も指摘されている．後者の場合，セレスは，円盤中のアンモニアの雪線が小惑星帯付近になった正にそのタイミングで形成したということになろう．

果たして，初期太陽系で巨大ガス惑星の移動は起きたのであろうか．また，他の炭素質小惑星も，巨大ガス惑星の移動に伴い外側から移動してきたのだろうか．このような疑問に答える 1 つの方法が，「はやぶさ 2」など小惑星サンプル

リターン探査である（3.6 節参照）．これら帰還試料には，地球落下後の地球環境での汚染を受けていない炭素質小惑星のサポナイトも含まれると期待される．また，セレス本体への着陸探査により，アンモニアの同位体組成などが得られれば，その形成温度の制約にもつながる．これら始原天体の探査は，巨大ガス惑星の移動の規模，初期太陽系での物質移動を制約することにつながるだろう．

3.5.3　タイタン

現在，地表に液体を持つことが確認されている天体は，タイタンと地球のみであり，両者には似た大気表層間の物質循環が存在する．ここではタイタンの表層環境に焦点を絞り，NASA カッシーニ探査機により得られた知見を中心にこれを概説する．

（1）大気と有機物ヘイズ

タイタンは土星最大の衛星であり，直径は 5150 km にもなる．木星の衛星ガニメデについで，太陽系で 2 番目に大きな衛星である．質量の約 50% が氷成分，残りが岩石成分であり，内部構造は含水鉱物を含む岩石質のコアと，それを取りまく氷マントルからなる．氷マントル中には液体の地下海も存在する．

タイタンの特異的な特徴として挙げられるのは，厚い大気の存在である．タイタンは，太陽系で唯一厚い大気を持つ衛星であり，大気圧は地表面で約 1.5 気圧にもなる．その主成分は地球と同じ窒素で，これにメタンが 2–5% 加わる．タイタンの熱圏や中間圏では，これら大気成分に太陽紫外光や高エネルギー粒子が照射され，大気化学反応が進行している．大気中には大気化学反応で生成したエタン，アセチレン，ベンゼンなどの炭化水素やシアン化合物も存在する．さらに，これらが重合を繰り返すことで，分子量が数千にもなる高分子有機物のエアロゾルも生成している．これらエアロゾルの生成は熱圏や中間圏といった高層大気において始まり，エアロゾルは大気降下中にも成長を続け，成層圏で全球を覆う濃密なヘイズ（もや）層を形成している．

生命誕生前や大気酸素濃度の上昇前の初期地球には，メタンなどの還元的ガスが含まれていた可能性もある．その意味でタイタンは，直接調べることのできない，初期地球における大気中での有機化学進化を理解する上でも重要である．

図 **3.17** カッシーニが赤外線・電波で観測した土星衛星タイタン地表に存在する液体メタンの海と湖（口絵 9 参照，NASA）

さらに，系外惑星のなかにも大気中にヘイズが存在している可能性のある天体（GJ1214b など）も報告されている．タイタンのヘイズ層は，太陽からの可視光を遮蔽し，地表面からの赤外放射に対して透明であるため，強い反温室効果を持つ．一方，初期地球においては，ヘイズ層が太陽紫外光を遮蔽することで，下層大気中のアンモニアなどの温室効果ガスが守られることで間接的温室効果がはたらいていた可能性もある．系外惑星や初期地球において，ヘイズの存在が温暖化と寒冷化のどちらに効くかは，ヘイズの微物理や光学特性にも依存するため複雑である．

(2) メタン循環とハビタブルゾーン

　タイタンの最大の特徴は，太陽系において地球以外で唯一，現在でも地表に液体をたたえる天体であるという点である（図 3.17）．タイタンの地表温度は約 93 K であり，液体の水は存在できない．しかし，大気中に存在するメタンは，地表面で液体になることができる．タイタン表面の液体メタンは，地球上の水と非常に似た役割を果たしている．つまり，メタンの蒸発，雲の形成，降雨，そしてまた蒸発といったメタン循環が，地球の水循環同様，太陽光エネルギーを駆動力としてタイタンでも起きている．このようなメタン循環により，河川や湖・海などの地形が氷地殻上に形成されている．

　タイタンの北極付近には，海と呼ばれる大きなものから小さな湖程度のものまで，多数の液体メタンの湖や海が存在している（図 3.17）．一方，南半球には目立

つ大きさの湖は 1 つしか見つからず，赤道域は基本的に乾燥しており氷粒子から
なる砂漠が広がっているなど，気候の地域性が存在する．また，土星およびタイ
タンは太陽に対して自転軸が 25° 傾いているため，公転周期 29 年に対して明瞭
な季節が存在する．カッシーニ探査機が観測を開始した 2004 年以降，2007 年頃
まで夏であった南半球では活発な蒸発に伴う積乱雲の発生が観測されている．そ
の後，2009 年に北半球が春分を迎えて以降，雲の発生は日射エネルギーが最大に
なる中低緯度に移り，北半球が夏を迎える 2015 年ごろには北極域に雲や降雨の
発生地域が移っている．このように，タイタンには気候の季節変化も存在する．

　大気化学反応で生成した有機物は，地表に沈降した後，メタン循環により湖や
海に集められる．そこでは，季節ごとの蒸発・降雨により，溶存種の濃縮・還元
が繰り返されると予想される．実際，過去に湖だったと考えられる汀線（ていせん）の内側
には，周辺の氷地殻や有機物エアロゾルとも異なる組成・構造の有機物の存在も
示唆されており，湖の蒸発に伴う溶存種の高分子化も指摘されている．このよう
に，タイタンでは気候の季節変化に対応した物質進化も生じている．

　さて，タイタンには生命が利用可能なエネルギーは存在するのだろうか．上述
のように，メタンは大気上空で紫外線等により分解され，アセチレンなどの炭化
水素やエアロゾルを生成するが，同時に水素分子も生成される．軽い水素分子は
宇宙空間に散逸するが，一部は拡散により地表に到達する．一方，アセチレンは
対流圏で凝結し，固体（氷）として地表に供給される．地表において，これら水
素分子とアセチレンは熱力学的に非平衡状態にある．すなわち，水素分子が還元
剤，アセチレンが酸化剤であり，両者は安定なメタンを生成することでエネル
ギーを生じうる．タイタン地表の極低温（約 93 K）では，水素分子とアセチレ
ンからメタンが無機的に生成される反応はきわめて遅いため，これらが地表で消
費されていることがあれば，それは生命活動の指標となるだろう．

　このようなメタンの光分解と水素分子–アセチレンの化学反応は，ちょうど地
球上の光合成と好気呼吸の関係性に似ている．地球上では，光合成により水分子
が分解し，有機物と酸素分子が作られることで光エネルギーが化学エネルギーに
変換される．この有機物と酸素分子を，安定な水と二酸化炭素に戻してエネル
ギーを取り出す過程が好気呼吸である．タイタン大気におけるメタンの光分解に
よる水素分子とアセチレンの生成は，タイタン版の光エネルギーの化学エネル

ギーへの変換だともいえる．もし，これらを消費（呼吸）してエネルギーを得る生命がタイタンに存在すれば，比較惑星生命論の見地からも興味深い．

　タイタンにおける液体を介したメタン循環は，地表の温度圧力条件がメタンの三重点に近いために生じている．地球では，地表の温度圧力条件が水の三重点に比較的近いため，水循環が生じている．これらのことは，ある天体の地表の温度圧力条件が，大気中に含まれる気体分子の三重点に近ければ，その分子が地表に海や湖を作りうることを示唆している．そうした，ある分子が液体状態で存在できることや相変化できることがハビタビリティにとって本質的であるかどうかは分からない．しかし，仮にもしそれこそが重要なのだとすれば，ある分子が地表面で液体として存在できる恒星からの距離を，その分子ごとのハビタブルゾーンとして位置づけることができるかも知れない．そうすると，現在の太陽系では，現在の太陽系では水のハビタブルゾーンに地球が存在し，メタンのハビタブルゾーンにタイタンが存在しているのである．氷微惑星には二酸化炭素やアンモニアも含まれ，さらに低温領域では一酸化炭素や窒素も主要な揮発性分子として含まれる．これら分子にはそれぞれ固有のハビタブルゾーンが存在するだろう．このような天体の持ちうる化学的に多様な海–マルチ・ハビタブルゾーンとも呼ぶべき概念は，タイタン探査によって得られた新しい知見であり，系外惑星も含めて，生命の本質的な多様性について示唆を与えている．

3.6　彗星・隕石・小惑星

3.6.1　生命材料物質の供給源

　地球上に生命が誕生する前，生命のもととなる有機物は，どのようにもたらされたのだろうか．1920 年代，オパーリンは，原始海洋の有機物のスープの中で単純な分子が重合し続けて複雑な生体高分子が形成されたという説を提唱した（2.6 節）．その後，1953 年に，ミラーの放電実験によって，化学反応に必要なエネルギーが存在する条件では単純な分子から生体関連分子が非生物的に合成されることが実験的に示された．重要なことは，前生物的な有機物合成は原始地球環境だけでなく，宇宙でも普遍に起こりうることをミラーは実証した点である．そこで，宇宙における前生物的な有機物合成の証拠を見出すため，我々が手にする

ことのできる地球外物質，すなわち隕石中の有機物を分析する研究が 1970 年代から本格的に始まった．

　隕石や惑星間塵に地球外起源のアミノ酸をはじめとするさまざまな有機物が含まれることが明らかになると，38 億年以前の重爆撃期（地球への天体衝突頻度が今日よりも高かった時代）に惑星間塵，小惑星（隕石），彗星によって有機物が原始地球に運搬されたとの仮説がチバ（Chyba）とセーガン（Sagan）によって提唱された（Exogenous delivery（地球外運搬説））．この考え方では，隕石が大気圏に突入する際の衝撃波で有機物が合成される可能性も考慮されている．チバとセーガンは，原始地球上で合成される有機炭素量と，地球外から供給される有機炭素量をそれぞれ理論的に計算し，両者は同程度であることを示した上でこの仮説の重要性を指摘している．イソバリンなど一部の地球外アミノ酸のわずかな L 体過剰が隕石中から発見された 90 年代後半以降，生命のホモキラリティーの起源を宇宙に求める裏づけとして Exogenous delivery は広く受け入れられるようになった．

　その後，約 40–38 億年前に集中的な天体衝突が起こったとされる後期重爆撃説が提唱されると，原始地球に大気と海洋が誕生した後に生命材料物質は宇宙から供給されたとの考え方が支持されるようになった．この仮説に基づいた衝突模擬実験も行われ，彗星や隕石の衝突によって新たな生体関連分子やその前駆物質が合成されることが示された．一例として，窒素ガス共存下での弾丸衝突によるシアン化水素（HCN）の生成，多環式芳香族炭化水素（polycyclic aromatic hydrocarbons, PAHs）の縮合，普通コンドライト模擬物質の原始海洋衝突によるアンモニア（NH_3）やアミノ酸の生成，彗星模擬物質の衝突によるアミノ酸や短鎖ペプチドの生成などがある．ただし，後期重爆撃イベントが実際に起こった物質科学的証拠は不十分であり，今後決着をつけるべき問題である．

　近年では，上述したチバとセーガンの理論が，“オパーリンの原始スープ”寄りに解釈され，“現在の”地球生命に関連する特定の有機分子（アミノ酸，核酸塩基，糖など）だけが小天体から直接もたらされてそのまま地球上で最初に誕生した生命の構成要素となったとの限定的な見方をされることもある．しかし，実際に隕石や小惑星に含まれている有機物は現在の地球生命に関連する分子だけではなく，現在の地球生命に直接関連しない分子の方が量・種類ともに豊富であることに注

意を向ける必要性がある（3.6.3節以降参照）．むしろ，現在の地球生命に関連する有機分子も，関連しない有機分子も，区別（選別）されることなく宇宙から地球・惑星へ運搬され，それぞれの分子が地球・惑星環境でさらなる化学反応を重ね，ハビタブルな天体環境の形成（炭素循環）に寄与したと捉える方がより現実的な考え方かもしれない．その過程では，現在の地球生命に関連しない有機分子が地球・惑星上で最初に誕生した生命の材料になった可能性も考えられる．それを実証するためには，さまざまな小天体物質に含まれる有機物の組成を明らかにし，それらが太陽・惑星系の歴史においてどのように形成されたのかを正しく解明していくことが重要である．併せて，地球の海の起源と同様（3.2節参照），太陽系形成モデルと関連づけながら地球の炭素の起源に制約を与える必要がある．宇宙には多様な有機分子が存在することが明らかとなってきた今日（3.6.3節以降参照），現在の地球生命にとらわれない観点がいっそう不可欠となるであろう．

3.6.2　隕石

地球外から地表に落下してくる岩石を隕石とよぶ．隕石は，ケイ酸塩鉱物が主成分である石質隕石，ケイ酸塩鉱物と鉄ニッケル合金がほぼ等量含まれる石鉄隕石，ほぼ鉄ニッケル合金からなる鉄隕石（隕鉄）に大別される．地上で発見され，管理されている隕石は約7万個におよび，その大半は石質隕石である．石質隕石は未分化隕石と分化隕石に分けられ，分化隕石は，隕石のもとの天体（母天体）が形成後に溶融し，鉄ニッケル合金の核，ケイ酸塩鉱物からなるマントルや地殻といった層構造をつくり（分化），その地殻やマントルに対応すると考えられる．石鉄隕石や鉄隕石も分化隕石である．

石質隕石の9割以上は，未分化隕石であり，分化を経験していない母天体を起源としている．分化を経験していないため，母天体形成以前の物質や情報が残っている．これらの未分化隕石は，コンドライトとよばれる．コンドライトは小惑星を起源とすると考えられてきた．コンドライトのなかでも多くを占める「普通コンドライト」は反射スペクトルからS型に分類される小惑星が母天体であることが，探査機「はやぶさ」が持ち帰ったS型小惑星イトカワの試料から明らかとなった．コンドライトのうち，5%弱は「炭素質コンドライト」に分類され，それらには含水鉱物（フィロケイ酸塩またはフィロシリケイト）や有機物を含む

図 3.18　超炭素質南極微隕石（口絵 10 参照，Yabuta *et al.* 2017）

ものが存在する．

　地上で発見される 1–2 mm に満たないようなサイズの隕石は微隕石と呼ばれる（図 3.18）．微隕石は南極の氷や雪を溶かすことで回収される．また，成層圏などではさらに小さなサイズの地球外からの塵が採取され，これらは惑星間塵と呼ばれる．隕石と異なり，微隕石や惑星間塵には，炭素質コンドライトに似たものが多く，なかには有機物を豊富に含むものも存在する．

3.6.3　隕石，宇宙塵（微隕石・惑星間塵），彗星の有機物

　有機物は彗星や小惑星およびこれらを起源とする隕石や惑星間塵など，太陽系のさまざまな物質から見つかっている．ここでは，これらの有機物の種類や特徴，その起源や進化過程について解説する．

（1）隕石の有機物

　炭素質コンドライトは加熱などの過程をあまり受けていない始原的な隕石で，最大で数 wt%（重量パーセント）程度の有機物を含んでいる[*2]．なかでも CM2

[*2] 炭素質コンドライトは化学組成や酸素同位体組成によって CI（Ivuna 型），CM（Mighei 型），CR（Renazzo 型）等に分類される．

表 **3.1** CM コンドライトに含まれる有機化合物（Alexander *et al.* 2017 を改変）

化合物種量	（ppm）
不溶性有機物 [a]	1.5 wt%
脂肪族炭化水素	> 35
芳香族炭化水素	3
カルボン酸	> 300
ヒドロキシ酸，ジカルボン酸	14–15
アルデヒド，ケトン	27
アルコール	11
糖アルコール，糖酸 [b]	23
糖 [c]	0.33
アミノ酸	14–71
アミン	5–7
窒素含有複素環	7
プリン，ピリミジン	1.3
スルホン酸	68
ホスホン酸	2

a Alexander *et al.* 2007 より算出

　というグループに分類されるマーチソン（Murchison）隕石は，もっとも多くの有機物分析が行われてきた隕石であろう．炭素質コンドライト以外にも，あまり加熱を受けていないタイプの普通コンドライト等には有機物が含まれている場合がある．隕石に含まれる有機物は分析上の観点から，溶媒で抽出可能な「可溶性有機物」と，溶媒では抽出できずフッ化水素酸などによって鉱物成分を溶解させた後に不溶性の残渣として回収される「不溶性有機物」に大別される．マーチソン隕石の場合，可溶性有機物と不溶性有機物の質量比はおよそ 3：7 である．

　可溶性有機物としては，カルボン酸，アミノ酸，ヒドロキシ酸，核酸塩基，糖類（表3.1）などさまざまな有機物が検出されている．マーチソン隕石の場合，アミノ酸の全量は 10 ppm 以上である．アミノ酸は，熱水抽出により検出されるが，さらに塩酸で加水分解するとより多く検出される．多くの隕石の場合，酸加水分解を行わずに得られるアミノ酸の量は全体（加水分解後）の半分以下である．加水分解により検出されるアミノ酸は，より大きなアミノ酸前駆体であった

と考えられるが，具体的にどのような化合物であったのかはよくわかっていない．隕石から検出されるアミノ酸は多岐にわたっており，たんぱく質アミノ酸では，グリシン，アラニン，バリン，ロイシン，イソロイシン，セリン，トレオニン，アスパラギン酸，グルタミン酸，プロリン，フェニルアラニン，チロシンが見つかっている．また，β-アラニン，アミノ酪酸，イソバリンなど，100種類近い多様な非タンパク質アミノ酸が検出されている．アミノ酸には L 体と D 体があり（鏡像異性体），地球の生物は基本的に L 体のアミノ酸を用いている．隕石に含まれるアミノ酸は，非生物的に形成されたものであり，L 体と D 体の存在比はおよそ 1：1 である．しかし，厳密に D/L 比を測定すると，やや L 体のほうが多いものもある．タンパク質アミノ酸の場合，このような L 体過剰は地球上での汚染の可能性を完全に排除するのは難しい．しかし，非タンパク質アミノ酸の場合は汚染の可能性は低く，また，炭素，窒素，水素の同位体比が地球由来のものとは大きく異なるため，隕石に含まれるアミノ酸に固有の特徴であると考えられている．核酸塩基については，DNA，RNA の主要構成塩基 5 種類（アデニン，グアニン，シトシン，チミン，ウラシル）のうち 3 種類（アデニン，グアニン，ウラシル）が隕石から見つかっている．他にもキサンチンなどのプリン・ピリミジン類が見つかっている．マーチソン隕石の場合，キサンチン，グアニンがもっとも多く，それぞれ 50 ppb 以上検出されている．糖及び糖誘導体については，リボースなどの糖，グリセロールなどの糖アルコール，グリセリン酸などの糖酸が検出されている．また，メタノールなどで抽出した有機物の網羅的な分析の結果から，炭素・水素・酸素・窒素・硫黄を含むあらゆる組み合わせの元素組成を持つ化合物が含まれていることが知られている．元素組成の組み合わせの数だけで数万種類は検出されており，これらの異性体を考えると数百万種類の化合物が含まれていると推定されている．

　不溶性有機物については，赤外，ラマン，核磁気共鳴（Nuclear Magnetic Resonance），軟 X 線など各種分光法による非破壊分析，あるいは化学的・熱的に破壊してより細かい分子に分解して測定する手法が用いられてきた．その完全な構造はいまだに明らかになっていない．どのような官能基がどの程度含まれているか，といった分子構造の推定はなされており，アルキル基やカルボキシ基を持つ 1 個–数個の芳香族環がアルキル鎖やエステル，エーテル結合で

つながった複雑な三次元構造を持つと考えられている．また，炭素を 100 とした組成式は CI，CM，CR コンドライト等，もっとも始原的なものでおよそ $C_{100}H_{70-80}O_{15-20}N_{3-4}S_{1-4}$ であることが元素分析により知られている．

　近年は，隕石から化学的な抽出・分離をせずに，有機物をそのまま分析することも多く行われている．隕石を構成する組織は非常に細かく，有機物も鉱物微粒子の間などに細かく分散していることが多いため，走査型透過 X 線顕微鏡などの高空間分解能の手法が活躍している．特に，フィロシリケイトと有機物の分布にオーバーラップが見られることが多く，細粒のフィロシリケイトの粒界などに有機物が細かく分布していると考えられる．なかには 100 nm から 1 μm 程度の球形あるいはそれに近い形のナノグロビュールと呼ばれる比較的大きな有機物の組織もみられる．

(2) 宇宙塵（微隕石・惑星間塵）の有機物

　微隕石や惑星間塵には，有機物を含むものが多いが，微隕石や惑星間塵はそれ自体が微小 (数十〜数百 μm）であるため，抽出による可溶性有機物の分析は限られている．南極微隕石からはグリシンが検出されたとの報告がある．南極の氷に含まれるグリシン量よりは優位に多い量が検出されたが，同位体分析などによる地球外起源の確認までには至っておらず，地球由来の可能性は排除できない．このような微小な地球外物質のほとんどは顕微的な手法により直接分析される．微隕石や惑星間塵に含まれる有機物も隕石と同様に不溶性有機物の割合が高いと考えられる．もっとも始原的な隕石よりも微隕石や惑星間塵の方が一般に炭素の含有量が多く，有機物の構造もより始原的なものが多い．ただし，微隕石や惑星間塵は大気圏での摩擦熱によって有機物が変化している場合があるので注意が必要である．南極から発見される微隕石の一部 (100 個中 1 個程度）に，超炭素質微隕石と呼ばれる，ほとんど有機物で構成されるものが見つかっている．これらはおもに隕石の不溶性有機物のような固体であるが，隕石のものよりも窒素に富む場合が多いといった特徴がみられる．有機物がきわめて多く始原的なことから，超炭素質南極微隕石は彗星由来と考えられている（図 3.18 参照）．

（3）彗星の有機物

　彗星の観測は古くから行われており，1986 年のハレー彗星（1P/Halley）接近の際は，各国こぞって探査機を打ち上げて観測を行った．これにより，水氷（H_2O）の他，一酸化炭素（CO），二酸化炭素（CO_2），メタン（CH_4），エタン（C_2H_6），アセチレン（C_2H_2），ホルムアルデヒド（HCHO），メタノール（CH_3OH），アンモニア（NH_3），シアン化水素（HCN），硫化水素（H_2S）などの分子が観測された．また，CHON 粒子と呼ばれる炭素・水素・酸素・窒素を主成分とする塵の存在が明らかとなった．さらに，1996 年と 1997 年にはそれぞれ百武彗星（C/1996 B2 Hyakutake）とヘール・ボップ彗星（C/1995 O1 Hale-Bopp）の接近があり，エチレングリコール（$(CH_2OH)_2$），ギ酸（HCOOH），ギ酸メチル（$HCOOCH_3$），アセトアルデヒド（CH_3CHO），また窒素を含む化合物: イソシアン酸（HNCO），イソシアン化水素（HNC），アセトニトリル（CH_3CN），シアノアセチレン（HC_3N），ホルムアミド（NH_2CHO），さらに硫黄を含む化合物: 硫化カルボニル（OCS），酸化硫黄（SO, SO_2），二硫化炭素（CS），チオホルムアルデヒド（H_2CS），硫化窒素（NS）などが新たに見つかった．その後もさまざまな彗星の観測が行われており，最も単純な糖ともいえるグリコールアルデヒド（CH_2OHCHO）なども見つかっている．

　欧州の彗星探査機ロゼッタ（Rosetta）は 2004 年に打ち上げられ，2014 年にチュリュモフ・ゲラシメンコ彗星（67P/Churyumov-Gerasimenko）に到達しさまざまな観測を行った．彗星から放出されている塵の成分は鉱物と有機物の質量比がおよそ 55 : 45 程度と推定されており，きわめて有機物の割合が高いことが分かった．プロピオンアルデヒド（C_2H_5CHO），アセトン（CH_3COCH_3），アセトアミド（CH_3CONH_2），イソシアン酸メチル（CH_3NCO）など，これまで彗星に見つかっていなかった化合物も多く発見された．もっとも単純なアミノ酸であるグリシンと考えられる質量スペクトルも観測された．また，NASA の探査機スターダスト（Stardust）は，2004 年にヴィルド第 2 彗星（81P/Wild2）の塵を回収し，2006 年に地球に帰還した．スターダストで捕集された粒子から検出されたグリシンはその炭素同位体組成から地球外起源であることが確認された．彗星塵中の有機物の多くは隕石に見られるような不溶性有機物のような物質であったが，炭素質コンドライトの有機物と比較して不均質で，酸素や窒素の割

合が高く，芳香族炭素の割合が低いことが知られている．ナノグロビュールも見つかっている．しかし，ヴィルト2彗星粒子は，エアロゲルによる捕集の際の高速衝突やエアロゲル由来の有機汚染による影響もみられ，解釈には注意を要する．

彗星の氷の材料となるような分子雲の氷の観測も，2021年に打ち上げられたジェイムズ・ウェッブ宇宙望遠鏡で進められている．H_2O を主成分とする氷には，CO_2, OCN, NH_3, CO, OCS が含まれることがわかったほか，より複雑な有機分子の官能器と考えられるような特徴も見出されている．分子雲での氷の化学進化に関し，さらなる観測の進展が期待される．

彗星と比較すると，小惑星に存在する有機物の直接的な観測や探査はあまり行われてこなかった．小惑星はその表面の可視近赤外スペクトル（紫外スペクトル領域やアルベドも考慮される場合もある）により分類されている．C型やB型に分類される小惑星にはそのスペクトルに目立った特徴がなく，表面が暗い物質に覆われていると考えられている．これらの小惑星の反射スペクトルは炭素質コンドライトと類似していることから，これらの隕石の母天体であり，有機物が多く含まれていると考えられている．日本の探査機「はやぶさ」は，世界で初めて小惑星の試料を持ち帰ることに成功した．しかし，ターゲットの小惑星であるイトカワ（25143 Itokawa）は高温を経験しているS型小惑星であり，有機物はほとんど含まれていない．2020年12月には探査機「はやぶさ2」が，有機物を含んでいると期待されるC型小惑星リュウグウ（162173 Ryugu）から試料を持ち帰った（3.6.4節参照）．続いて，NASAのOSIRIS-RExが同様に有機物を含むであろうB型小惑星ベンヌ（101955 Bennu）から2023年9月に試料を持ち帰った．これらの探査により，小惑星の有機物に関する直接的な知見が飛躍的に向上するだろう．

（4）有機物の起源と母天体プロセス

彗星や隕石などに含まれる有機物が，どこでどのように形成されたのかはいまだに統一的な見解には至っていない．有機物は宇宙におけるさまざまな場や過程で作られ得るため，我々が観測している有機物はおそらく多様な起源をもつものが混合したり，複数のプロセスが積み重なった結果であると考えられる．

有機物の起源の指標となるものの一つに水素・窒素・炭素などの安定同位体比

がある．特に重水素や重窒素が地球の値よりも過剰となる同位体比異常は，始原的であることの指標とされている．特に，数百 nm 程度の狭い領域に特異的に高い重水素（^{2}H あるいは D）や重窒素（^{15}N）の濃集が見られる場合がある（ホットスポットと呼ばれる）．一般に，このような同位体比異常は分子雲や太陽系外縁部の極低温条件に由来するものと考えられているため，このような同位体異常を持つ有機物あるいはその前駆物質は極低温環境で形成されたと考えられる．しかし，有機物の形成後に太陽系外縁部でイオンによる照射を受けた場合もこのような同位体異常が起こることが指摘されている．水素などの安定同位体比は，母天体でのプロセスによっても変化する．たとえば，炭素質コンドライトの不溶性有機物の重水素の割合（試料の D/H 比と標準物質の D/H 比の値を用いて $\delta D(‰) = [(D/H)_{試料}/(D/H)_{標準物質} - 1] \times 1000$ で表すのが一般的）は，より変成を受けたものの方が低い傾向がある．これは水質変成時に，δD 値が比較的低い水との同位体交換が起こったためと考えられている．一般に隕石に含まれる有機化合物の ^{12}C に対する ^{13}C の割合（δ^{13}C 値）も地球の有機物の値よりも高い値をとるため，地球の有機物と区別することができる（ただし，不溶性有機物についてはその限りではない）．炭化水素，カルボン酸，アミノ酸等の同族体は，炭素の数が多いものほど δ^{13}C 値が低い傾向が見られる．これは，炭素数の小さい化合物から段階的に炭素数が大きい同族体が形成されたことを示している．

　宇宙における有機物の化学進化過程はさまざまであり，星周，星間塵や原始惑星系円盤でのプロセスは 1 章のとおりである．有機物は，星間分子雲や原始太陽系円盤の外縁部の極低温環境における光化学プロセスでも形成される．分子雲コアでのイオン・分子反応に続き，塵に吸着した分子の粒子表面反応によりギ酸，メタノール，ホルムアルデヒド等の低分子有機物が生成する．塵の氷マントル中のこれらの低分子有機物に宇宙線や紫外線が照射され，さらに温まることによってさまざまな複雑な有機物が形成したと考えられている．星間塵を模した実験で，水にメタノールやアンモニアを含む氷に紫外線や粒子線を照射して室温に戻すと，アミノ酸の前駆体を含むさまざまな有機物が形成されることが知られている．一方，円盤ガスの高温部分では，数百度のガス中で H_2 と CO から炭化水素が形成するフィッシャー・トロプシュ（Fischer-Tropsch）型反応や，プラズマによる反応で固体有機物を形成することができる．アンモニアガスを添加した

フィッシャー・トロプシュ型反応からはアミノ酸の形成も確認されている．ただし，これらの高温プロセスでは隕石などに含まれる有機物の水素同位体等の組成を説明しにくいという難点がある．

　隕石母天体となる小天体内部では水質変質や熱変成などのプロセスがあり，有機物の形成や変化が起こる．特に水質変質過程では，液体の水とほどよい温度（0–150°C 程度）に加え材料となるさまざまな分子の存在により，化学進化にとって格好の環境である．アミノ酸は，このような液体の水の存在する環境でシアン化水素，アンモニア，アルデヒド（またはケトン）を出発物質としたストレッカー（Strecker）型反応で形成されたと考えられてきた．ただし，ストレッカー反応で形成されるアミノ酸は α-アミノ酸のみであるため，それ以外のアミノ酸については説明できない．β-アミノ酸については，不飽和ニトリル（たとえば $CH_2{=}CH\text{-}C{\equiv}N$）へのアンモニア付加（マイケル付加反応）での形成が挙げられる．また，ホルムアルデヒドから糖を形成するホルモース反応がさらに進行すると固体有機物を形成することができ，アンモニアを加えれば多様なアミノ酸も形成されることが知られている．

　熱変成が進み，隕石母天体内部が高温になった場合は，おもに有機物は熱により分解されるか，芳香族化が進行する．また，上述のフィッシャー・トロプシュ型反応が起こる可能性もある．特に，比較的熱を受けた隕石に多く見られる直鎖の ω-アミノ酸（β-アラニン，γ-アミノ酪酸酸等）はフィッシャー・トロプシュ型反応により形成された可能性が指摘されている．さらに，有機物の熱分解や芳香族化は，隕石母天体などでの加熱過程の指標ともなる．隕石に含まれる不溶性有機物は，変成が進行するにつれ，H/C 元素比や δD 値の減少，脂肪族鎖やカルボニル基の減少，芳香族化の進行などが起こったことが知られている．このような不溶性有機物の構造変化を指標とした加熱温度の推定法が提案されている．あくまで概括的にではあるが，多様なコンドライトに含まれる不溶性有機物は，彗星に含まれるような始原的な有機物を出発として，さまざまな変成をうけることによって現存の多様性が生まれたと考えることもできる．しかし，その詳細については不明な点も多く，今度の研究の進展が期待される．

図 3.19　「はやぶさ 2」が探査した小惑星リュウグウ（口絵 11
参照，ⒸJAXA，東大など）

3.6.4　小惑星リュウグウの有機物

　探査機「はやぶさ 2」は C 型小惑星リュウグウ（図 3.19）表面 2 地点での試
料採取に成功し，地球に試料を持ち帰った．総量 5 g を超える試料は，炭素質コ
ンドライトのなかでも CI コンドライトと分類される隕石によく似ていた（図
3.20）．CI コンドライトは地上に 9 個しか存在せず，非常に珍しい隕石である
が，化学組成が水素やヘリウムなどの希ガスを除き，太陽光球の元素存在度に
もっとも近いコンドライトで，太陽系元素存在度の指標ともなっている隕石であ
る．小惑星としては普遍的な存在である C 型小惑星から，CI コンドライト的物
質が持ち帰られたということは，隕石に占める割合（地上で保管される約 7 万個
の隕石の中で CI コンドライトに分類される隕石は 9 個しかない）よりも，CI
コンドライト的物質が太陽系に豊富に存在する可能性を示す．CI コンドライト
が隕石として少ないのは，それらが脆いために，大気圏で流星として燃え尽き，
地上まで到達していないことが原因であると考えられる．微隕石や惑星間塵に
は，隕石に比べて，CI コンドライト的物質を含め，相対的に炭素質コンドライ
トに似たものが多いが，これは地球大気圏に突入する以前にすでに細粒化してい

図 **3.20** 「はやぶさ 2」が持ち帰ったリュウグウの石．第 1 回目の着地で採取された試料（口絵 12 参照，ⓒJAXA）

た可能性も示唆する．

リュウグウ試料は含水鉱物（フィロシリケイト）が体積の約 85% を占め，炭酸塩，硫化鉄，磁鉄鉱などが存在する．これらの鉱物は水との反応でできる鉱物や，水の中で析出する鉱物であり，かつてリュウグウの母天体には，液体の水が存在したことが明らかとなった．鉱物の種類から，形成直後のリュウグウにおける水と鉱物の存在比は，質量比で 0.2 から 0.9 であると推定される（持ち帰られたリュウグウ試料中の H_2O 含有量は約 7 wt% である）．

かつてリュウグウに存在した液体の水そのものも硫化鉄の中の包有物として，発見された．この水には二酸化炭素が含まれることもわかり，炭酸塩が発見されることとも調和的である．二酸化炭素の起源として考えられるのは，CO_2 氷（ドライアイス）であり，二酸化炭素が CO_2 氷として，リュウグウ母天体に持ち込まれたのであれば，リュウグウの形成場所は CO_2 スノーラインの外側であることが示唆される．炭酸塩中の炭素も含めたリュウグウ試料中の炭素は約 5 重量% であり，炭素質コンドライトにおける炭素存在度と比較して，最大級であった．炭素のうち，約 2/3 が有機物として存在することも判明した．

リュウグウ試料から有機溶媒や熱水で抽出される有機物については，アミノ

酸，カルボン酸，PAHs，アミン，含窒素芳香族化合物をはじめ，未同定分子種を含む約 2 万種の有機分子が検出された．アミノ酸については，グリシン，アラニン，バリンなどのタンパク質性，α-アミノ酪酸，イソバリン，ノルバリンなどの非タンパク質性を含む計 15 種が同定定量された．これらの光学異性体比はいずれもほぼラセミ体で，リュウグウ試料のアミノ酸が宇宙で非生物的に形成された証拠を示している．ただし，これらの濃度は数 ppb と，CI コンドライト中のアミノ酸の濃度より少ない．カルボン酸についてはギ酸，酢酸などの低分子が主要であった点，PAHs にはアルキルベンゼンを含み，ピレン/フルオランテン比が高かった点からも，リュウグウの母天体では熱水反応が進行した可能性が示唆されている．含窒素芳香族化合物については，アルキル構造（R-(CH$_2$)$_x$）を含むピリジン，ピリジンカルボン酸，核酸塩基の一種であるウラシルなどが検出された．アルキルピリジンの炭素数分布はリュウグウと隕石で異なり，水との反応の違いを反映している可能性がある．アミンについてはメチルアミン，エチルアミンといった揮発性の高い低分子が主要であったことから，これらはリュウグウ表面では塩として存在したと考えられ，リュウグウの近赤外反射スペクトルの波長 3.1 μm 付近の未知の吸収との関連性が期待されている．

　一方で，リュウグウ試料に含まれる有機物の大部分は，ケロジェンに似た黒色で酸不溶性の固体有機物（複雑な構造をした巨大分子）であることが判明した．リュウグウの固体有機物の分光学的特徴は，CI，CM コンドライトの有機物のものと調和的で，おもに芳香族炭素，脂肪族炭素，ケトン基，カルボキシル基などから構成される．結晶性に乏しい無秩序な芳香族構造を有し，短寿命放射性核種による内部加熱や衝突による高温の加熱を経験していないことも明らかとなった．また，リュウグウ試料中の有機物の平均的な水素・窒素同位体組成は，CI コンドライトのバルク組成および不溶性有機物の値に近い．これらの結果から，始原的な炭素質コンドライトの有機物は，C 型小惑星の有機物に由来することが実証された．また，重水素（D）または/および ^{15}N に富む，または欠乏する固体有機物が検出され，星間分子雲や原始惑星系円盤の外側といった極低温環境に由来するリュウグウ有機物の前駆物質が局所的に保存されていることが見出された．

　リュウグウのほとんどの固体有機物が含水鉱物や炭酸塩と混合・隣接した状態で分布しており，前駆的な有機物がリュウグウ母天体で液体の水と反応して新た

な有機物に変化したことが示唆される．リュウグウの固体有機物の化学組成と形態は，隕石中の不溶性有機物よりも多様であり，リュウグウ母天体における水との反応の進行に伴い粒子状・球状有機物の芳香族化や酸化が進むとともに，前駆物質のフィロシリケイト層間への吸着・加水分解によって新たな有機物が生成した可能性がある．

　リュウグウ（C型小惑星）の固体有機物の特徴を，D型小惑星（Tagish Lake隕石），彗星（彗星塵，惑星間塵，微隕石）のものと比較すると，リュウグウの固体有機物の δD の範囲は，母天体で水との反応を経験した隕石に類似する一方で，水との反応をほとんど経験していない彗星物質の値に比べると低い．したがって，原始惑星系円盤で生じた共通の前駆物質が，C型・D型小惑星で起こったような水との反応を経験した結果，リュウグウの有機物を生じたといえる．また，リュウグウの固体有機物の N/C は CI, CM コンドライトの値と類似するが，Tagish Lake 隕石の N/C の方がやや高く，彗星塵，惑星間塵，微隕石の N/C はさらに高い．N/C は液体の水によって変化しにくいため，星間分子雲や原始惑星系円盤における気相–固相間での分配や，彗星の近日点通過により生じたものであろう．このような，異なる小天体物質間で見られる化学組成の類似点と相違点は，C型小惑星，D型小惑星，彗星にそれぞれ取り込まれた原始惑星系円盤での前駆物質に共通性と連続性とがあることを示唆している．

第**4**章

太陽系外における生命とその探査

4.1 系外惑星の「世界」とその観測

地球以外の天体における生命の可能性とその議論は，現代のアストロバイオロジーにおける中心課題のひとつである．近年の天文観測技術の進展に基づく系外惑星の発見およびその詳細な観測によって，人類は初めて太陽以外の恒星のまわりの惑星や衛星における生命の議論を科学的に行うことが可能な時代に到達した．この世界観の拡大を歴史になぞり，系外惑星を「新世界」と呼ぶ人もいる．

系外惑星の発見からまだ 25 年ほどしか経っていないが，多種多様な系外惑星が数千個も発見されている．我々になじみ深い太陽系内の惑星，すなわち，木星型惑星，海王星型惑星，地球型惑星だけでなく，太陽系には存在しない種類の惑星も数多く発見されている．さらに，地球サイズ（2 地球半径以下）の惑星も数百個報告されており，地球の約半分（火星サイズ）の惑星も発見されている．

アストロバイオロジーの研究においては，恒星のまわりの惑星表面上で液体の水が存在可能な領域，すなわち，ハビタブルゾーンにある小型（地球サイズ）の系外惑星の観測が重要である．このような惑星を temperate planet（適温惑星）と呼ぶことがあるが，本章では誤解がない限りハビタブル惑星（生命居住可能惑星）と呼ぶことにする．いっぽう，太陽系内のハビタブルゾーンの議論において3.1 節で詳しく述べたように，ハビタブルゾーンの定義はさまざまな不定性に依

存するため，本章の前半ではハビタブルゾーンという限られた領域にある惑星だけに着目するのではなく，さまざまな距離にある地球のような小型（低質量）の惑星の検出方法について解説する．さらに，成功している系外惑星観測ミッションや将来の大型ミッションを紹介する．また，もっとも近い恒星のまわりの系外惑星についても触れる．系外惑星の統計については 4.2 節で紹介する．4.3 節ではハビタブルな惑星についての詳細な解説を行う．

4.1.1 系外惑星の発見と探査

太陽系外の恒星を周回する惑星（Mayor and Queloz 1995）および中性子星を周回する惑星（Wolszczan and Frail 1992）の発見以来，5000 個以上の確認済み惑星が報告されている（http://exoplanet.eu/）．これらを太陽系外惑星（extrasolar planet, exoplanet），略して系外惑星と呼ぶ．「確認済み」というのは，観測手法によっては確実に惑星と言えず追証観測が必要な惑星候補に留まる場合があるためである．天文学では，系外銀河など天の川銀河以外の意味で「系外」を使うことが多いので注意が必要である．本書では誤解のない範囲で系外惑星を用いる．同様に太陽系内の惑星を本書では系内惑星と呼ぶ．

系内惑星の数百倍もの多数の系外惑星が発見されているわけであるが，その多様性は天文学者の想像を超えるものであった（系外惑星の分類や統計については 4.2 節参照）．多様な系外惑星の中でも，とりわけ生命を宿す可能性のある惑星として地球サイズのハビタブル惑星の探査が加速的に進みつつある．これらの多くは年齢数十億年の恒星（主系列星）を周回する惑星である．

いっぽう，惑星は星形成プロセスの副産物であるため，まずは系外惑星そのものの観測ではなく惑星形成プロセスに着目して，惑星形成現場である原始惑星系円盤や惑星形成の名残ともいえる残骸円盤などの観測が最近になって大きく進んだ（1.4 節）．円盤の観測では太陽系サイズの円盤の微細な構造（ギャップ，渦巻腕，非対称分布）が数多く見つかった．これらは，惑星がすでに生まれている間接的証拠と考えられているが，最近になってようやく，年齢数百万年の恒星のまわりにそのような間隙に生まれたばかりと考えられる惑星も直接に撮像された（PDS 70b, AB Aur b. なお惑星名は，主星名に発見順に b, c, ⋯ という小文字アルファベットをつけて表す）．これらの系外惑星・惑星形成の観測は可視

光・赤外線・電波を中心とした波長で行われている．将来的には紫外線・X 線あるいはセンチ波による系外惑星の検出も期待されている．

また，太陽系は，太陽という G 型星（G 型星は，0.8–1.2 太陽質量の主系列星のこと）を周回する惑星や小天体から構成されるシステムであるが，G 型星以外の恒星，連星系・多重星系（主星が 2 個以上），主系列に達していない若い恒星のまわりなど，さまざまな主星のまわりの惑星探査も進みつつある．特に，M 型星と呼ばれる太陽質量の半分から約 1/10 程度の恒星のまわりの惑星は地球近傍にも数多く，より小型の惑星が検出しやすく，かつ，その詳細な観測も可能となるため，現在もっとも注目されている恒星系である．

本節では，多様な系外惑星の検出に寄与した系外惑星の検出・観測について紹介する．系外惑星検出法は，間接法，準直接法，直接法の 3 つに大別される．（1）間接法は，系外惑星そのものを観測するのではなく，惑星が存在することによる影響や効果を主星の方を観測することによって，いわば間接的に惑星を検出する．ドップラー法（視線速度法，動径速度法とも呼ぶ），トランジット法，マイクロレンズ法，アストロメトリ法，タイミング法などが含まれる．（2）準直接法は，惑星からの光を恒星からの光と区別することができるが，空間的に恒星と惑星は分解していない．トランジット法の一部である熱放射のトランジット法，惑星反射光の分光法あるいは偏光法が含まれる．（3）直接法は，惑星からの光を恒星からの光と空間的に分離して，撮像あるいは分光により観測する．これらの観測により，惑星を発見・検出するだけでなく，惑星の物理的性質（半径，質量，軌道パラメータ，大気など）を求めることができる．ここではドップラー法，トランジット法，マイクロレンズ法，準直接法，直接法のみを扱う．また，アストロバイオロジーにとって重要なミッションや代表的惑星系についてもまとめる．

4.1.2 ドップラー法

ドップラー法は，惑星が主星の周りを公転する際の主星の微弱な運動を，主星が放つ光の波長の周期的なドップラー偏移として測定する．これは，主星の空間速度のうち，視線に沿う速度を決定していることに対応しており，視線速度法あるいは動径速度法とも呼ばれる．恒星大気の吸収線の視線速度測定には，分解能数万から数十万程度の高分散分光器（high-dispersion spectrometer）を用いる．

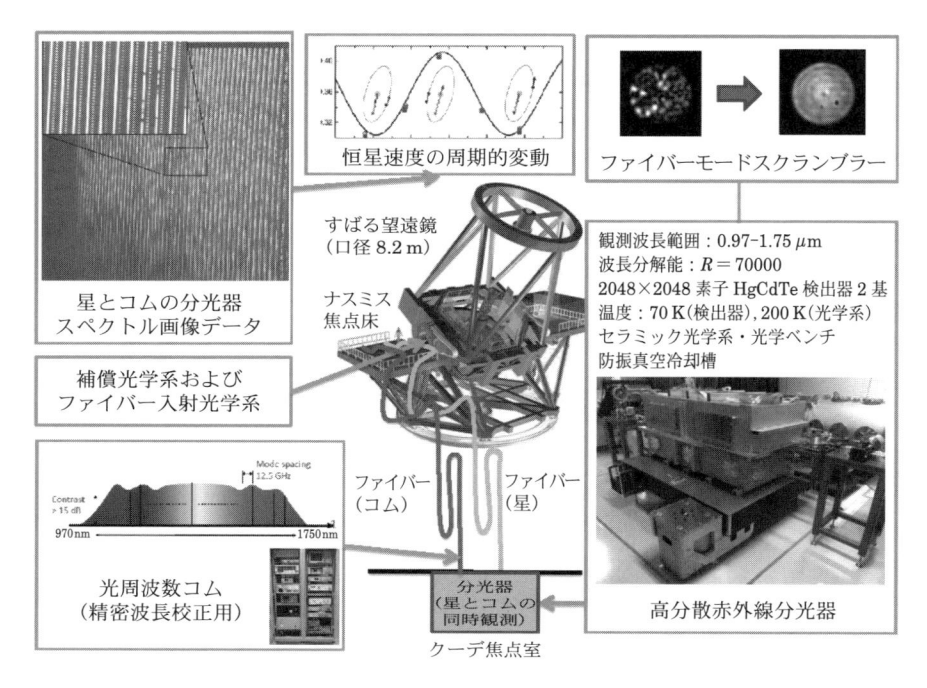

図 **4.1** すばる望遠鏡用赤外線分光器 IRD の概念図．系外惑星の公転による恒星の周期的な視線速度の変動を，恒星大気の吸収線のドップラー効果による波長変化として捉える．すばる望遠鏡で集められ，さらに補償光学系により波面補正された恒星からの光と，精密波長校正のための光周波数コムの光は，ともにファイバーを経て高分散赤外線分光器でスペクトルに分解される．ファイバーのモードに起因するノイズを低減するためのスクランブラーも利用されている．広い波長域のスペクトルが高感度多素子赤外線二次元検出器で一度に検出される（左上）．この画像データから波長と強度の一次元データとして抽出される．さらに，光周波数コムを用いた精密な波長校正後に，恒星の周期的な速度の微小な変動が検出される（アストロバイオロジーセンター）．

高精度視線速度観測には，これまで可視光波長が使われてきたが（例：欧州南天天文台の口径 3.6 m 望遠鏡用分光器 HARPS），近年は近赤外線波長も利用されるようになった（例：日本の口径 8.2 m すばる望遠鏡用分光器 IRD，図 4.1 参照）．

ドップラー法における恒星速度の振幅 K は次式で表される.

$$K[\mathrm{cm\,s^{-1}}] \sim 10(M_{\mathrm{planet}}[M_{\mathrm{earth}}] \times \sin i)/(a[\mathrm{au}] \times M_{\mathrm{star}}[M_{\mathrm{sun}}])^{1/2} \quad (4.1)$$

ここで M_{planet} は惑星質量, i は惑星軌道面の傾き（軌道傾斜角）, M_{star} は恒星の質量, M_{earth} は地球質量, a は軌道長半径, M_{sun} は太陽質量である. 惑星質量が大きいほど, また, 軌道長半径が小さいほど速度振幅が大きくなり, かつ, 周期が短く何度も観測がしやすいので, 巨大近接惑星（giant close-in planet）が検出しやすいというバイアスがある. ドップラー法単独では, 個々の恒星に対して得られる惑星質量には軌道傾斜角の不定性が含まれるため（$M_{\mathrm{planet}}\sin i$）, 惑星の最低質量だけが得られる. いっぽう, 軌道傾斜角で平均した惑星質量は真の質量の $\pi/4 \sim 0.8$ 倍となり, 真の質量と大差はない. よって, 統計的議論には個々の惑星の軌道傾斜角の不定性に起因する問題は差支えない.

上の式は, 太陽型恒星のまわりの地球軌道にある地球質量程度の惑星を検出するためには $10\,\mathrm{cm\,s^{-1}}$ 以下の速度精度が必要なことを示している. 現在, もっとも精密な分光器でも速度精度は $1\,\mathrm{m\,s^{-1}}$ のオーダーであり, 速度決定精度が $1\,\mathrm{cm\,s^{-1}}$ 程度以下にならない限り太陽型恒星のまわりのハビタブル地球型惑星探査はドップラー法では困難である. いっぽう, M 型星のまわりのハビタブル惑星探査は, 主星が太陽と比べ約 $1/2$–$1/10$ と軽くなり, かつ, ハビタブルゾーンも $1/10$ 程度に小さくなり周期も比較的短いので観測期間が短くて済むため, 現在のドップラー法の精度でも検出可能となる. しかし M 型星は表面温度が低いため, 従来の可視光による観測が難しいという問題が生じる. そこで, 近赤外線で比較的明るい M 型星の観測には, 赤外線高分散分光器と光周波数コムによる波長校正を用いたすばる望遠鏡用観測装置 IRD などが今後は重要になる.

ドップラー法は系外惑星検出法の中で初期から現在までもっとも頻繁に利用されている手法の一つであり, 2024 年 4 月現在, 約 1070 個の系外惑星がこの手法で発見されている. ドップラー法の最初の成功はホット・ジュピターであるペガスス座 51 番星 b（51 Peg b）の発見である（Mayor and Queloz 1995）. 本発見は 2019 年ノーベル物理学賞の対象となった. この成功に至る背景・歴史については, 巻末の参考文献（田村元秀 2015, 2019）を参照されたい.

太陽にもっとも近い 10 個の恒星のうち, プロキシマ・ケンタウリ, アルファ・

ケンタウリ伴星 B, バーナード星, ウォルフ 359, ラランデ 21185 の 5 恒星のまわりでは, ドップラー法による系外惑星の発見が報告されている. 近年は 4.1.3 節で説明するトランジット法の活躍が目覚ましいが, トランジットが観測される確率は小さいため, ごく近傍の惑星系の研究ではドップラー法は依然として独壇場となっている.

4.1.3 トランジット法

トランジット法は, 恒星の前面を惑星が横切る際の恒星全体の明るさの微小な変化を検出する. その光度変化は以下の式で書ける.

$$\Delta B/B[\%] \sim 0.01(R_{\mathrm{planet}}[R_{\mathrm{earth}}]/R_{\mathrm{star}}[R_{\mathrm{sun}}])^2 \tag{4.2}$$

ここで, $\Delta B/B$ は相対的な光度変化, R_{planet} は惑星半径, R_{star} は恒星半径, R_{earth} は地球半径, R_{sun} は太陽半径である. この式からわかるように, 太陽型恒星まわりの地球サイズの惑星をトランジット法で検出するためには 0.01%(100 ppm)以下の高い測光精度が必要である. このような高精度測光は, 地球大気のゆらぎの影響を受ける地上観測では非常に困難であり, 大気の影響のない宇宙空間での観測が不可欠である. 後述する NASA のケプラー衛星や TESS 衛星はこのような宇宙空間における超精密測光観測を実現し, ケプラー衛星はハビタブル惑星を含む多数の地球サイズの惑星を発見している.

トランジット法では恒星と惑星は分離して観測せず, 両者の明るさの合計のみが測定されるため, 惑星の恒星前面通過の際だけでなく, 惑星が恒星の背面に隠れる際(二次トランジット), あるいは, 惑星のさまざまな位相においても明るさの変化を検出することが原理的には可能である. しかし, 可視光波長では惑星からの光は反射光が卓越し, 恒星光と惑星光の比が大きすぎるため, 宇宙空間からの超精密トランジット観測でない限り位相や二次トランジットの検出は難しい. いっぽう, 赤外線波長では惑星は熱放射で相対的に明るいため, 二次トランジットを検出しやすくなる. スピッツァー宇宙望遠鏡は, その打ち上げ時には系外惑星は主たる観測対象ではなかったが, 2005 年の 8 μm および 24 μm における二次トランジット観測の成功以来, 宇宙における唯一の高精度赤外線望遠鏡として活躍し続けてきたが, 最近は後述の JWST がその役割を担っている. また, ハッブル宇宙望遠鏡も可視光から 1.65 μm までの赤外線トランジット観測を行

うことができる．赤外線における二次トランジット観測では，惑星光が減少した差分が検出されるため，準直接法となる．

　いっぽう，トランジットが観測されるためには，惑星の配置が特別，すなわち，地球と恒星を結ぶ視線上に惑星の公転面が位置する必要がある．そのような幾何学的確率は，恒星半径 R_{star} と軌道長半径 a で決まり，$P = R_{\mathrm{star}}/a$ で与えられる．恒星に近い（a が小さい）惑星の探査は非常に有効だが，太陽系の地球を遠方からトランジットで観測できる確率は約 0.5% である．

　ドップラー法が惑星質量下限値を与えるのに対し，トランジット法は，惑星半径や軌道の情報を与える．ドップラー法と同様に，トランジット法も巨大近接惑星が検出しやすいというバイアスがある．しかし，ドップラー法は軌道面が多少傾いていても，また主星からの距離が遠くても十分な精度・観測期間があれば惑星検出は可能だが，トランジット法は主星からの距離が遠いとトランジット確率も大きく落ちることには注意されたい．

　トランジット法による惑星探査では，トランジット確率が小さいため，一度に多数の星を観測する必要があり，比較的小口径の望遠鏡による空間解像度の低い撮像が行われる．その結果，偽陽性（false-positives）が無視できない．そこで，ほとんどのトランジット惑星候補は追観測を行い，確実に惑星であることを確認することが不可欠である．偽陽性の例としては，恒星同士がかすめる食連星や近傍の星の影響でトランジットの深さが薄まる（実際の減光量よりも低く見積もられ，惑星と誤認される）効果などが多い．トランジット法の最初の成功はホット・ジュピター HD209458 b の検出である（Charbonneau *et al.* 2000 と Henry *et al.* 2000 が独立に発見）．この惑星系ではトランジット分光観測により最初の惑星大気（ナトリウム原子）も検出された（Charbonneau *et al.* 2002）．トランジット法により約 3800 個の系外惑星が発見されている．

　トランジット法は，惑星を発見するためだけでなく，惑星を特徴づける上で非常に重要な観測方法である．たとえば，上述の赤外線二次トランジット観測により，惑星の有効温度を直接に求めることができる．また，トランジット法とドップラー法の両方の観測を同じ惑星系に対して行うことにより，初めて惑星質量（下限値ではない値）と惑星半径を決定し，惑星密度を求めることが可能となる．さらに，惑星半径・質量のデータを惑星内部・大気構造モデルと比較することに

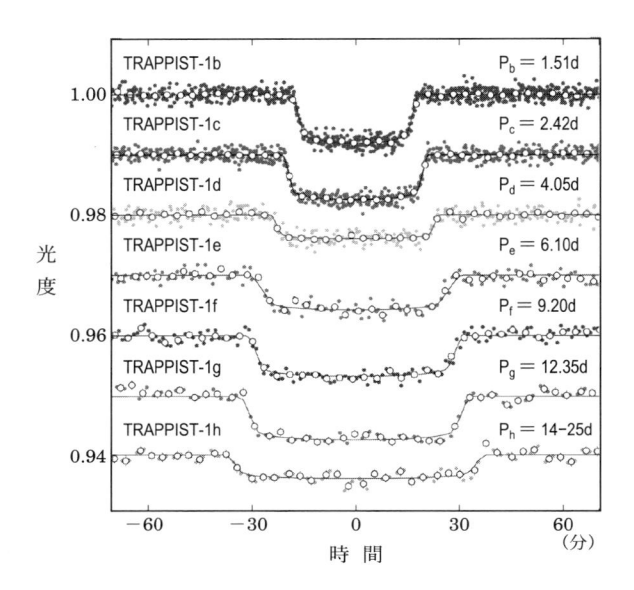

図 **4.2** スピッツアー宇宙赤外線望遠鏡による TRAPPIST-1 の 7 つの惑星のトランジットデータ（光度変化）．観測波長は 4.5 μm．小さな丸は元データ，白丸はビンニング（複数素子を併せてノイズ低減した）後のデータ，曲線はベストフィットされたトランジット曲線．周期で折り返してある．7 つの惑星の半径は 0.76–1.13 地球半径の範囲にあり，いずれも地球サイズ程度の惑星である．トランジット時間変動（TTV）と呼ばれる，複数の惑星から成る系における個々の惑星のトランジットのタイミングのずれから惑星の質量も推定されており，0.4–1.4 地球質量の範囲にある．この図では TTV による周期ズレは補正されている．質量の誤差はまだ大きいが，いずれも地球型の岩石惑星と考えられる（ESO/M. Gillon *et al.* 2017）．

より惑星内部構造・大気を研究することも可能である．トランジット法で発見された，7 つの地球型惑星を持つ M 型星 TRAPPIST-1 のスピッツアー望遠鏡による観測結果を図 4.2 に示す．

4.1.4 マイクロレンズ法

マイクロレンズ法は，光の重力レンズ効果を利用した惑星検出法である．光は重力場の影響を受けてその進行方向が湾曲する．ある遠方の天体と観測者の視線上のごく近傍に別の天体があると，あたかもその天体がレンズのように働き遠方の天体からの光が集められる．レンズとなる天体が銀河のように巨大な場合は，重力で歪んだ背景の銀河の像がレンズ天体から十分離れた位置に見られる．しかし，レンズとなる天体が恒星のように軽い場合は，レンズ天体と像はミリ秒角しか離れておらず，通常の撮像では分解できない（マイクロレンズ）が，遠方天体とレンズ天体の相互位置変化が明るさの変化（増光現象）として観測される．さらに，マイクロレンズ効果を起こしているレンズ恒星が惑星を持つ場合，恒星による増光のピークに加え，惑星による増光のピークが加わる．これがマイクロレンズ法（より正確には，重力マイクロレンズ法）による惑星検出である．惑星による変光の期間が数時間と短いため連続的なモニターが重要である．

他の系外惑星検出法と比べ，マイクロレンズ法は地球型惑星のような軽い惑星にまで感度があることが特徴である．また，マイクロレンズ現象の起こる領域は恒星の重力レンズによって作られる遠方天体のリング状の像の半径であるアインシュタイン半径で決まるため，恒星から数 au のところにある惑星が検出しやすい．そのため，恒星近傍の小さな惑星に感度が高いトランジット法やドップラー法とは相補的である．

マイクロレンズ法によりこれまでに約 260 個の系外惑星が発見されている．ただし，この方法では検出された系外惑星を追観測し特徴づけることが非常に難しいため，この方法の利用は系外惑星の現状では発見や統計的研究に限られている．

4.1.5 直接観測法

太陽近傍の系外惑星を考える際には，10 pc（約 30 光年）という距離が一つの目安となる．たとえば，10 pc の距離から太陽系を眺めると，地球は太陽からわずか 0.1 秒角離れた位置にある約 30 等の点光源にしか見えない．これは同じ場所から見た太陽より 10 桁近く暗い．明るい灯台のサーチライトに蛍の光がかき消されて見えないように，明るい天体の直ぐ近くにある暗い天体を同時に撮像することは非常に困難であり，高コントラスト（高ダイナミックレンジ）という新

技術が必要となる．地球大気のゆらぎによる星像の悪化をリアルタイムで補正する補償光学技術と高コントラストを得るためのコロナグラフ技術におけるハードウエア・ソフトウエア双方の発展により，2010 年ごろからすばる望遠鏡などの 8 m 級大望遠鏡では 100 au 程度以内の距離にある巨大惑星の熱放射を直接に撮像できるようになった．このような惑星は年齢が 10 億年よりも若く熱放射が比較的強いため，恒星と惑星のコントラストが比較的小さく（6 桁以下），反射光ではなく熱放射により直接に検出することができる．

　地球型惑星は巨大惑星より小さく，恒星に近い位置にあるため，巨大惑星の直接検出よりも，高感度，高解像度，高コントラストが要求される．これは，現在および近未来の望遠鏡では難しく，30 m 級の地上超巨大望遠鏡と超補償光学あるいは 4 m 級以上の宇宙望遠鏡が必要である．2025–2030 年代のファーストライトが計画される次世代地上望遠鏡の ELT（Extremely Large Telescope，以前は European を入れた E-ELT が正式名だった），TMT（Thirty Meter Telescope），GMT（Giant Magellan Telescope），また，2030 年代以降の次世代宇宙望遠鏡の HabEx（Habitable Exoplanet Observatory），LUVOIR（Large UV Optical Infrared telescope）のもっとも重要な課題のひとつは系外惑星の直接観測である．後者は，最近 HWO（Habitable Worlds Observatory）計画として本格的検討が開始された．地上 30 m 級望遠鏡では，その超高解像度（0.01 秒角）と高コントラスト（8 桁）を活かした M 型星まわりのハビタブル地球型惑星の撮像を狙う．一方，宇宙 4 m 級以上の望遠鏡では，その超高コントラスト（10 桁）と高解像度（0.05 秒角）を活かした G 型星まわりのハビタブル地球型惑星の撮像を狙う．このように両方の望遠鏡群は相補的である．

　これら将来の望遠鏡において，ハビタブル地球型惑星を観測するための最適波長については議論が続いている．8 m 級望遠鏡においてはすでに超補償光学系が近赤外線波長で実現しているため，波長 1 μm 程度の近赤外線における直接観測が主流となっている．しかし，この波長では恒星と惑星の反射光コントラストは可視光と変わらず，地球型惑星検出には 9 桁以上の性能が必要となる．このような高コントラストの実現は地上観測では難しい．いっぽう，中間赤外線波長では恒星・惑星のコントラストは惑星の熱放射の効果で 6 桁程度に低減するため，これまで未開拓の中間赤外線の高コントラスト

観測が実現できれば地球型惑星の直接観測が可能となる. 30 m 級地上超巨大望遠鏡では, TMT の PSI（Planetary System Instrument）の短波長チャンネル・超波長チャンネル・10 μm チャンネルや MODHIS（Multi-Objective Diffraction-limited High-resolution Infrared Spectrograph）赤外線分光器, 中間赤外線装置 MICHI（Mid-Infrared Camera, High-disperser, and IFU）, ELT（Extremely Large Telescope）の EPICS（ExoPlanet Imaging Camera and Spectrograph）と METIS（Mid-infrared ELT Imager and Spectrograph）などが近・中間赤外線波長での系外惑星直接観測用大型装置として計画されている.

4.1.6 ケプラーミッション

本小節では, 系外惑星観測を主目的とするミッションあるいはプロジェクトとしてもっとも成功したケプラーミッションについて紹介する. ケプラーミッションは口径 0.95 m のシュミット型望遠鏡を採用し, 42 個の可視光 CCD カメラで, つねにはくちょう座の 115 平方度内の 15 万個以上の恒星を一度にトランジット法で観測する宇宙ミッションである（Borucki *et al.* 2010）. NASA の中型ディスカバリークラスのミッションで, NASA として初めての系外惑星観測を主目的とした望遠鏡となった. 広視野を確保するために解像度は 4 秒角/素子と粗いが, 測光精度は 30–40 ppm と非常に高く, 太陽型恒星のまわりの地球型惑星をトランジット法で検出することができる. ケプラー衛星により約 4800 個の系外惑星候補が検出され, そのうち約 2800 個が確認されている. ただし, 観測された恒星が 9–16 等と比較的暗いため詳細観測が難しい. 周期の短い惑星に関するケプラー衛星の重要な結論を以下にまとめる（最初の包括的報告は Borucki *et al.* 2011 を参照. ただし, その後, より厳密な統計的補正が多くの論文として出版されており, 数値については注意が必要である）.

（1）恒星の約 65％に何らかの惑星が存在する. 観測バイアスから現在は未検出のもの（周期が長いものや質量の軽いもの）を含めると, この数値はほぼすべての恒星に何らかの惑星が存在することを示唆している.

（2）周期の比較的短い（水星の軌道よりも）内側の惑星の統計としては, 巨大惑星は数少なく（数％）, 海王星サイズ, スーパーアースサイズ, 地球サイズから海王星という小型惑星がそれぞれ 20％程度と数多い. この統計は, ドップ

ラー法から求められたものと矛盾していない.

（3）地球サイズの惑星が太陽型恒星まわりのハビタブルゾーンにある確率は 10%程度である（Petigura *et al.* 2013）. ただし, 推定の方法により推定値の隔たりは大きく, ほぼ 50%という解釈もある（Bryson *et al.* 2020）.

（4）地球サイズの惑星が M 型星まわりのハビタブルゾーンにある確率も推定されている. ケプラーミッションの主目的は太陽型恒星なので M 型星は少なく統計誤差は非常に大きいが, 15–50%と太陽型星よりも多数の地球サイズの惑星の存在が示唆されている（Dressing and Charbonneau 2015）.

ケプラー衛星のハビタブル惑星の頻度の結果から, 初めて天の川銀河内のハビタブル惑星の個数を定量的に推定することができる. M 型星の惑星のハビタビリティには賛否両論があるので, ここでは太陽型恒星のまわりの惑星のみで考える. 天の川銀河内の約 2000 億個の恒星のうちの約 20%が太陽型星, そのうちの約 10%がハビタブル惑星を持つ（上記（3））すると, 銀河系だけでも約 40 億個のハビタブル惑星が存在すると期待される. ただし, 上記のようにこの推定には, おもにハビタブル惑星のサイズ（上限サイズ, 下限サイズの両方）とハビタブルゾーンの定義の不定性があることに注意されたい.

所期のケプラーミッションは 2009 年の打ち上げから, 4 つのジャイロのうち 2 つの機能を喪失した 2013 年までほぼ 4.5 年間行われた. 2013 年以降は, 太陽放射圧を利用して姿勢制御を行い黄道面に沿って年 4 回視野を変える K2 ミッションとして 2018 年まで活用された. これにより, 黄道面に沿った（若い星団なども含む）領域で地球型惑星が発見できるようになった. K2 ミッションの期間だけでも約 550 個の確認済み系外惑星を報告している.

4.1.7　TESS ミッション

ここでは, ケプラーミッションでは難しかった, 将来の系外惑星の詳細観測にとって重要な, 近傍の系外惑星の検出で期待される TESS（Transiting Exoplanet Survey Satellite）ミッションについて紹介する. TESS は 2018 年 4 月に打ち上げられた, 可視光波長（0.6–1.0 μm）の系外惑星トランジット観測専用の衛星である. 口径 10 cm の 4 つレンズ式望遠鏡を用い, 24 度 ×（24 度 ×4）の帯状の視野内の恒星を一度にとらえる. その後順次天球を移動しつつ,

全天に近い範囲をカバーするように合計約 20 万個の明るい恒星（4 等級 $< I <$ 12 等級）をトランジット観測する．連続観測時間は，黄道極域で 351 日と長く，黄道面に近い領域では 27 日しかない．測光精度は 200 ppm 程度とケプラー衛星に比べると悪いが，サイズの小さい恒星を観測する場合は地球サイズの惑星まで検出できるため，M 型星の観測がとりわけ重要視されている．いっぽう，解像度が 21 秒角/素子と非常に粗いため，地上からのさまざまな手法による追証観測が非常に重要となり，TFOP（TESS Follow-up Observing Program）という追観測チームが形成されている．

　ケプラー衛星より小口径ではあるが，ケプラー衛星では近くの明るい恒星が観測できず，現在あるいは近い将来の望遠鏡で観測可能な惑星候補がないという状況を克服し，JWST および次世代望遠鏡で詳細な観測が可能な惑星の観測対象を提供することができる．

4.1.8　JWST ミッション

　すでに発見されている，あるいは，今後発見される系外惑星の大気などの詳細観測においてもっとも期待される望遠鏡の一つが JWST（James Webb Space Telescope）である．JWST は，口径 6.6 m 相当の軽量の 18 分割ベリリウム金属鏡からなる天文学汎用の宇宙望遠鏡である．波長 $2\,\mu$m で回折限界となるよう近赤外線で最適化されているが，鏡の温度は 50 K と低温であるため熱赤外線における感度が非常に高い．当初予定よりは遅れたが，2021 年のクリスマスに打ち上げられ，本格的な観測による初期成果が出始めている．観測装置は，観測波長域を $\lambda\lambda$，波長分解能 $\lambda/\Delta\lambda$ を R とすると，近赤外線カメラ NIRCam（Near-Infrared Camera; $\lambda\lambda0.6$–$5\,\mu$m，R4, 10, 100, 2000），近赤外線分光器 NIRSpec（Naer-Infrared Spectrometer; $\lambda\lambda0.7$–$5\,\mu$m，R100, 1000, 2700），中間赤外線装置 MIRI（Mid-Infrared Instrument; $\lambda\lambda5$–$28.8\,\mu$m，R5, 100, 3000），近赤外線装置 NIRISS（Near Infrared Imager and Slitless Spectrograph; $\lambda\lambda1.6$–$4.9\,\mu$m，R100）の 4 つであり，いずれも系外惑星観測，とりわけトランジット観測で威力を発揮する．観測対象としては，トランジット法ですでに発見されている TRAPPIST-1 惑星系や TESS 衛星が今後発見する惑星系など，近傍の比較的明るい惑星系がもっとも重要と考えられる．図 4.3 に JWST で期待される地球型惑星のトランジットスペクトルを示す．

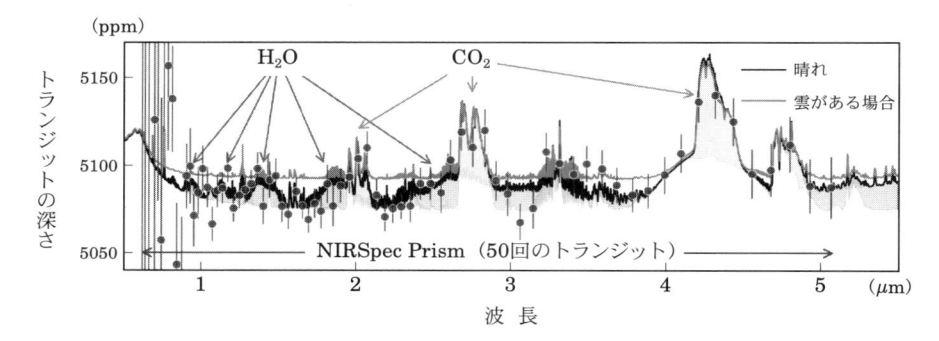

図 **4.3** 惑星 TRAPPIST-1e の JWST による模擬スペクトル．黒線と灰色線はそれぞれ，晴れと雲がある場合の地球のスペクトルから求めたモデル．グレーの点は，50 回のトランジットを積分したもの．雲がある場合には大気の特徴が見えにくくなる（Lustig-Yaeger *et al.* 2019, *AJ*, 158, 27）．

4.1.9 WFIRST ミッション改めローマン宇宙望遠鏡

WFIRST（Wide Field Infrared Survey Telescope）は，ハッブル宇宙望遠鏡と同じ口径 2.4 m の宇宙望遠鏡であり，JWST の次の NASA の旗艦ミッションと位置付けられている．2019 年にローマン宇宙望遠鏡（Nancy Grace Roman Space Telescope）と改名された．ローマンは NASA の宇宙科学局の初代天文学主任も務めた米国の女性天文学者である．ローマン宇宙望遠鏡は 2026 年頃に打ち上げられる予定である．望遠鏡自体は天文学汎用であるが，系外惑星用の観測装置は広視野赤外線カメラ（WFI）と可視光コロナグラフ（CGI）に特化されており，遠方銀河・宇宙論と系外惑星の 2 つの分野にとって重要である．WFI の系外惑星分野における主目的は，銀河中心近傍の赤外線波長によるマイクロレンズ観測により，比較的長周期かつ火星程度の軽い惑星までの統計を解明することである．これはケプラー衛星の惑星統計と相補的であり，双方を併せることで，短周期から長周期までの地球質量以上の系外惑星の統計が初めて明らかになる（図 4.4）．いっぽう，CGI は，宇宙で初めて補償光学を利用し鏡面波面誤差を補正したコロナグラフとなり，地上では実現が困難な 9 桁以上の高コントラストの実現を目指している．これにより，多くの惑星からの反射光が検出可能となり，将来の HabEx や LUVOIR 改め，HWO ミッション（4.1.10 節参照）のコ

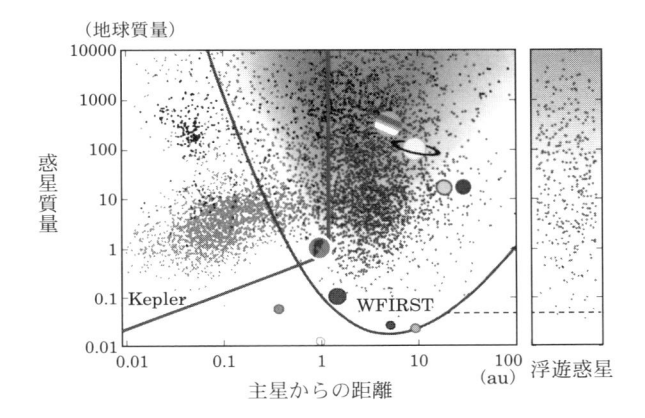

図 **4.4** 系外惑星および系内惑星の主星からの距離（au）と惑星質量（地球質量）の関係．図の中心近くにあるのが地球．ローマン（WFIRST）宇宙望遠鏡によるマイクロレンズ法で期待される惑星は釣鐘状の曲線の上側の点．Kepler 衛星によるトランジット法で検出された惑星が左側の折れ線の上の点．ケプラー衛星以外で検出されている惑星の一部もプロットされている．右図はローマン宇宙望遠鏡で検出が期待される主星のない惑星（浮遊惑星）の質量分布（Penny *et al.* 2019, *ApJS*, 241, 3）．

ロナグラフのための技術実証とも位置づけられる．

4.1.10 HWO ミッション（旧 HabEx および LUVOIR ミッション）

いずれも，2030 年代以降の打ち上げを目指す NASA の旗艦ミッションであり，系外惑星の直接観測が主目的である．HabEx は，口径 4 m の軸はずし望遠鏡とコロナグラフあるいは約 80 万 km 離れたところに置かれた外部オカルター（スターシェードとも呼ぶ）という直径 52 m の巨大な遮蔽物との組み合わせで 10 桁以上のコントラストを実現する．LUVOIR は，口径 10 m 程度の望遠鏡とコロナグラフの組み合わせで 10 桁以上の高コントラストと高解像度を実現する．NASA のデカダルサーベイ 2020 の結論を受けて，これらのミッション検討は新たに 6 m 級高コントラスト宇宙望遠鏡計画 HWO として，本格的検討が開始された．目指すコントラストは同じである．このような高コントラストは 4.1.5 節で紹介した次世代の地上超大望遠鏡でも実現できないため，このような

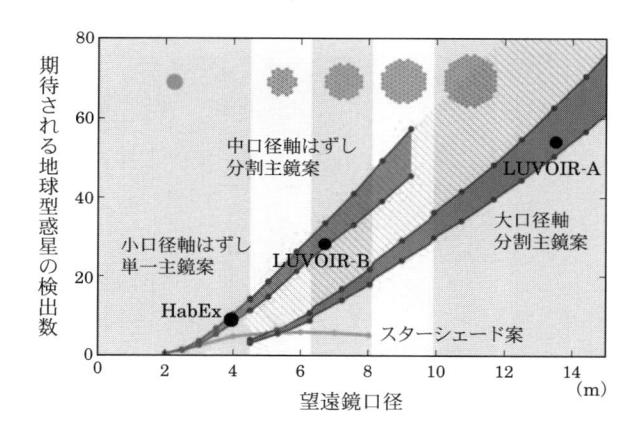

図 4.5　将来の旗艦宇宙望遠鏡として提案されている LUVOIR の 2 案（大口径分割主鏡案 LUVOIR-A と中口径軸はずし分割主鏡案 LUVOIR-B）および HabEx の 2 案（小口径軸はずし単一主鏡案 HabEX とスターシェード案）で期待される太陽型恒星のまわりの地球型惑星の検出数．分割主鏡案の場合と軸はずし主鏡案により期待される地球型惑星の検出数を濃い灰色領域で示す．中口径の場合は軸はずし望遠鏡によるコントラストの向上が見込めるが惑星検出数はそれでも少ない．大口径の場合は，分割鏡によるコントラストの低下が問題となるが，それでも惑星数は大幅に増える（Stark *et al.* 2019. *JATIS*, 5, 024009）．

大口径宇宙望遠鏡計画により初めて太陽型恒星のまわりの地球型惑星の直接撮像・分光が可能となる．口径に応じて直接観測が期待される地球型惑星の個数は数個から数十個に変化する（図 4.5）．もちろん，口径が大きいほど技術的挑戦度は高くなり，コストも高くなるため，実現可能な時期が遅くなるだろう．

4.1.11　CHOEPS, PLATO, ARIEL

　トランジット法の最近の著しい成功を受けて比較的小型の欧州主体のトランジット宇宙衛星が連続して進行・計画中である．

　CHEOPS（CHaracterising ExOPlanet Satellite）は，ESA（欧州宇宙機関）が 2019 年 12 月に打ち上げに成功したミッションである．既知の近くの明るい系外惑星系のみをトランジット観測し，地上観測よりも高精度で惑星半径を決定する．おもにスーパーアースから海王星サイズの惑星の惑星半径と質量の関係を

解明することを狙う．望遠鏡は 30 cm で，波長は 350–1100 nm をカバーする可視光ミッションである．

PLATO（PLAnetary Transits and Oscillations of stars）はハビタブルゾーンにある地球サイズの太陽系外惑星を可視光のトランジット法で探査する宇宙望遠鏡である．口径 12 cm のレンズを持つカメラ 26 台を搭載し，約 2200 平方度の広い合成視野を確保する．2026 年打ち上げの予定である．TESS 衛星と同様に近傍の明るい恒星が主たる対象となるが，TESS は結果として M 型星が主たる対象となり，PLATO は太陽型星を主目的とするところが異なる．

ARIEL（Atmospheric Remote-sensing Infrared Exoplanet Large-survey）は，約 1000 個の既知の系外惑星を赤外線でトランジット分光し，惑星大気を観測するのが主目的の宇宙望遠鏡計画である．口径約 1 m の望遠鏡を搭載し，観測波長は 1.95–7.8 μm．ESA によって 2029 年に打ち上げられる計画である．

4.1.12　プロキシマ・ケンタウリ惑星系

幸運にも，私たちの太陽の隣の恒星にも生命の探査にとって魅力的な惑星が発見されている．この恒星，プロキシマ・ケンタウリ（単にプロキシマとも呼ぶ），は距離 1.3 pc（4.2 光年）にある，現在，太陽にもっとも近い恒星である（恒星の固有運動によって，数万年単位では太陽にもっとも近い恒星は変化する）．近い恒星であるにも関わらず可視光では 11 等と暗く，南緯 63 度の南天に位置するため，1915 年になってようやくロバート・イネス（Robert Innes）により発見された．その理由は，表面温度が $T_{\mathrm{eff}} = 3000\,\mathrm{K}$，質量が $M_* = 0.12\,M_{\mathrm{sun}}$，半径は $R_* = 0.15\,R_{\mathrm{sun}}$，光度は $L_* = 0.0015\,L_{\mathrm{sun}}$ しかない M 型星であるためである．プロキシマとアルファ・ケンタウリ A（$1.11\,M_{\mathrm{sun}}$）および B（$0.94\,M_{\mathrm{sun}}$）とは重力的に束縛されており，近接連星と離れた軽い恒星からなる 3 重星系とされている．アルファ・ケンタウリ AB 連星の軌道長半径は 24 au で離心率は 0.524，公転周期は約 80 年である．いっぽう，プロキシマの軌道長半径は 8700 au で離心率は 0.5，公転周期は 0.55 Myr，アルファ・ケンタウリ連星系に対する軌道傾斜角は 108 度である（Kervella *et al.* 2017）．

プロキシマ b はほぼ地球質量（質量下限値 $1.3\,M_{\mathrm{earth}}$）のプロキシマを主星とする惑星である．主星は暗いが，わずか 0.05 au の距離を周期 11.2 日で公転し

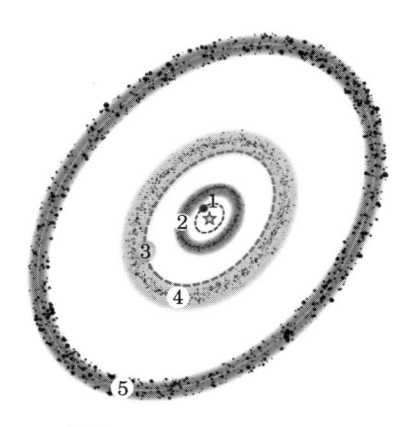

1. 惑星 b $r = 0.05\,\mathrm{au}$
2. 高温ダスト候補 $r \approx 0.4\,\mathrm{au}$
3. 第二の惑星候補 $r = 1.6\,\mathrm{au}$
4. 低温ダストベルト $r \approx 1\text{--}4\,\mathrm{au}$
5. 外側のダストベルト候補 $r = 30\,\mathrm{au}$

図 **4.6**　プロキシマ惑星系の概念図．0.1 太陽質量の M 型星（中心の星印）のまわりのハビタブルゾーンにある地球質量程度の惑星 b（番号 1）と太陽系のカイパーベルトに対応する 40 K の低温ダストベルト（番号 4）以外にも，第二の惑星候補（番号 3），高温ダスト候補（番号 2），外側のダストベルト候補（番号 5）の存在も示唆されている．スケールは正しくない（Anglada *et al.* 2017, *ApJ*, 850, L6）．

ているため，太陽比放射フラックスは 65％で，ハビタブルゾーン内に位置する（Anglada-Escudé *et al.* 2016）．プロキシマ b は，その軌道や主星の情報と，表層モデルによる惑星進化研究が行われており，もっとも詳しくハビタブル惑星である可能性が示されている（例：Ribas *et al.* 2016）．なお，プロキシマ b は初期にはトランジットを起こす可能性も示唆されていたが，現在はトランジットの確率はほぼゼロであることが確認されている（Blank *et al.* 2018; Jenkins *et al.* 2019）．

　いっぽう，1.5 au の軌道にあるスーパーアース，プロキシマ c の存在も報告されている（Damasso *et al.* 2020）．また，アルマ望遠鏡の観測により残骸円盤も検出されている（Anglada *et al.* 2017）．図 4.6 にプロキシマ惑星系の概念図を

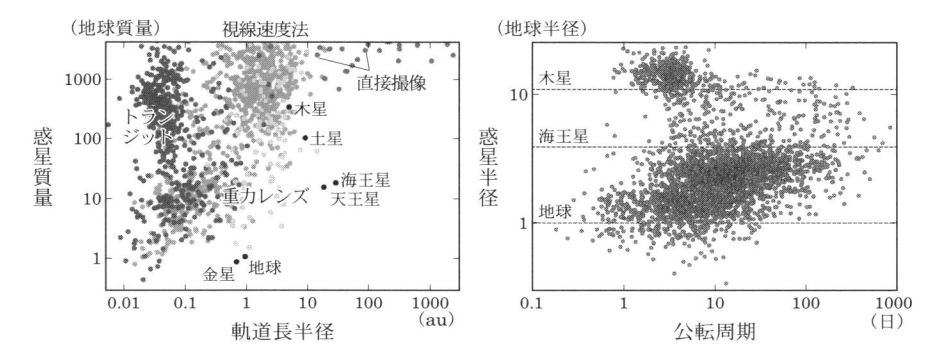

図 **4.7** これまでに発見された太陽系外惑星の分布（口絵 13 参照）．（左）惑星質量と軌道長半径の関係（灰色の濃さの違いは惑星の発見方法に対応）[*1]，（右）惑星半径と公転周期の関係．データは NASA Exoplanet Archive 参照．

示す．

4.2 系外惑星系の統計と大気

4.2.1 発見された系外惑星系の多様性

系外惑星のなかには，太陽系には見られない特徴を持つ奇異な惑星系（たとえば，公転周期が数日程度の短周期惑星）が多数存在する（図 4.7 参照）．本節では，この系外惑星の特徴といえる多様性について概説する．

スーパーアース（super-Earth）とは，およそ 10 倍の地球質量（約 2 倍の地球半径）以下の惑星を指している．スーパーアースの研究によって，地球型惑星の形成過程と惑星の軌道移動（タイプ 1 型惑星移動[*2]）の関係の理解に繋がるとともに，惑星大気の有無や組成という観点から生命居住可能な（ハビタブル）惑星環境を議論するうえで重要な天体となっている（4.3 節参照）．また，中心星近傍にある灼熱巨大ガス惑星（ホットジュピター：hot Jupiter）や直接撮像で

[*1] スーパーアース：およそ 10 倍の地球質量（2 倍の地球半径）以下の惑星，ホットネプチューン：およそ 10–30 倍の地球質量（2–4 倍の地球半径）の短周期惑星，ホットジュピター：公転周期が数日–10 日程度の短周期ガス惑星．

[*2] 惑星質量が小さい場合の惑星と円盤との重力相互作用による移動．

観測された 10 au 以遠に存在する遠方ガス惑星の存在は，いずれも存在頻度が数%以下と稀有ではあるが，ガス惑星形成（コア集積モデル v.s. 円盤不安定シナリオ）や軌道進化（タイプ 2 型惑星移動*3 および惑星同士の重力散乱）の理論モデルを検証する貴重なベンチマークとなっている．

　太陽型星（FGK 型星）周りで 2 倍の地球半径以下の惑星が存在する割合は数10%に対して，公転周期 100 日以内の灼熱の海王星型惑星（ホットネプチューン：hot Neptune，およそ 10–30 倍の地球質量，2–4 倍の地球半径）の存在頻度はきわめて低い．いずれにしても，太陽系に限らず，地球サイズの惑星は銀河系（少なくとも太陽から 0.1–1 kpc 以内）には普遍的かつ豊富に存在する．

　2019 年に打ち上げられた CHEOPS（CHaracterising ExOPlanet Satellite）を皮切りに，2021 年にはハッブル宇宙望遠鏡の後継機である JWST，その後も ARIEL（The Atomspheric Remote-sensing Infrared Exoplanet Large-survey），ローマン，PLATO（PLAnetary Transits and Oscillation of stars）と続々と太陽系外惑星が中核サイエンスを担う宇宙計画が控えている（4.1 節参照）．2025年以降には 3 つの 30 m 級の超大型地上望遠鏡（ELT，GMT，TMT）も始動する．第 2 の地球発見のニュースはそう遠くない未来，楽観的にいえば，目前に迫っている．ただし，第 2 の地球を定義する上で，生命居住可能な惑星環境条件の整理が喫緊の課題となる．現在の地球を考えると，全球規模では大気組成，海洋，プレートテクトニクス，磁場，日射量，月（衛星）の存在が生命居住可能性（ハビタビリティ）に関係している．太陽系外の地球型惑星に対して，これらの条件をもとに生命の可能性について整理していくことが重要な手掛かりとなる．

4.2.2　系外惑星の大気組成

　系外惑星の大気は，惑星のトランジット分光を利用して推定される．惑星が主星前面を横切るとき，観測者に届く主星からの光は惑星本体の遮蔽により減少する．このとき，惑星大気を通過する主星からの光（大気透過光スペクトル）を多波長観測することで，惑星の大気上層（mbar から bar 付近）中に存在する分子

---

*3 惑星質量が大きく円盤に空隙ができる場合の惑星と円盤との重力相互作用による移動．

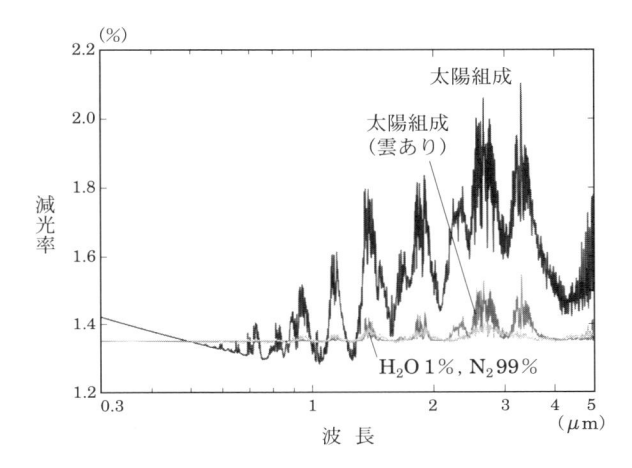

図 **4.8** 太陽系外惑星 GJ 1214b の大気透過光スペクトルの理論モデル．黒色は太陽組成の大気モデル，灰色は雲がある場合の太陽組成の大気モデル（雲頂の位置は 0.3 mbar），灰白色は H_2O 1%，N_2 99%の組成比を持つ平均分子量の高い大気モデル．各理論スペクトルは Howe & Burrows 2012, *ApJ*, 756, 176 に基づく．雲がある場合や平均分子量の高い大気組成は，比較的平坦な透過光スペクトルを示す．

や原子の吸収・散乱特性[4]に応じた減光率の波長依存性がわかる（図 4.8 参照）．

金星や火星のような二酸化炭素主体の高い平均分子量を持つ大気組成の場合には，惑星大気の厚み（圧力スケールハイト：$H_P = kT/\mu g$．ここで，k はボルツマン定数，T は温度，μ は大気の平均分子量，g は重力加速度）が小さくなるため，透過光スペクトルでの大気吸収の波長依存性が見えにくくなる．

もし大気上空に「雲（cloud）」（惑星の平衡温度に応じて，雲の組成は H_2O や NH_3 のような揮発性分子以外に，金属凝縮物の可能性もある）や「有機物もや，あるいは，ヘイズ（haze）」（炭化水素：C_2H_2，C_2H_4，C_2H_6，HCN など）が存在すると，入射光の一部は反射され，大気吸収の効果は抑制される．

これまで，中心星近傍の短周期スーパーアース（たとえば，GJ 1214b や

---

[4] 可視域で見られるレイリー散乱の場合，レイリー散乱の衝突断面積 $\sigma = \sigma_0(\lambda/\lambda_0)^{-4}$ の関係を用いると，$dR_p/d\log\lambda = -4H_p$ となる．ここで，R_p は惑星半径，λ は波長．したがって，レイリー散乱による大気吸収の深さの波長依存性は -4 の傾きのレイリースロープ，となる．

GJ 3470b）や赤色矮星のまわりの地球サイズの惑星（たとえば，GJ 1132b や TRAPPIST-1 惑星系）について，大気の透過光分光観測から大気の有無や上層大気の組成推定がなされている．

　もし短周期惑星の高温大気中で雲が生成される場合には，地球上の水蒸気の雲や金星で見られる硫酸の雲とは異なり，KCl や ZnS，Na_2S，MnS といった凝縮温度の高い鉱物の雲となる．有機物ヘイズに関しては，主星からの紫外線照射による光化学反応で生成される．

　低質量の太陽系外惑星のなかには，近赤外波長域での顕著な大気吸収が見られないことから，雲や有機物ヘイズが存在する大気，あるいは，二酸化炭素や水蒸気のような高い平均分子量を有する大気（たとえば，火山活動や衝突脱ガス由来の二次大気）の可能性が示唆されている．

　こうした惑星の大気中（たとえば，GJ 3470b や HAT-P-11b の大気）でおよび分子（H_2O）の吸収が検出されている．

　最近では，JWST の活躍によって，サブ・ネプチューンサイズの惑星大気（たとえば，K2-18b や TOI-270d）で CO_2 や CH_4 といった分子も検出され始めている．

　系外惑星での大気の存在は惑星の質量–半径関係からも示唆される．太陽系の地球型惑星と同様に岩石や鉄主体の惑星（たとえば，Kepler-10b や CoRoT-7b）以外に，水惑星より低密度な惑星（たとえば，Kepler-11 系）が存在する（図 4.9 の H_2O100%の破線上方）．これらの惑星は地球や金星よりも分厚い大気を保持している可能性が高い．

　また，ケプラー宇宙望遠鏡で発見された太陽系外惑星サンプルから導出された惑星半径の頻度分布によると，およそ 1.5 倍から 2 倍の地球半径を持つ惑星が有意に少ない（半径の溝：radius gap と呼ばれる）．この特徴的半径は地球のような岩石/鉄主体の惑星と大量の大気を持つ惑星の半径境界に対応すると考えられている．半径境界付近の大きさを持つ惑星欠乏の要因としては，中心星からの強烈な X 線および極紫外線に長期間，晒された大気散逸による惑星進化が有力視されている．

　中心星近傍の系外惑星からの大気散逸については，ハッブル宇宙望遠鏡の撮像分光器（STIS）による Lyman α 線の観測から，彗星の尾のように流失する水

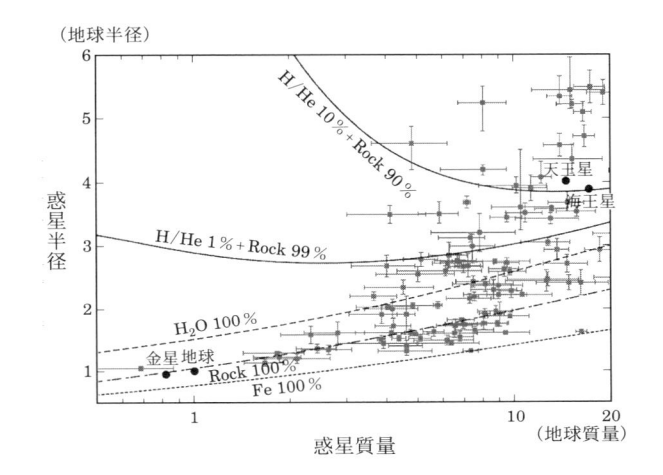

図 **4.9** 太陽系外惑星の質量と半径の関係．灰色は質量および半径が観測誤差 30%以内の精度で決定された太陽系外惑星，黒円は太陽系の惑星を示している．実線は水素・ヘリウムに富む大気を持つ岩石惑星，破線は水惑星（Haldemann *et al.* 2020, *A&A*），一点破線は岩石惑星，点線は鉄惑星（Zeng & Sasselov 2013, *PASP*, 125, 925）の質量と半径関係の理論線．水惑星より大きな半径を持つ惑星は大気を保持している可能性が高い．

素大気（たとえば，GJ436b）の様子や He 三重項の吸収線の近赤外高分散観測からヘリウム流出（たとえば，GJ3470b や HAT-P-11b）が報告されている．

　さらに，ロッシェ半径[*5]より内側を周回する超短周期の岩石惑星（たとえば，Kepler-1520b，KOI-2700b や K2-22b）では，中心星による潮汐力で崩壊した岩石成分が放出され，塵の雲や尾を形成している可能性が測光観測から示唆されている．

4.2.3　系外惑星および氷衛星のハビタビリティ

　3.1 節では太陽系内の惑星のハビタビリティについて詳説した．この小節では，その議論を太陽系外惑星や氷衛星に拡張する．地球上に生存，繁栄する生命と類似の生命形態を仮定すれば，大気と同時に液体の水は生命の必須条件と推定される（2.6 節参照）．地球の初期生命（超好熱性があったと推定されている）は

[*5] 主星からの潮汐力で惑星が破壊されない臨界の軌道長半径．

海底の熱水噴出孔あるいは温泉に代表される高温環境，高塩度の湖に生息したと推定されている．こうした推定から，生命居住可能な惑星環境として慣習的に表面に液体の水が存在する条件を検討する場合が多い．惑星表面が液体の水を保持可能な温度環境は，恒星から照射量，温室効果ガス，そして陸と海洋の比率などに依存する（3.1, 4.3 節参照）．惑星が主星に近い状況では，水を保有する惑星は暴走温室状態に突入し，最終的に水はすべて蒸発する．そして，紫外線照射に伴う H_2O の光解離で生じる水素（$H_2O + h\nu \rightarrow H + OH$）は宇宙空間へ散逸し，残存した酸素はマントルの酸化などで消費される．一方，火星のように主星から遠く離れた場所では，温室効果を担う二酸化炭素まで凍結する．メタンなどの他の温室効果ガスの寄与が小さければ，惑星全球が凍結状態となる．惑星が表面に液体の水を保持できる恒星からの距離はハビタブルゾーンと呼称される（ハビタブルゾーンのより定量的な議論は 3.1, 4.3 節を参照されたい）．

ハビタブルゾーンは惑星の大気組成や大気量に大きく依存すると同時に，星の進化（光度の時間変化）によっても変動する．40 億年前の太陽は内部の核融合反応の関係で今より約 30%暗かったと考えられている．これは，昔の地球が現在と同じ大気組成を持つ場合には地球は全球凍結状態になることを意味する．しかし，約 42 億年前のジルコン（$ZrSiO_4$）の酸素同位体比（$^{18}O/^{16}O$）の測定によると，当時の地球には海洋が存在し，温暖な気候であった可能性が高い．この矛盾は暗い太陽のパラドックス（Faint young sun paradox, 3.4 節参照）として知られており，大気中の大気中の CO_2 や CH_4，有機物ヘイズと NH_3，硫化カルボニル（OCS）による紫外線遮蔽や N_2O などによる温室効果の可能性がパラドックスを解く鍵として提案されている．近年では，水素分子同士や水素–窒素分子の衝突誘起吸収[*6]による温室効果や若い太陽はコロナ質量放出が大きく，質量放出前の太陽は今より質量が大きかったので太陽はそれほど暗くなかったという可能性も提案されている．

さらに，ハビタブルゾーンは主星が単独星か連星系かにも左右される．実際，太陽型星の約 40%は連星系をなしており，恒星の質量とともに連星率は増加する．連星のまわりの惑星を周連星惑星（cirmcumbinary planet）と呼ぶが，連星系全体のまわりを回る P 型周連星惑星（primary 型）と，主星あるいは伴星

[*6] 分子衝突により電子雲が乱れ遷移モーメントが誘起された結果，光を吸収する現象．

のどちらか一方のまわりを公転する S 型周連星惑星（secondary 型）に分類される．2011 年，最初に発見された連星（Kepler-16AB）を周回する土星サイズの惑星は P 型周連星惑星で，これまでに周連星惑星は 200 個程度知られている．

（1）惑星の表層環境

現在の地球では，海洋質量は地球質量の約 0.023%（海の平均的深さはおよそ 4 km）しかないが，海洋が表面積の約 70% を占めている．陸と海洋の共存する表層環境が地球の気候安定化に加えて，生命の繁栄に大きく関係している．地球に代表されるハビタブルゾーンに位置する地球型系外惑星が，実際にハビタブルな環境を維持するかどうかは，大気分光観測から直接，H_2O の吸収（たとえば，$1.4\,\mu m$ 帯）を検出すること以外に，太陽系外の地球型惑星でハビタビリティを左右する陸や海洋を含めた表層環境を知る必要がある．

観測から惑星の表層環境を探る手段としては反射光の利用が挙げられる．地球の光合成生物からの反射スペクトルには，葉緑体に関係した緑色以外に，近赤外線領域に光合成に利用する光と利用しない光の波長の境界に対応する特徴的な反射波長依存性（レッドエッジ）が見られる．海洋では鏡面反射に伴う反射スペクトルが見られる．太陽系外のハビタブルな地球型惑星での水や植生の存在を表層環境に応じた反射スペクトルから探ることが近い将来可能になると期待されている（4.4 節参照）．

ハビタブルゾーンを考える際，これまでの古典的考えから広げて考える必要性が，最近の地球史や惑星科学研究から出てきている．もし，地球大気の温室効果（主たる寄与は水蒸気と二酸化炭素）がなければ，地球の平均気温はおよそ 30°C 低下すると算出されている．しかし，46 億年の地球史のなかで，地球がつねに豊かな海に恵まれていたわけではない．月の誕生につながった巨大衝突後の数百万年間，マグマの海と化した原始地球は（衝突）脱ガスを重ねながら，時間をかけて冷却し，大気と海を形成した．その後，地球は原生代に少なくとも 3 回（原生代初期のヒューロニアン氷河期，原生代後期のスターチアン氷河期とマリノアン氷河期），赤道付近まで分厚い氷床に覆われた全球凍結期（雪玉地球あるいはスノーボールアース：snowball Earth と呼ばれる）を経験したことが地層中の氷河堆積物が低緯度で形成された証拠，炭酸塩岩（キャップ・カーボネイト），

縞状鉄鉱床などの形成から判明している．天体衝突や火山噴火が引き金とされる
5 回の生物の大量絶滅（たとえば，ペルム紀と三畳紀の境目（P-T 境界）に起き
た大規模絶滅）以上に，生物の多様性に壊滅的なダメージを与えたと予想される
全球凍結は，火山からの二酸化炭素脱ガスが温室効果で氷床の融解を引き起こす
ために十分な量を蓄積するまでのおよそ数百万年から数千万年間継続したと推定
されている（3.4 節参照）．地球上の生命は全球凍結の間も海で生きながらえ，
激変する環境下においても生き延びて来た事実は太陽系外の極限環境下に存在す
るかもしれない生命を考える上で重要な示唆を与える．全球凍結の事実は，太陽
系外の地球型惑星が真っ白な氷床に覆われた極限環境でも，長期的視点では生命
を宿す惑星であるかもしれない．2005 年にカッシーニ探査機がプルームの存在
を確認した土星の氷衛星エンセラダス，2012 年にハッブル宇宙望遠鏡の紫外線
観測で水蒸気噴出を検出した木星の氷衛星エウロパは全球凍結状態の地球と類似
する．これらのガス惑星の氷衛星は氷殻下に内部海（地下海）の存在が示唆され
ており（氷衛星の過去の軌道進化段階や木星・土星から潮汐力での変形に伴う摩
擦が内部海を維持する熱源），極域や地表面下に水氷が隠された火星や月，そし
てメタンの湖が存在する土星の衛星タイタンとともに地球外生命探査の対象と
なっている（3.5 節参照）．太陽系外惑星のハビタビリティを考える上では，こ
うした最近の惑星科学の研究成果も考慮する必要が出てきている．

(2) 惑星のプレートテクトニクス

　系外惑星のハビタビリティに関連する他の因子として，惑星が液体の水を保有
するか否かはプレートテクトニクスの有無にも関係すると言われている．太陽系
の地球以外の地球型惑星ではプレートテクトニクスは確認されていない．地球で
はマントル最上部に含まれている水の影響でプレートの摩擦が軽減されて，プ
レート運動が起きている．すなわち，液体の水を保有することがプレートテクト
ニクス駆動の条件となる．

　プレートテクトニクスの有無は地球型惑星の大気組成と密接に関連する．金星
や火星と比較して，窒素と酸素に富む現在の地球大気の特異性は際立つ．しか
し，地球も過去には，金星や火星と同様に二酸化炭素に富んだ，酸素欠乏な還元
的な環境にあったことが地質学的証拠から知られている．二酸化炭素濃度の低下

は炭酸塩固定を担う海洋の存在およびプレートの沈み込みが関与している．スーパーアースでプレートテクトニクスが発生するか否かはマントル粘性率が鍵を握る．すなわちスーパーアースでは，マントル粘性率の圧力・温度依存性の影響でプレート自体が運動せず，マントル深部でのみ対流運動（スタグナント・リッド型対流）が起きる可能性がある．

　酸素濃度も系外惑星のハビタビリティを考える重要な指標となる．地球の酸素に関しては，海洋中で酸化した鉄イオンが海底に堆積して，大規模な縞状鉄鉱床を形成したことが地質学的証拠として残っていることから，最初の酸素濃度の急激な上昇（大酸化イベント）が約 25 億年前から 20 億年前に起きたことがわかっている（3.4.3 節参照）．さらに，大気中の質量数に依存しない硫黄同位体異常*7や砕屑性のウラン鉱床の有無も同時期の酸素発生を反映している．大酸化イベントは，酸素発生型光合成生物（シアノバクテリア：cyanobactieria）の登場が影響したと考えられている．その後，大気中の二酸化炭素濃度が炭素循環で時間とともに減少したことで，窒素と酸素主体の地球が誕生した．

　地球大気中の二酸化炭素量を平衡値に維持することで，地球の気候を安定化させるウォーカー・フィードバックと呼ばれる機構がある（3.4.1 節参照）．たとえば，大気中の二酸化炭素濃度の上昇は気温増加につながり，大陸の化学的風化作用を促進する．すると，海洋中に供給される炭酸イオンが増加し，溶解した大気中の二酸化炭素の炭酸塩固定が促される．結果として，上昇した大気中の二酸化炭素濃度は低下する．この負のフィードバックによって，太陽光度の時間的増加の影響を相殺するよう，二酸化炭素濃度を現在の水準にまで下げることで，地球は温暖な気候を維持されてきた（3.4.1 節参照）．したがって，系外惑星でウォーカー・フィードバックのような気候安定化機構が機能するかどうかが，長期ハビタビリティを考える上で重要である．

4.2.4　系外惑星の磁場

　惑星磁場は恒星風や銀河宇宙線からの高エネルギー粒子の大気貫入を抑制する役割を果たすので，惑星磁場が存在するかどうかということはアストロバイオロ

---

*7 大気中の酸素濃度が低く，オゾン層がまだ形成されていない状況では太陽からの紫外線による光化学反応で，火山活動由来の二酸化硫黄（SO_2）は質量に依存しない硫黄の同位体比変化を経験すると考えられている．

ジーにとっても重要な情報である．惑星磁場の観測手法としては，紫外線による惑星のトランジット観測と惑星からの電波放射の観測の 2 つが提案されている．

観測結果の妥当性に対して，いまだ議論の余地は多く残るが，ホットジュピター（たとえば，WASP-12b）の紫外線による惑星のトランジット観測によって磁場の存在が間接的に示唆された報告例がある．惑星の進行方向前方には，恒星風と惑星磁場の相互作用によって弧状衝撃波が形成されることがある．このような場合，衝撃波で圧縮されて恒星風が滞留する高密度な領域が，惑星がトランジットする前に主星からの光を遮蔽する．その結果，真のトランジット開始時刻よりわずかに早く，主星が減光される．この現象で説明可能な減光が WASP-12b 等のホットジュピターの紫外線によるトランジット観測で観察された．

電波放射を利用した惑星磁場の間接的検出では，恒星風やコロナ質量放出に伴う高エネルギーの荷電粒子と惑星磁場の相互作用を利用する．惑星からの非熱的電波放射には，磁場中の電子の加速運動による放射光（シンクロトロン放射光）と電子サイクロトロン・メーザー不安定（Cyclotron Maser Instability）によって円錐形に絞られて放射される電波（オーロラ電波放射）の 2 種類が存在する．検出可能性が期待されるのは，電波放射強度の大きなオーロラ電波放射である．しかし，地上では電波放射のうち電離圏で遮蔽されないプラズマ振動数（およそ 10 MHz）以上の電波のみが観測される．現在，大型電波望遠鏡での探査も実施されているが，報告は 1 例のみである．惑星磁場が強いほど，惑星からの電波放射強度も大きくなるため，一般に地球型惑星よりも巨大惑星からの電波放射の方が検出しやすい．計画中の超大型電波望遠鏡 SKA で達成される検出感度があれば，ホットジュピターからの電波放射（数 10–数 100 MHz）検出が実現可能と期待されている（4.5 節参照）．しかしながら，太陽系外の地球型惑星からの電波放射観測は現状では困難であり，惑星磁場の有無を探る別のアプローチが必要である．

最近，ホットジュピターを持つ恒星表面の彩層活動が惑星の公転周期と連動して時間変動したという観測例が報告された．この時間変動が恒星と惑星の磁気相互作用によって引き起こされていると考えると，ホットジュピターの磁場強度は数 10–数 100 G と推定され，地球や木星よりも強力な磁場を保有していると推定される．他にも，惑星大気中の He 原子のゼーマン効果を利用した偏光分光観測から惑星の磁場強度を間接的に推定する方法も提案されている．

4.2.5　系外惑星の生命探査

　超大型望遠鏡の登場，そして次々と打ち上げが予定される宇宙望遠鏡計画が控える 2020–2030 年代は生命居住可能な惑星や第 2 の地球探しの大航海時代の幕開けといえる．それ以外にもたとえば，いまだ確実な発見例のない太陽系外惑星まわりの衛星（系外衛星）の存在にも迫れるようになると期待される（系外衛星の存在は惑星形成論から示唆されているが，論争中の Kepler-1625b や Kepler-1708b に加えて，いくつかの候補天体が提案されている）．

　太陽系外惑星で生命活動やその痕跡を捕らえる第一歩は，惑星の大気組成の同定や液体の水の有無を調べることである．前述の通り，惑星の大気組成や大気量は生物活動に加えて，形成後の大気–海洋の相互作用や惑星内部の熱進化の影響を受けて時間変化する．したがって，太陽系外惑星の大気が現在の地球に似た大気組成ではなくても，生命の存在が必ずしも否定されるわけではない．むしろ，太陽系外の地球型惑星の大気の多様性は，生命を育む環境の普遍性あるいは偶然性を考察する上で貴重な指標となる．つまり，太陽系の外の世界で「生命」の痕跡を探す上で，惑星の大気組成はそれがどのような組成であるにせよ，生命の誕生と進化を解明する端緒となりうる．

　現在の地球上の生命にとって酸素が必要不可欠である．そこで，太陽系外惑星での生命探査において，「酸素」や「オゾン」の存在がしばしば，生命の兆候（バイオシグネチャー：biosignature）とされる．しかし，現在知られている地球上の最古の生命の痕跡によると，およそ 40 億年前には生命が誕生していたと考えられ，シアノバクテリアの登場はそれよりもずっと後のことである．初期の生命は嫌気的環境で活動する嫌気的生物であって，酸素を必要としていない．また，生物由来以外でも，大気中に存在する水蒸気へ紫外線照射による光解離で酸素が生成される可能性もある．もし，太陽系外の惑星で地球上の生命の兆候を捕らえるには，「酸素」だけでなく，それ以外の生物活動由来の分子（たとえば，メタン）を同時に検出する必要がある（4.4 節参照）．

4.3　系外惑星系のハビタブルゾーン

　宇宙の中で，生命はどこにいるのだろうか？　太陽系外に生命の惑星を探すとしたら，どこを探すのが良いのだろうか？　そのような問いは，太陽系外惑星

の発見以前より発せられていた．20 世紀中頃には，惑星に生命が存在するために必要な条件がいくつかの文献で議論され，それらの条件を満たすような軌道上の領域は，"habitable zone"，"ecosphere"，"Goldilocks zone" などいくつかの名前で呼ばれた．現在では，液体の水の存在を生命探査の第一の拠り所として考えることが多く，「惑星表面に液体の水が存在できる軌道上の領域」として系外惑星のハビタブルゾーンを定義し，その付近の惑星を生命探査の主要なターゲットとすることが多い．

3.1 節におけるハビタブルゾーンの詳細な議論や定義は，まずは太陽系において，液体の水が存在できる条件としての軌道の内側限界を明らかにする研究（地球は含まれるが金星が含まれない議論）と，逆に外側限界を明らかにする研究（火星軌道が含まれるかどうかの議論）によって確立した概念であった．この節では，それを系外惑星系に一般化する．その際，主星のスペクトルの違いや寿命（進化速度）がどう影響するかなどが重要になる．

4.3.1 惑星の温度，アルベド，温室効果

液体の水が安定的に存在できるための一つの条件は，惑星表面の温度である[*8]．惑星の温度は，「惑星がその温度の熱放射によって放出するエネルギー」が「惑星が得ているエネルギー」に等しいとしておおざっぱに見積もることができる．「惑星が得ているエネルギー」は一般には，主星から入射する（光）エネルギーの吸収，惑星を構成する物質に含まれる放射性熱源によるもの，そして惑星集積時のエネルギーの残りなどによる惑星内部から表面への熱流量などが考えられるが，今考えている地球型惑星の場合は，形成直後を除いては主星からのエネルギーが支配的である．惑星を近似的に黒体とみなし，惑星の熱放射と主星からのエネルギーがつり合っているとすれば，

$$（恒星から受け取るエネルギー）=（放出するエネルギー）$$

$$\frac{L_*}{4\pi a^2}\pi R_p^2(1-\alpha) = 4\pi R_p^2 \sigma T_{\mathrm{eq}}^4 \tag{4.3}$$

$$\Longrightarrow T_{\mathrm{eq}} = \left[\frac{L_*(1-\alpha)}{16\pi\sigma a^2}\right]^{1/4} \tag{4.4}$$

[*8] 惑星表面の温度が適切な範囲であり，その温度における飽和水蒸気量より多くの水が存在する必要がある．

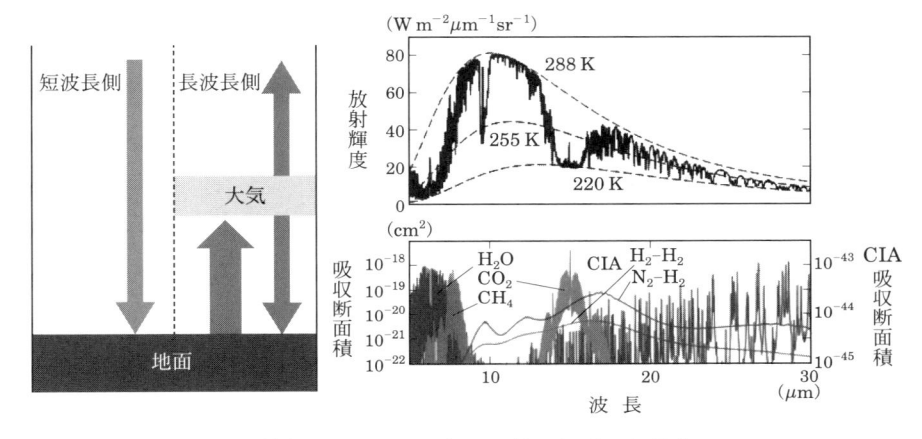

図 4.10 （左）温室効果の概念図．（右上）晴れた地球のスペクトルと黒体放射のスペクトルの比較．（右下）代表的な温室効果ガスの吸収断面積の波長依存性．HITRAN2016（Gordon *et al.* 2017）に基づく．CIA は衝突励起吸収．

と温度を見積もることができる．ただし，L_* は主星の光度，a は主星と惑星の距離，R_p は惑星の半径，α は惑星のアルベド，σ はシュテファン–ボルツマン定数である．この式で決まる惑星の温度 T_{eq} を，「平衡温度」という（太陽系内での議論については 3.2.1 節を参照されたい）．

　しかし，一般に，惑星の表面温度は平衡温度からずれる．たとえば，惑星放射が大きい中間赤外線の領域で光学的に不透明な大気を持つ惑星の場合，惑星の表面温度は平衡温度より高くなる．これを温室効果という．この効果は，図 4.10 の左図で考えることができる．簡単のため，恒星放射の短波長側において大気は光学的に透明とし，惑星放射の長波長側では大気はすべての光を吸収すると仮定する．長波長側で惑星表面は熱放射を出すが，それは大気で吸収され，大気はその分のエネルギーを等方的に再放射する．このとき，大気上端でのエネルギー収支のバランスのため，大気から再放射されるエネルギーは入射光とつり合っていなければならない．その条件のもと，地面と大気それぞれにおけるエネルギー収支を考えると，地表面からの熱放射は大気からの熱放射に比べて大きく（この簡単なモデルの場合は，2 倍に）なる．

　式（4.3）と上の議論によれば，惑星表面の温度は，主星の光度と主星からの

距離のみで決まるのではなく，惑星アルベドと大気の温室効果にも依存すること
が分かる．これらの物理量は，以下でみるように，ハビタブルゾーンの内側・外
側境界を決めるときに考慮すべき因子となる．

4.3.2　古典的ハビタブルゾーン

　実際の大気の構造を考え，惑星アルベドや温室効果を考慮した場合，どのよう
な軌道で液体の水が安定して存在できるのか．この問題は当初，系内惑星（金星，
地球，火星）の文脈で議論されていたが，その議論をさまざまな主系列星に適用
することで，系外惑星のハビタブルゾーンの定量化が行われた．特に，キャス
ティングら（Kasting *et al.* 1993, Kopparapu *et al.* 2013）の 1 次元大気モデ
ルを用いた見積もりは，個々の恒星の周りのハビタブルゾーンを見積もる際の出
発点として利用されてきた．そこでこの節ではまず，古典的ハビタブルゾーンと
も呼べるであろう彼らの計算に沿って，ハビタブルゾーンの考え方を紹介する．

（1）内側境界：暴走温室状態

　ハビタブルゾーンの内側境界を決める一つの重要な状態は，3.1 節で述べられ
た暴走温室状態である．表面に液体の水を湛える惑星では，表面温度が上がると
その分大気中の水蒸気が増えて大気の温室効果が強くなる（つまり惑星放射の波
長帯で大気が光学的に厚くなる）ため，惑星の表面温度を上げても惑星放射は大
きく上昇しない．ある程度表面温度が高くなると，もはや惑星放射は表面温度に
依存せず一定の値となる（射出限界）[*9]．これは，表面温度が高くなるとやがて
水蒸気が主成分の厚い大気となり，大気がどの波長でも大気中で不透明になると
ともに，温度–圧力プロファイルが水の蒸気圧曲線に従って一定になるからであ
る（Nakajima, Hayashi, Abe 1992）．射出限界より大きいエネルギーを惑星が
吸収するような条件では，惑星は暴走的に高温になり，海が蒸発してしまう．

　暴走温室状態が主星からどれくらいの距離で起こるかは，惑星アルベドにも依
存する．図 4.11 の左は，さまざまな温度の主星に対する惑星アルベドの表面温

[*9] さらに温度を上げていき，惑星放射のピーク波長が十分短くなると，水蒸気の実効的な光学的
厚みが薄くなり，惑星放射は再び上がっていく．これは，図 4.11 で，表面温度が $\gtrsim 1800\,\mathrm{K}$ となる
ところで S_{eff} が上がっていることに対応する．

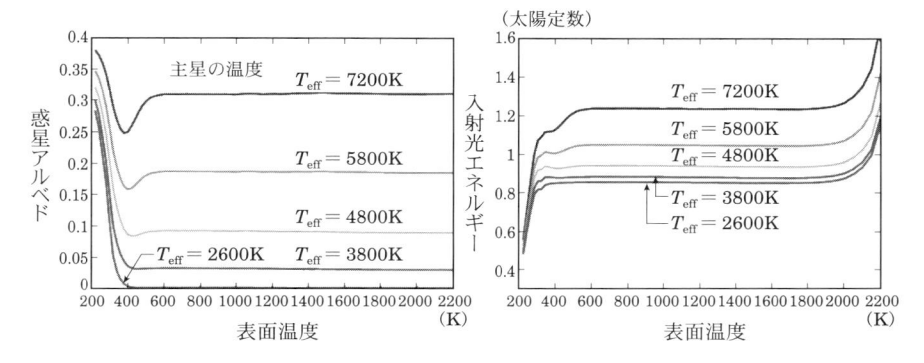

図 4.11 ハビタブルゾーンの内側境界の計算結果の一部（Kopparapu *et al.* 2013）．キャスティングら（Kasting *et al.* 1993）の計算に基づくが，大気分子の吸収係数等が更新されている．ハビタブルゾーンの内側境界の計算結果の一部．（左）さまざまな温度（$T_{\rm eff}$）の主星の周りで，惑星表面温度によって惑星アルベドがどう変わるかを示した図．（右）その表面温度が実現する入射光フラックスを太陽定数で割ったもの．

度依存性を示した図である[*10]．表面の温度が上がり大気中の水蒸気量が上がると，水蒸気によるレイリー散乱が増加すると同時に水蒸気による吸収が大きくなるため惑星のアルベドは増減するが，やがて一定値に漸近する．主星が低温の方がアルベドが低いのは，主星の入射スペクトルのピーク波長が長くなり，レイリー散乱の効率が下がるとともに吸収効率が上昇するからである．図 4.11 の右は，そのような惑星アルベドと惑星放射の依存性を踏まえて，さまざまな惑星の表面温度に対応する入射光の強さを太陽定数（地球が太陽から受けるエネルギー量）で規格化したものである．表面温度が変わってもそれに対応する入射光エネルギーはあまり変化せず，500 K を越えたあたりから（特に，647 K 以上では）ほぼ一定になる．この図を，縦軸から横軸に読むと，つまり，とある入射フラックスを受けたときの惑星の表面温度はなにか，と読むと，この値より大きい入射光エネルギーを受けると惑星表面が暴走的に高温になることが分かり，ハビタブルゾーンの境界が決まる．

[*10] この図はキャスティングら（Kasting *et al.*1993）の方法をもとに，吸収係数として新しい数値をもちいたコッパラプら（Kopparapu *et al.* 2013）の結果である．

(2) 内側境界：宇宙空間への水の散逸

　大気モデルで表面温度を増加させていくと，惑星の成層圏における水蒸気の混合率が増加してくる．成層圏での水蒸気の混合比が大きくなると，水が光解離し水素が宇宙空間に散逸する効率が上がってゆく．成層圏の水蒸気混合比が 3×10^{-3} 程度になると地球の海洋ほどの量の水は地球年齢程度の時間で散逸する（Kasting $et\ al.$ 1993）．これもハビタブルゾーンの内側境界を決める要因であると考えられる．

(3) 外側境界：CO_2 による温室効果の限界

　一方，ハビタブルゾーンの外側境界は，大気の温室効果で惑星表面をどれだけ温められるかで決まってくる．水蒸気は強い温室効果を持つが，表面に液体の水を有する惑星の水蒸気量は温度に応じて受動的に変わるため，水蒸気以外の温室効果ガスが惑星大気にどれだけあるかが気候を運命付ける．代表的な温室効果ガスは，二酸化炭素（CO_2）である．地球上において大気中の CO_2 量は，地質学的なタイムスケールで炭素循環によってコントロールされており，太陽光変化などの外的な変化に対応して変化してきたと考えられている．炭素循環が機能している惑星では，入射フラックスが減少した場合，風化の効率が下がって大気中の CO_2 が大気中に溜まりやすくなり，その結果温室効果が上がることによって惑星温度の急激な下降を防ぐことができる．このメカニズムを（液体の水を持つ）系外惑星にも仮定すると，入射フラックスが小さいハビタブルゾーンの外側境界に近い部分では，CO_2 が多い大気が実現していると推測される．しかしながら，CO_2 の量が増えれば惑星表面が無限に暖まるわけではない．CO_2 が増えすぎると凝結して濃度はそれ以上上昇しないため温室効果には限界があり，また CO_2 が増えすぎるとレイリー散乱によるアルベド増大によって，入射エネルギーが少なくなってしまうからだ．彼らは，CO_2 によって惑星を最大限温めても摂氏ゼロ度を下回ってしまうような太陽光度を，ハビタブルゾーンの外側境界として考えた（詳しくは 3.1 節参照）．

　ただし，実際にその境界の内側にある惑星に十分な量の CO_2 があるかどうかは分からない．そもそも地球のような炭素循環が存在しているかという問題もあるが，仮に存在していたとしても，ある日射量のもとで実現する CO_2 の量は火

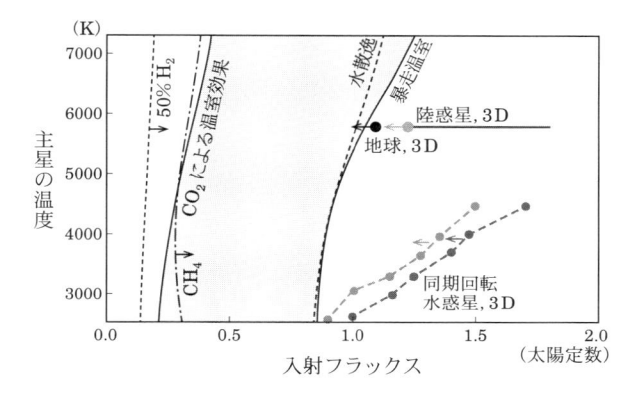

図 **4.12** キャスティングら（Kasting *et al.* 1993）やコッパラプら（Kopparapu *et al.* 2013）の 1 次元大気モデルによるハビタブルゾーン（灰色領域）と，モデルの仮定をさまざまに変えた場合のハビタブルゾーンの見積もりの例．「地球，3D」は，3 次元モデルで見積もられた，地球に似た惑星が暴走温室状態に入る位置（Leconte *et al.* 2013, Wolf & Toon 2014 に基づく）．「陸惑星，3D」は，3 次元モデルで見積もられた，表層の水の量が地球より少ない惑星が暴走温室状態に入る位置（Kodama *et al.* 2018 に基づく．陸の割合に依存して変わる）．薄灰色破線と濃い灰色破線は，それぞれ 3 次元モデルを用いて見積もられた，水惑星が同期回転している場合に気候が安定する入射フラックスの上限（Kopparapu *et al.* 2017, Bin *et al.* 2018 に基づく）．左側の破線と一点鎖線は，それぞれ H_2（Ramirez & Kaltenegger 2016）と CH_4（Ramirez & Kaltenegger 2018）の温室効果を考えた場合の外側境界の例．

山ガスのフラックス等に依存する．十分な量の火山ガスフラックスがない場合は，全球凍結と解凍を周期的に繰り返している状態になっている可能性がある（Kadoya & Tajika 2015）．

（4）さまざまな恒星の周りのハビタブルゾーン

　これまで述べたハビタブルゾーンの境界に対応する入射フラックスを，図 4.12 に実線で示した．惑星がハビタブルになれるような入射フラックスは，第ゼロ近似では太陽定数程度からその 30% 程度までとなっている．主星の温度に依存して境界がずれるのは，上で述べたように，恒星のスペクトルが変わることによっ

て，同じ大気を仮定しても惑星アルベドが異なってくるからである．

　入射フラックス S を主星からの距離 d に直すには，主星の光度を L，太陽光度を $L_\odot$，太陽定数を $S_\oplus$ として，

$$d = \sqrt{\frac{L/L_\odot}{S/S_\oplus}} \tag{4.5}$$

とすれば良い．キャスティングらの 1 次元モデルを用いた検討に基づくハビタブルゾーンは，太陽型星（$T_{\mathrm{eff}} \sim 5800\,\mathrm{K}$, $L \sim L_\odot$），M0 型星（$T_{\mathrm{eff}} \sim 4000\,\mathrm{K}$, $L \sim 0.05\,L_\odot$），M8 型星（$T_{\mathrm{eff}} \sim 2500\,\mathrm{K}$, $L \sim 0.0005\,L_\odot$）の周りでそれぞれ，おおよそ 0.97–$1.7\,\mathrm{au}$，0.24–$0.44\,\mathrm{au}$，0.024–$0.048\,\mathrm{au}$ あたりになる．

4.3.3　ハビタブルゾーンの展開

　ここまでの議論では，地球に類似した N_2-O_2-CO_2 大気を想定し，いくつかの仮定を置くことで単純化された枠組みの中でハビタブルゾーンが見積もられた．そこでは，ハビタビリティーの限界を決める上で鍵となる概念が整理された．

　しかし，その境界の具体的な値は，大気の温度構造，水蒸気や雲の分布，地表面のアルベド，などさまざまな仮定に依拠している．つまり，惑星パラメータの自由度を考慮すると，ハビタブルゾーンは，恒星のスペクトルのみから一義的に厳密に定義できるものではなくなる．この節では，モデルの仮定によってハビタブルゾーンの境界がどう変わるかを見ていこう．これらの議論は，ハビタブルゾーン付近にある惑星がどのような表層環境を持ちうるのか，その多様性についての示唆も与えてくれる．

（1）大気圧・組成の影響

　大気量や大気組成が変わった場合にハビタブルゾーンはどうなるだろうか．

　大気量や大気組成を変えると，大気構造や惑星アルベドが変化するため，ハビタブルゾーンの内側境界を決める要因の一つである暴走温室状態に移行する軌道の位置や，大気上層の水蒸気の混合比で律速される水の散逸効率が変わってくる．たとえば，表面温度が同じでも背景大気（水蒸気以外の大気成分）が少ない惑星では，成層圏の水の混合比が多くなり，水は比較的早いタイムスケールで散逸してしまう（Wordsworth & Pierrehumbert 2014）．また，雲などによって

惑星アルベドが変わる場合にはその影響も受ける.

外側境界に関しては,上記では CO_2 による温室効果の限界を考えたが,他の温室効果ガスの存在を考えることで惑星表面温度が上がり,外側境界がさらに外側に移動する可能性もある.たとえば,水素 H_2 や窒素 N_2 は単体の分子としては電磁波とあまり相互作用しないが,圧力が高くなってくると,H_2-H_2,H_2-N_2,CO_2-H_2 などの衝突誘起吸収(CIA,図4.10)によって赤外線をよく吸収するようになる.たとえば,40 bar の水素大気があれば,G 型星のハビタブルゾーンは 10 au 付近まで外側に広がると見積もられている(Pierrehumbert & Gaidos 2011).軽い水素は宇宙空間に散逸しやすいので,原始惑星系円盤由来の水素は短い時間で失われるかもしれないが,火山ガス由来の水素が散逸と同程度に供給されることによって,大気に水素が定常的に多く存在する場合にはこの条件を満たす惑星となる.例として図4.12には 1 bar の大気に N_2 と H_2 が同程度の量で入っている大気の温室効果の限界を示した(灰色の破線,Ramirez & Kaltenegger 2016).また,大気中の CH_4 の温室効果を考えると,$T_* > 4500$ K の恒星の周りではハビタブルゾーンが外側に広がることが示唆されている(Ramirez & Kaltenegger 2018; 図4.12,一点鎖線).

(2) 3 次元の影響

これまでに述べたハビタブルゾーンの見積もりは,鉛直方向1次元の大気構造と放射輸送の計算に基づいて得られたものだった.しかし,実際の惑星大気には水平方向の広がりがあり,三次元的な構造を持っている.その中で,大気循環や水蒸気の輸送など,1次元モデルでは議論できないプロセスが実際には作用している.これらの影響を調べるため,近年では,3次元大気大循環モデル(General Circulation Model; GCM)を用いた惑星気候モデリングも行われている.たとえば,地球の3次元大気大循環モデルにおいて入射フラックスを増加させると,1次元モデル(Kopparapu *et al.* 2013)で求められた暴走温室となる入射フラックスよりも高い平均入射フラックスの下でも,温暖な気候が安定して存在できる(Leconte *et al.* 2013, Wolf & Toon 2014, 2015; 図4.12).これは,大気循環によって相対湿度が低い(乾燥した)部分が生じ,1次元の水蒸気が飽和した大気モデルに比べて(表面温度が同じでも)より大きな熱放射を出す

ことができるからである.

　3 次元の大気循環は惑星の自転などさまざまなパラメータに依存している. 低質量星のハビタブルゾーン付近の地球型惑星は, 潮汐力の影響で公転周期と自転周期が一致し, 自転周期が 10–40 日（M0 型星–M9 型星に対応）と遅くなっていると考えられる. これほど自転が遅くなると, 主星の直下が水で覆われている場合は, 主星の直下の広い領域で雲が発達することが 3 次元計算から示唆されている（Yang *et al.* 2013）. この主星直下の雲は, 惑星のアルベドを上げるため, 雲のアルベドを固定した 1 次元モデルに比べて, より大きな日射量まで温暖な気候が安定的に存在できるようになる（図 4.12）.

（3）惑星表面の水の量への依存性

　ここまでは, 惑星の表面がすべて, あるいは大部分が水に覆われているような惑星を想定して, その水が安定的に存在できる条件について議論してきた. しかし, 惑星表層の水の量が限られていて, 液体の水に覆われている部分と覆われていない部分がある, すなわち水の総量が少ない状況を考えると, その境界は変わってくる. 阿部豊ら（Abe *et al.* 2011, Kodama *et al.* 2018）は, 乾燥した惑星表層に液体の水が少量存在するような惑星を「陸惑星」と呼び, 陸惑星のハビタブルゾーンを調べた. 陸惑星が地球程度の自転速度・赤道傾斜角を持つ場合, その水は大気の循環によって極域に運ばれ, 赤道付近の大気は乾燥する. 乾燥した部分では, 水蒸気によって大気が光学的に不透明になることはなく, 水蒸気の多い大気に比べて大きな惑星放射を出すことができるため, より大きな日射量まで惑星の気候が安定的に存在できることを発見した（図 4.12）. また, 「陸惑星」のハビタブルゾーンは, 低温側にも広がることが示唆された（図 4.12 に図示していない）. これは, 陸惑星では, 主星直下の近傍が乾燥しており雲ができにくく, また雪も降らないため, 惑星表面のアルベドが大きくならない（つまり, 主星光をよく吸収し惑星が温まることができる）からである. このように, ハビタブルゾーンは, 液体の水の量にも依存する.

4.3.4　恒星進化とハビタブルゾーン

　これまでは, 主系列星を念頭に議論してきた. しかし, 宇宙には主系列星以外にもさまざまな天体が存在する. それらの天体の周りのハビタブルゾーンを考え

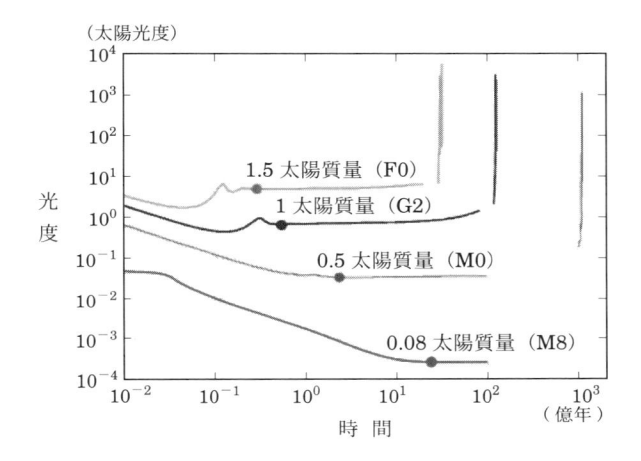

図 4.13 さまざまな質量の恒星の，前主系列段階から主系列段階に至る間の光度進化（Baraffe *et al.* 2015; 左側の実線）と，主系列段階を終えた後の赤色巨星および AGB 星段階の光度進化（Ramirez *et al.* 2018; 右側の実線）．主系列段階の始まりは灰色の丸で示してある．

ることも可能である．

　たとえば，恒星は，主系列星になる前の段階で，主系列星とは異なる光度を持つ（図 4.13 参照）．特に低質量星は，前主系列の段階で主系列段階に比べて一桁以上大きな光度を持っており，それが徐々に下がっていく．この期間におけるハビタブルゾーンを考えれば，対応する主系列星よりも外側に広がっているはずである．また，質量が太陽の 0.46–8 倍程度の恒星は，主系列段階を終えた後，赤色巨星段階，AGB（asymptotic giant branch）星の段階を経て，白色矮星に至るが，赤色巨星段階や AGB 星の段階で光度は主系列星に比べて何桁も大きくなる（それより小さな恒星は，赤色巨星段階を経ずに白色矮星に至る）．よって，この段階のハビタブルゾーンも，主系列段階におけるハビタブルゾーンよりも遠いところにくる．恒星の進化の最終形態である白色矮星や中性子星の光度は小さく，ハビタブルゾーンは主星のごく近傍になる．太陽質量程度の天体ではこれらの光度変化が大きいステージは比較的短期間だが，低質量星は進化が遅く，M 型星では前主系列段階は 10–100 億年，赤色巨星段階では最大で 100 億年程度の

時間がかかる．また，白色矮星は，100 億年程度の時間をかけて冷えていく．生命の発生に必要な時間が十分短いとするなら，このような段階におけるハビタブルゾーンを考えることにも意味がある．

　ところで，このような恒星の進化過程を考慮すると，ある時点でハビタブルゾーンの中にある惑星が実際に表面に液体の水を持つのかどうかという点に関して，その惑星の主星の進化過程を考える必要があることを示している．低質量星のまわりのハビタブルゾーンにある惑星は，恒星が主系列段階に入る前には，主系列星段階の日射量の 10–1000 倍もの日射量を受けていたことになる．その間には水が大量に散逸していただろう．そのため，惑星誕生時に獲得していた水の量が少ない場合は，この段階ですべて蒸発し，惑星は水を持たない乾燥した惑星になってしまうかもしれない．このように，惑星環境を検討するにあたっては，その時点の状況だけでなく，その惑星がたどってきた進化を考えることが必要である．

4.3.5　「ハビタブル惑星」の候補

　これまで述べてきたように，ハビタブルゾーンは恒星があれば一義的な境界が引けるものではないが，少なくとも何らかの仮定のもとで液体の水が惑星表面に安定的に存在可能と考えられるような地球サイズの惑星は，すでに数多く見つかっている．しかしその中で，惑星光の分光観測など詳細なフォローアップ観測が可能になるのは，太陽系近傍のものに限られているため，より近傍のハビタブル惑星の発見が今後も重要である．

　太陽からもっとも近い恒星系（三重連星）の一つ，プロキシマ・ケンタウリ（M5 型星，1.3 pc 彼方）にも，ハビタブルゾーン付近に地球サイズの惑星プロキシマ・ケンタウリ b が検出されており，将来の観測の格好のターゲットと考えられている．ハビタブルゾーンの付近に地球質量程度の惑星を持つ太陽系近傍の惑星系としては，Ross 128（3.4 pc），GJ1061（3.7 pc），Luyten（3.8 pc），Teegarden's star（3.9 pc）などが知られている（2024 年 5 月現在）．また，ハビタブルゾーン付近の惑星で「トランジット」しているもののうちもっとも近いものは，TRAPPIST-1（M8 型星，12 pc 彼方）の惑星（特に，TRAPPIST-1 d, e, f, g）である．トランジットしている惑星に対しては，透過光観測や惑星食を利用

した熱放射の観測も可能になるため，観測やモデリングが活発に行われている．

これらの惑星の主星はほぼ全て低質量星（1.5.8 節参照）である．この理由は，もともと宇宙空間の中に軽い恒星の方が多いということと，低質量星の方がハビタブルゾーン付近の地球型惑星を検出しやすいということである．ただし，このような低質量星は，太陽とは異なる進化，スペクトルを持つため，そのハビタブルゾーンの中にある地球型惑星が実際に大気や水を有するのかは未知であり，今後の観測や理論の展開に期待が高まっている．

4.4 系外惑星として見た地球

4.4.1 Pale Blue Dot

本節では，我々の地球を系外惑星として観測するとどのように観測されるか，という一種の思考実験について考えたい．この思考実験を観測的に示したのが 1990 年にボイジャー 1 号により 60 億 km 離れた場所から撮影された地球の写真，Pale Blue Dot（小さな青い染み）である（図 4.14）．この写真は非常に遠方にある地球のような異世界が，どのように観測されるのかを示したデモンストレーションでもある．隣の恒星までの距離の約 1 pc は 60 億 km のさらに 5000

図 **4.14** Pale Blue Dot（口絵 14 参照，NASA）

倍だから，系外惑星としての地球は点としてしか観測されないということを示唆している．まずは，いかに系外惑星としての地球が遠いかを確認してみよう．以下，この仮想的な地球を双子地球（Earth Twin）と呼ぶ．地球から 10 pc 以内に太陽型星は約 30 個存在する．そこで 10 pc を地球から双子地球までの典型的な距離と考えてもよいだろう．双子地球の視半径は，4 マイクロ秒角であり，これはおおざっぱには月に置いたビー玉に相当する．1 μm（ミクロン）の波長で，この角度を分解するには直径 50 km の望遠鏡が必要である．つまり，普通の望遠鏡では双子地球は空間分解できない．双子地球の電磁波から情報を得るためには，異なる次元，たとえば波長情報（スペクトル）や時間情報（ライトカーブ）を使用することが必要である．電磁波の帯域としては，おもに可視光，赤外光，電波の三種について検討されてきた．地球は太陽からの光の 3 割を直接反射し，7 割をいったん吸収してから熱放射として宇宙に放出する．つまり，図 4.15 に示すように，太陽黒体放射光の地球による反射光（6000 K, 0.5 ミクロン）と，双子地球の黒体放射の放射光（300 K, 10 ミクロン）が，それぞれ双子地球からとどく直接的な光となる．

　恒星の前を双子地球が通過する配置の場合，恒星光が双子地球の大気を通過することで間接的に情報を得ることもできる（透過光）．また，知的生命探査の手段としての電波探査の歴史は古い（4.5 節参照）．本節では知的生命からの我々に向けて発せられる能動的なシグナルではなく，人類活動から宇宙に漏れ出てしまう電波についてのみ議論する．

4.4.2　水とバイオシグネチャー

　液体の水がハビタブルゾーンを規定していることからわかるように，水は生命探査の重要なシグナルである．「液体の」水を検出することは比較的難しいが，水蒸気であれば通常の大気分子探査の手法を用いての検出が可能である．生命探査において水が重要視されるのは，高い融点・沸点（溶媒として化学反応を促進しやすい）やその構成要素である酸素・水素の宇宙での元素存在量の多さなどが挙げられる．もちろんこれは，水を用いない生命現象の可能性を否定するものではない．系外惑星探査でおもに液体の水をベースにした生命現象を考えるのは，推論が比較的容易であり探査戦略が立てやすいからである．また，宇宙でもっと

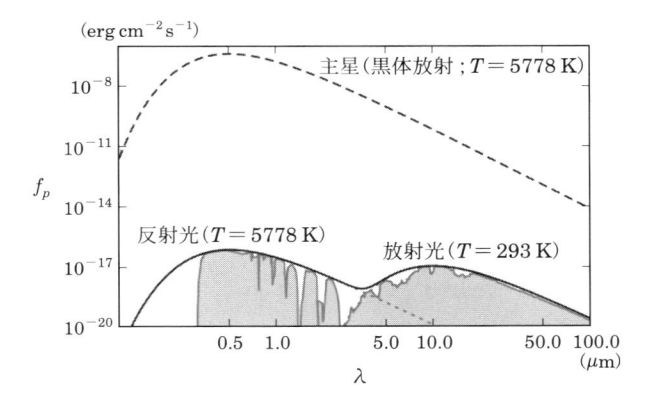

図 **4.15** 地球の放射スペクトル（灰色の領域）．破線は太陽に対応する温度からの黒体放射スペクトル．地球の放射スペクトルは，地球による太陽光の黒体放射の反射光と地球を $293\,\mathrm{K}$ の球としたときの黒体放射スペクトルの和（実線）でおおまかに近似できる．細かい違いとしては，オゾンによる吸収（$0.3\,\mu\mathrm{m}$ より短波長），反射光側での水・酸素による吸収線，放射光（輻射）側では水，オゾン，二酸化炭素などによる吸収がみられる．

も豊富な分子の一つだからでもある．

　生命現象に由来するシグナルをバイオシグネチャーもしくはバイオマーカーと呼ぶ．何をもってバイオシグネチャーと呼ぶかは意見の分かれるところであるが，ここでは河原（2018）に従い，以下の要件を明らかにすることでバイオマーカーとしての資格を考察する．

　A. バイオシグネチャーの元になるプロセスはどのような生物学的役割を持っているのか．

　B. バイオシグネチャーの元になるプロセスは，非生物学的なプロセスに比べ，物理的に何が異なるのか．

　まず生物学的役割という意味で，代謝活動にまつわる分子は要件 A. を明確に説明できる．地球生命の代謝過程のうち呼吸（化学合成），発光，光合成（光化学反応）の三種類を考えると，これらはすべて酸化還元反応に基づいている．つまり図 4.16 に示すように半反応式の間の電子エネルギーのやりとりという形であらわすことが可能である．

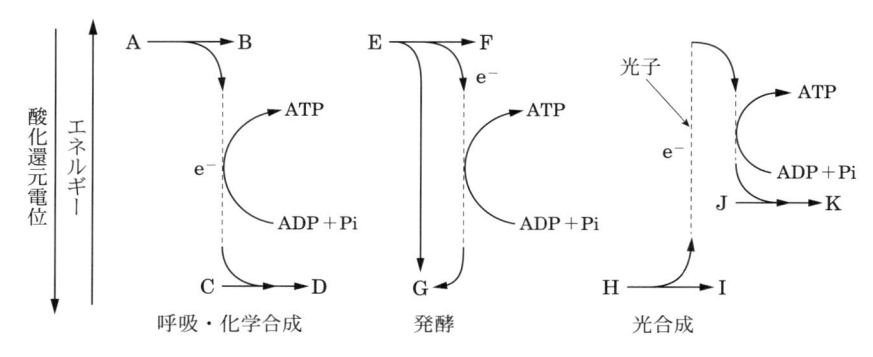

図 4.16 地球生命の代謝（ド・デゥーブ 2007 に基づき河原 2008 より転載）

　ここでバイオシグネチャーとなりうるのは代謝の結果として排出される B, D, F, I, K に対応する分子である．B, D, F, I, K に対応する分子が何であるべきか，それぞれ A, C, E, H, J が何かを考えればよい．たとえばメタン生成細菌は A に水素を C に二酸化炭素を用いた化学合成を行う．電子を放出する水素は水（B）に，電子を受け取る二酸化炭素はメタン（D）になる．この場合，メタンをバイオシグネチャーとみなしうる．呼吸・発酵はいずれも従属的な代謝である．化学合成は無機化合物を用いた独立的な代謝であるが，そのエネルギー源となる物質の供給には限界がある．一方，光合成は恒星光をエネルギー源として用いる独立的な代謝であり，惑星における支配的な代謝となりうる．電子を放出する物質（H）としては酸化還元電位の高い物質でも利用可能である．「液体の水をベースにした生命現象」を考えている以上，惑星表面に豊富に存在する物質をもとにした反応で初めて全惑星的変化を引き起こすことが可能である[*11]．最も多量に存在することが想定される水から電子を引き抜いた結果，生成される物質 I は酸素である．それゆえ酸素は，水を電子放出物質としたときの独立栄養生物のバイオシグネチャーとして適切である．

[*11] ここではリモート観測が事実上不可能な内部海生命は考えない．

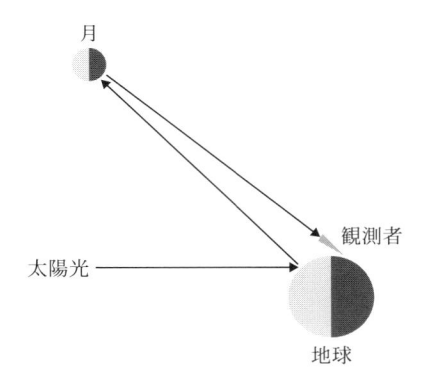

図 **4.17** 地球照の模式図．左から来た太陽光は地球の昼面に当
たり，その一部を宇宙へと反射する．この反射光が月の夜面に当
たり，地球側の夜面に返ってくる．地球の夜面側にいる観測者
は，月の夜面をみることで地球昼面による反射光を観測できる．

4.4.3 反射光で見た地球

月の暗面がわずかに輝いているのは地球の昼面で反射した光が月に当たり反射
して返ってくるためである（図 4.17）．これを地球照（Earthshine）という．地
球照はレオナルド・ダ・ヴィンチによるレスター手稿に記述があるくらい古くか
ら認識されていたが，地球を外部から観測する手段として初めて用いたのはガブ
リール・チホフ（Gavriil A. Tikhov，露）である．チホフは地球照の観測から，
外から見ると地球は青く見え，それは大気のレイリー散乱が原因であることを正
しく指摘した（1914 年）．図 4.18 に月の反射率を補正した地球照スペクトルを
示す．反射光は，地球の表面組成，すなわち雲・海洋・大陸の表面により反射さ
れた成分，および大気により散乱された成分の足し合わせからなる．短波長側で
は大気によるレイリー散乱が卓越してくるためスロープが見える．また，光が大
気中を通過する際の大気分子による吸収・散乱が吸収線としてみられる．反射光
スペクトルに含まれる水・酸素・二酸化炭素の吸収線はバイオシグネチャー検出
の標的として有望である．

反射光のライトカーブ（光度曲線）は，系外惑星表面の空間情報を持ってい
る．なぜなら反射光の強度が惑星表面の恒星光が当たり（昼側）かつ観測者側を
向いている面（VisibleandIlluminated = VI 領域）のみの積分となるが，惑星

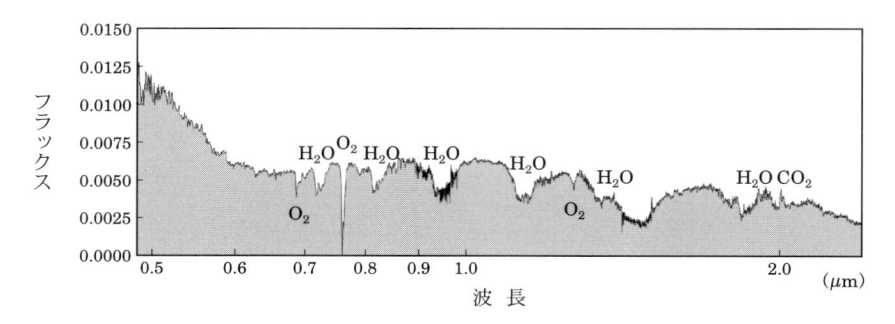

図 4.18　地球照のスペクトル（Enric Palle 氏提供）. 短波長側のスロープはレイリー散乱によるもの. また, 吸収線はおもに水と酸素分子によるものが多い.

の自転および公転運動がこの VI 領域を変化させていくためである. 地球反射光のライトカーブは衛星による地球の継続観測から得られている. 特に DSCOVR 衛星は地球をラグランジュ点（L1）から複数年にわたり継続観測した. 図 4.19 にその一部を示す. $0.44\,\mu m$ の光度変化はおもに雲により, $0.78\,\mu m$ のものは大陸・海洋にも大きく依存する. そのため二つの波長で変動のパターンが異なる. この時系列データから, 実際に地球の二次元表面分布を再構成できることが示されている.

2.3.2 節で詳説したように, 植生による反射スペクトルにはレッドエッジと呼ばれる $0.68\,\mu m$ を境とした急激な反射率の変化がみられる. この波長は光合成に用いられるクロロフィルの励起エネルギーに対応している（図 4.16）. 励起エネルギーより高いエネルギーを持つ光子は, 色素に吸収され最終的に光合成に利用される. しかし励起エネルギーより低いエネルギーすなわちレッドエッジを境にして長波長側は光合成に利用できずに散乱されるために反射率が高くなる. 生命が光合成に電子遷移を利用するレッドエッジは, 生物の適応進化の必然的な結果であるとみなすことができるためバイオシグネチャーとみなされる[12].

このレッドエッジを利用した指標として Normalized Difference Vegetation Index（NDVI）というものがある. NDVI はレッドエッジを挟んだ二つの波長

---

[12] 地球上にはないタイプの光合成もあり得るかもしれない. そのようなタイプの光合成を元に探査をすることも原理的には可能であるが, レッドエッジのように普遍性に基づいたバイオシグネチャーの同定が必要である.

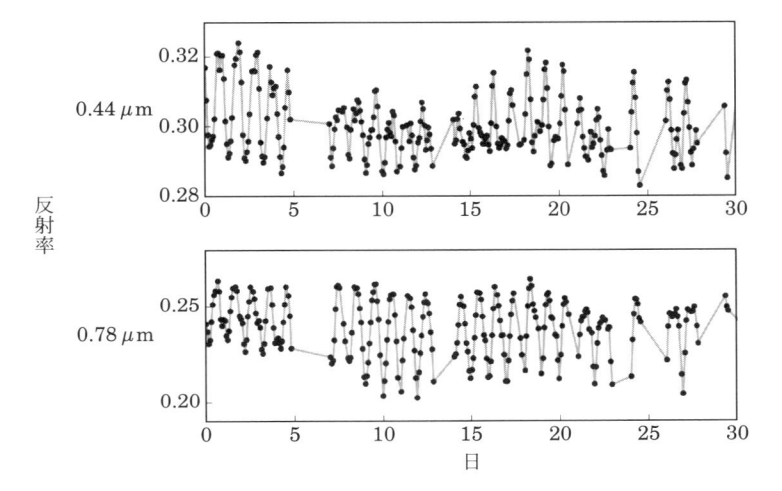

図 **4.19** DSCOVR 衛星による地球の反射光ライトカーブ（Siteng Fan 氏提供）

（近赤外線 NIR, 可視光 VIS）をもちいて NDVI = (NIR − VIS)/(NIR + VIS) ととることでレッドエッジの特徴を捉える．図 4.20 に単色でみた地球と NDVI でみた地球の違いをしめす．反射光は単色では雲や氷といった成分が強く見えるが，NDVI では大陸の植生が可視化される．

　この結果が示唆するのは，反射光による惑星表面の特徴づけをするためには，表面成分のスペクトルを反射光時間変化解析と同時に考える必要があるということである．系外惑星では表面の各成分の反射スペクトルを事前に知ることは難しいため，モデルを仮定することなく表面組成スペクトルを推定する手法などが開発されている．

　実際に系外惑星から反射光を検出するためには高コントラストが必要となる．太陽型星のまわりの双子地球を検出するためには 4.1.3 節で述べたように 10^{-10} 乗（惑星光と恒星光の強度比）を達成することが必要であり，宇宙からのコロナグラフ観測（4.1.5 節）が必要と考えられている．一方，M 型星の周りではコントラストが 10^{-8} 乗程度に緩和されるため，30 m クラスの大型望遠鏡で検出できる可能性がある．ただし，地球大気のゆらぎの影響を除去する極限補償光学を現在の性能より大幅に改善する必要がある．

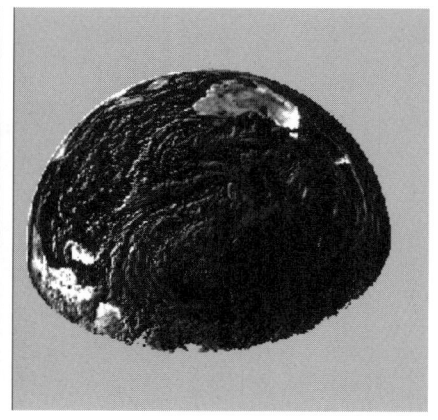

図 **4.20**　はやぶさ 2 に搭載のカメラによる地球南半球の写真．左は $0.48\,\mu$m で撮像した写真，右は NDVI を用いた写真．NDVI では左ではよく確認できないオーストラリアの植生が浮かび上がる（河原 2018 より転載）．

4.4.4　放射光で見た地球

　地球の放射光は，各波長で宇宙からみた光学的厚さが約 1 の面付近の黒体放射光の重ね合わせとなっている．大気吸収の強くない波長では，雲のある場所では雲頂，ない場所では惑星表面の黒体放射が放射光に寄与する．水，二酸化炭素，オゾンなどによる吸収のある波長では，大気中で光学的厚さが 1 となる高さの大気の温度に対応する放射光となる．これは多くの場合対流圏に対応し，高度が上がると温度が低下するため，吸収が強い波長では輝度が低くなる．しかし，もっとも吸収の強い波長では成層圏上部に達するので，オゾンや二酸化炭素の吸収がもっとも深い部分では，逆に輝度が高くなる．地球のリモートセンシングでは，この原理を利用し大気の温度構造を推定している．放射光の時間変化光度曲線では，反射光と異なり公転方向での変化がなく空間情報が不足するため（特異値がゼロであるヌル空間の割合が多いため）二次元表面を推定するのは難しい．

　実際に地球型系外惑星からの放射光を観測するための装置としては，将来的には宇宙赤外干渉計による直接撮像が検討されている．また，きわめて低温の恒星（たとえば 2550 K の TRAPPIST-1）のまわりに双子地球が存在する場合は，双子地球が恒星の後ろに隠れる前後の差分をとることによって，空間分解すること

なく放射光が得られる可能性がある．30–40 m クラスの大型地上望遠鏡でもアルファ・ケンタウリのようなきわめて近い太陽型星のまわりに双子地球がいる場合は，将来的に放射光を検出できる可能性がある．地上から双子地球の熱放射を検出する場合，ほぼ同じ温度の熱放射が観測者の地球大気や望遠鏡本体からやってくるため，熱的前景ノイズが卓越する．この前景ノイズの除去性能の大幅な向上が今後，必要である．

4.4.5 トランジットでみた地球

惑星が恒星の前面を通過するトランジットの深さの波長依存性を観測するのが透過光分光である．惑星半径・恒星半径比の 2 乗がトランジット深さとなるが，惑星半径は波長によって異なる．すなわち大気中の分子や散乱により吸収が強い波長では惑星が恒星を隠す面積が実効的に大きくなる．このように透過光分光では，分子吸収やダストや大気散乱を検出することができる．月食時の月面のスペクトルは，地球の透過光分光を模擬している（図 4.21）ことからこれを利用して双子地球の透過光の研究が行われている．

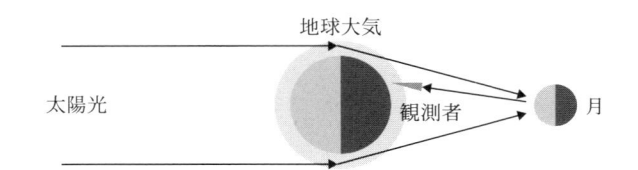

図 **4.21** 月食の模式図．月食時には月と太陽の間にある地球大気を通過した光が月面に当たり，地球側に返ってくるため，地球大気の透過光スペクトルを観測することができる．実際の透過光分光観測では，JWST 等の大型宇宙望遠鏡で，やはり TRAPPIST-1 のような半径の小さな恒星のまわりのトランジット惑星を観測することが想定される（4.1 節参照）．宇宙からの観測が必要なのは測光精度が必要だからである．もしくは大型地上望遠鏡を用いて高分散分光で透過光分光を観測し（この場合，波長方向の細かい特徴情報（高周波成分）を利用できるので必ずしも測光精度は重要でない）大気分子を検出することも考えられている．

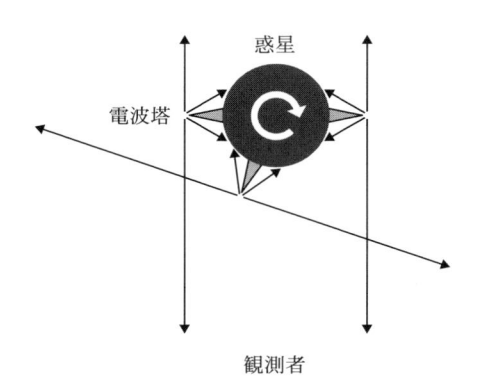

図 **4.22** 電波塔から観測者に届く電波の幾何学的配置. 電波塔からの電波は, おもに地上にむけて発せられるため, 宇宙に漏れ出すのは水平に近い成分がもっとも強度が高くなる. そのため, 電波塔から水平に位置するターミネーター, すなわち "電波塔" 出と "電波塔" 入 (日の出と日の入りに対応した単語) の 1 日に 2 回強いシグナルが観測されると期待される.

4.4.6 電波で見た地球

地球から発せられる主要な電波源は人類由来である. 軍事用のレーダーやテレビ電波が特に強い電波源である. テレビ電波の観測的な特徴は, 図 4.22 に示すように地球の自転に伴い電波塔がちょうどターミネーター (観測者の視線が接する地球表面) に出現したときと没するときの 1 日に 2 回観測されることである. これはテレビ塔からの電波は塔の周囲に届くように出射するので宇宙に漏れ出すのはほぼ塔からの水平成分であることに起因する. 反射光からの表面二次元情報と合わせれば, 惑星のどこに都市があるのかを推定することも原理的には可能である. もっと一般的な地球外生命探査方法については 4.5 節を参照されたい.

本節では, 地球を系外惑星として観測すると仮定したとき, どのような情報を得ることができるかを概観した. 地球は宇宙生命の取りうる形の一形態に過ぎないかもしれないので, 地球からのシグナルを参考に, もう一歩進んでより普遍的な系外生命信号を考えることも必要だろう. この作業に関する研究はまだほとんどなく, 読者にお任せしたい.

もう一つ注意しておくべきこととして, 本節で説明したような地球表面の情報

が，すでに実際に宇宙に漏れだしてしまっているということがある．深淵を覗くとき，深淵もまたこちらを覗いているかもしれない．

4.5 知的生命探査

4.5.1 地球外知的生命探査（**SETI**）

太陽系外にも地球人と同様に文明を構築・維持している生命，地球外知的生命（extraterrestrial intelligence）の存在が推定できる．この地球外知的生命の発見・検出を目的とした観測のことを地球外知的生命探査（Search for extraterrestrial intelligence; SETI）という．

では，SETI にはどのような手法がありえるだろうか．まず，もっとも近い文明までの距離を考える．天の川銀河中の恒星の数は 10^{11} 個の桁であるが，その中に存在する文明の数として，天文学者らの中でも楽観的な見積もりである 10^6 個を採用して求めると[*13]，文明の数密度は 1 文明/10^5 個となる．文明間の距離に換算すれば，数百光年に 1 文明ということになる．これからもわかるように，知的生命との直接的な接触を期待するのは非現実的であろう．

そこで，現実的な探査は文明存在の間接的な証拠を検出することとなる．実際に行われているおもな SETI の手法は，知的生命が放射・送信している電磁波の検出を目的としたものである．電磁波は比較的わずかなエネルギーで，換言すれば低コストでの出力が可能だからである．一方で，各種素粒子や重力波は，恒星間通信を目的として放射・送信する場合は，甚大なエネルギーが必要となるので，これらの検出は有効な探査対象とはいえない．

4.5.2 電波 **SETI**

電波 SETI は，地球外知的生命が放射する電磁波の検出を目的とした知的生命探査で，最初に行われ，かつ現在までもっとも頻繁に行われている．電波は，他の電磁波と比較すると技術的に容易に，それゆえ安価で送信が可能なため知的生命も利用するであろうという推定からである．火星に存在を仮定した知的生命の

[*13] たとえば，セーガン（C. Sagan），キャメロン（A.G.W. Cameron），ゴールドスミス（D. Goldsmith）& オーエン（T. Owen）などによる見積もり．

発見を目的とした電波観測は，すでに 20 世紀の初頭に実施された．ドレイク（F. Drake）は 1960 年に初めて太陽系外の知的生命の発見を目的としたオズマ計画（Project OZMA）を行った．この計画では，太陽型星であり，当時の技術レベルで電波検出が可能であると予測されたくじら座タウ星（τ Cet）とエリダヌス座イプシロン星（ε Eri）が観測対象となった．

(1) 検出限界電力

地球外知的生命が送信した電波の地球側での検出限界を以下のように簡易的に求めることができる．知的生命が，口径 D_t のアンテナ（または望遠鏡）を使い，波長 λ，電力 P_t で電磁波を送信したとする．送信された電磁波が宇宙空間を伝播していく形状は遠方に底面のある円錐形で近似できる（実際にはやや異なるが，ここでは放射された電磁波の出力はこの円錐中にすべて含まれると仮定する）．この円錐の頂角 θ rad は，

$$\theta = \frac{\lambda}{D_t} \tag{4.6}$$

となる．送信地点から距離 R 隔てた場所における円錐の断面積 S は，

$$S = \frac{1}{4} \left(\frac{R\lambda}{D_t} \right)^2 \pi \tag{4.7}$$

なので，この場所における単位面積あたりに届く電磁波の電力 P_d は，

$$P_d = 4P_t \left(\frac{D_t}{R\lambda} \right)^2 \frac{1}{\pi} \tag{4.8}$$

となる．

これまで地球人による最強の電波としては，$D_t = 305$ m のアレシボ電波望遠鏡から $\lambda = 0.1260$ m（周波数では 2380 MHz）で送信されるアレシボ惑星間レーダ（Arecibo Planetary Rader）であり，5 MW で送信されていた．たとえば，これと同じ $\lambda = 0.126$ m（周波数では 2380 MHz）の電波が $R = 10^3$ 光年の距離から到来したとすると，P_d は，10^{-25} Wm^{-2} となる．現在，最高感度級の電波望遠鏡は，アメリカ国立電波天文台のグリーンバンク望遠鏡（GBT）であるが，その感度は 2×10^{-26} Wm^{-2} である．すなわち，10^3 光年以内の範囲にその電波を発する天体が存在すれば，地球人レベルの文明でも，検出が可能である

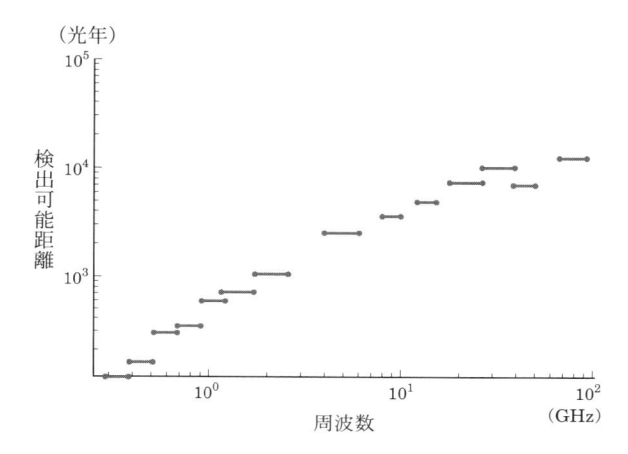

（光年）

図 4.23 アレシボ惑星間レーダ（5 MW）級の電波を GBT（150 秒積分，チャンネル幅 0.75 GHz）で検出できる距離と周波数との関連（Siemion *et al.* 2013, *ApJ*, 767, 94）

ことがわかる．アレシボ惑星間レーダ級の電波を GBT で検出可能となる距離と周波数の関連を図 4.23 に載せる．

なお，2020 年代には，さらに感度が，1 桁，2 桁高い電波望遠鏡である SKA が稼働を始めるので，期待が高まる．この SKA についての詳細は，後述する（4.5.3 節参照）．

（2）魔法周波数

さて，地球外知的生命が恒星間通信を目的として送信する場合に選択すると考えられる電波の周波数のことを魔法周波数（magic frequency）という．まず広い波長域から考察すると，地球外知的生命が送信する電波は 1–10 GHz 付近のマイクロ波であることが予測できる．これより高い周波数帯では大気中の水蒸気や酸素分子が電波を放射しており，また反対に低い周波数帯では，星間電子によるシンクロトロン放射が存在するためである．

最初に提唱された魔法周波数は，上記の周波数帯の中でも中性水素の放射する 1.420 GHz である．この周波数は天の川銀河の水素分布の調査などを目的に頻繁に用いられるという理由により，1959 年にココーニ（G. Cocconi）とモリソン（P. Morrison）によって提唱された．こういった理由で，現在まで行われた

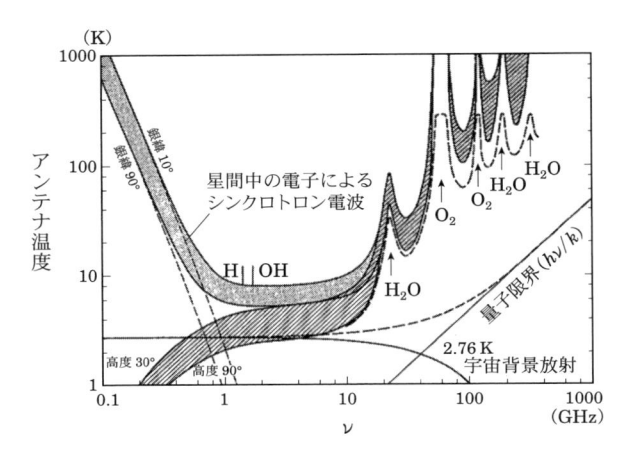

図 4.24 天空から到来する電波のスペクトル.これらは SETI 観測ではノイズとなる.H(1.42 GHz)–OH(1.67 GHz)帯が'水の穴'(Search for Extraterrestrial Intelligence SETI, 1977).

電波 SETI のおおよそ半数が,観測周波数として 1.420 GHz を選択している.

さらに,水素(H)と水酸基(OH)が結合すると,生命に不可欠な水(H_2O)となるため,OH のバンドである 1.67 GHz 前後も魔法周波数となっており,1.42–1.67 GHz 帯は'水の穴'(water hole)とも呼ばれている(図 4.24).この他にも,いくつかの魔法周波数が提唱され,実際にその周波数での観測が行われている.

4.5.3　SKA による SETI

SKA(Square Kilometre Array)は次世代低周波電波干渉計の国際プロジェクトである.100 MHz 帯(50–350 MHz)をカバーする SKA-low と 1–10 GHz 帯(350 MHz–15.3 GHz)をカバーする SKA-mid からなり,それぞれオーストラリアと南アフリカ共和国に建設される.建設は 2 段階(SKA1・SKA2)で行われ,全体の 10%の望遠鏡で構成される SKA1 の建設は 2021 年に始まり,2027 年ごろに完成,その後に SKA2 の建設が始まる予定である.SKA1 でも現存の同帯域の電波望遠鏡(LOFAR,GMRT,JVLA など)の 3–10 倍の感度と 10–100 倍のサーベイ速度を誇り,2020 年代以降の天文学を牽引する望遠鏡とし

て期待されている.

SKA は汎用望遠鏡であり,宇宙再電離・パルサー・宇宙磁場・銀河進化・宇宙論・中性水素サーベイ・突発天体などとともに「宇宙における生命」がキーサイエンスとして想定されている.「宇宙における生命」では系外惑星のオーロラ電波の観測,原始惑星系円盤でのダスト成長,原始星形成前後での有機分子の検出,SETI などの項目が検討されており,ここでは SKA による SETI の可能性について説明する.

先述のように SETI においては広い波長域と天球面上の位置をサーベイ(掃天観測)しなければならないが,SETI だけのために SKA のような望遠鏡で長い観測時間を確保することは難しい.そこで相乗り観測(commensal observation)という手法が重要になる.これは一つの観測データを複数の科学目的のために利用するもので,実際にアレシボ望遠鏡で行われており,年間数千時間の観測データが SETI で利用されている.SKA では銀河面サーベイや全天サーベイなど多数のサーベイが行われる予定で,そのデータを SETI 用のソフトウェアで解析することで SETI が可能になる.SKA で行われる相乗り観測は特定の天体をターゲットとしない広い領域のサーベイであり,等方的で等質なサーベイは地球外文明の存在について統計的に議論する上で非常に有用である.

一方,宇宙生物学的に興味深い領域や天体をターゲットとする観測も検討されている.特に興味深いターゲットとして,地球からエッジオン(軌道傾斜角が 90°)で観測される惑星系で,ハビタブルゾーンに二つ(以上)の惑星があるシステムがある.文明がある程度進歩すれば,知的生命が双方の惑星に居住することは自然であり,惑星間通信のためにお互いに強い電波をやり取りする可能性がある.二つの惑星の位置関係によってはその電波のビームが地球に向くことがあるため,SETI としては非常に良いターゲットとなる.また,地球外文明が他の文明に向けてメッセージを送るときに星間空間のメーザー(分子雲や晩期型星周囲の分子ガスなどで起こる電波の増幅)を利用する可能性があるため,そのような領域をターゲットとすることも考えられる.

図 4.25 は SKA や現存のさまざまな電波望遠鏡の人工電波源に対する感度を示している.ここでは相乗り観測を想定して 10 分間の積分を仮定している.人工電波源は 15 pc の距離にあり,観測バンド幅は 0.5 Hz でシグナルノイズ比が

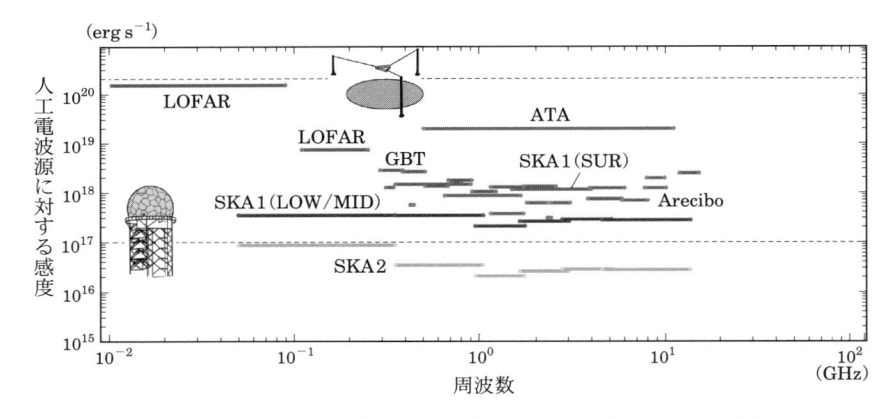

図 **4.25** SKA や現存のさまざまな電波望遠鏡の人工電波
源に対する感度（Advancing Astrophysics with the Square
Kilometre Array, PoS（AASKA14）116）．上下の水平点線
はそれぞれ，惑星間レーダーおよび長距離航空レーダーの射出電
波強度．

15 以上であれば検出であるとしている．また，地球の惑星間レーダー（等方換
算電波強度：2×10^{20} erg s^{-1}）と長距離航空レーダー（等方換算電波強度：$1 \times
10^{17}$ erg s^{-1}）の典型的な明るさも示されている．これを見ると惑星間レーダー
ほどの明るさの人工電波源が 15 pc の距離にあれば SKA を含むさまざまな望遠
鏡で検出できることがわかる．そして SKA1（SKA2）なら 1.5 kpc（5 kpc）の
距離であっても惑星間レーダーを検出できる．また長距離航空レーダーのような
弱い電波源であっても SKA2 であれば 15 pc の距離で検出できる感度を持つ．

　次に，SETI が主目的である観測を想定し，60 分間の積分をしたときに，人工
電波源を検出できるような距離にある恒星がいくつあるかが図 4.26 に示されて
いる．ここで観測バンド幅として 0.01 Hz を想定し，恒星密度を 0.1 pc^{-3} とし
ている．長距離航空レーダーであれば SKA1 で 1 万個程度，SKA2 であれば数
10 万個の恒星がターゲットになることがわかる．さらに SKA2 であればごく近
傍の数個の恒星の惑星にある大強度テレビ・ラジオ（等方換算電波強度：$5 \times
10^{12} \sim$ erg s^{-1}）の人工電波も検出できる．

4.5.4　光学 SETI

　地球外知的生命からの電磁波検出を目的としたものの中で，電波観測に次いで

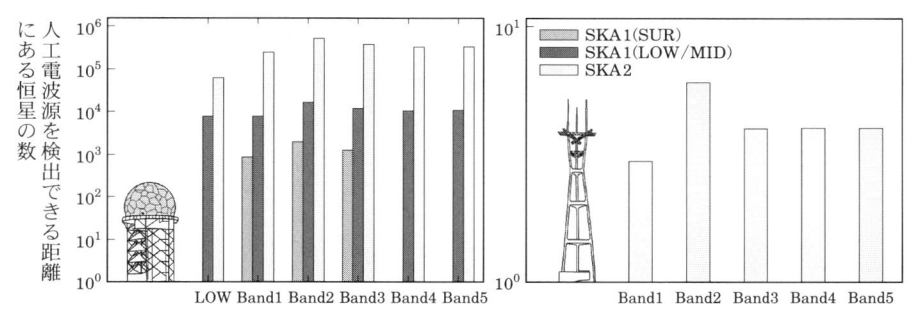

図 **4.26** SKA1 と SKA2 で人工電波源（（左）長距離空港レーダー，（右）大強度テレビ・ラジオ）を検出できるような距離にある恒星の数（Advancing Astrophysics with the Square Kilometre Array, PoS（AASKA14）116）．ここで帯域は LOW: 50–350 MHz, Band1: 0.35–1.05 GHz, Band2: 0.95–1.76 GHz, Band3: 1.65–3.05 GHz, Band4: 2.80–5.18 GHz, Band5: 4.6–15.3 GHz である．

行われているのが，可視光での観測である光学的地球外知的生命探査（Optical SETI; OSETI）である．OSETI もいくつかの手法で行われているが，狭意では知的生命が放射するレーザ光線の検出を目的とするものである．これは 1970 年代から始まったが，特に 1990 年代から活発化し，現在では電波観測と肩を並べるほどの観測頻度となっている．電波観測と異なり，知的生命によるレーザ光線は母星が放射する可視光線との分離が難しく，この分離の手法の違いにより，OSETI は測光観測と分光観測とに二分される．以下では，地球側で検出可能であるレーザ光線の出力を見積もる．

（1）測光 **OSETI**

OSETI の測光法では，パルス幅（放射時間）の短いパルスレーザを検出することにより SETI を行う．パルス幅としてはナノ秒を想定する，ナノ秒程度の時間分解能で観測することで，レーザ光線と母星からの光子を区別することができる．地球からの距離が R の場所から，口径 D_t の望遠鏡を用いて，波長 λ のレーザ光線が放射されたとする．さらにレーザのパルス幅を T，出力は P_t であるとする．このレーザ光線を地球の口径 D_d の望遠鏡で観測したときに，検出さ

れる光子の数 N_p は,

$$N_p = \frac{\pi^2 D_t^2 D_d^2 T P_t E_x}{16 \lambda R^2 hc} \qquad (4.9)$$

となる. ここで, h はプランク定数, c は光速度である. また E_x は減光係数で, これは距離と波長に依存する.

D_t と D_d は, 現在の地球上で最大級の望遠鏡の口径からそれぞれ 10 m, また地球最大出力のパルスレーザの例より, P_t は 10^{16} W, T を 10^{-9} (1 ナノ) 秒とする. R を 10^3 光年, λ を 1 μm とすると, E_x は 0.87 となる[14]. これらの値を式 (4.9) に代入すると, N_p は 5000 個となる.

一方で, たとえば G2 V の恒星が放射した光の場合, 上記と同じ条件で検出される光子の数は 3×10^{-2} 個であり, ナノ秒の時間分解能で観測できれば容易にレーザ光線と区別がつくことがわかる.

(2) 分光 OSETI

分光 OSETI は, 星のスペクトル中にレーザ光線の輝線が混入していないかを調査するもので, 検出できるレーザ光線の種類は, 連続かパルスかは問わない. 測光 OSETI の場合は, 母星が放射する光とレーザ光線とを時間分解能を上げることで分別するのに対して, 分光 OSETI は波長分解能を上げることで分別する.

口径 D_t の望遠鏡から, 波長 λ で連続レーザが放射されたとする. 地球側ではこの検出を目的に分光観測が行われるのであるが, 実際に観測で得られレーザ光線が混入しているか否か検査の対象となるものを被検スペクトル, 一方レーザ光線が含まれていないものを標準スペクトルとする. 標準スペクトルとしては, たとえば過去の分析からレーザ光線の混入がなかったことが確認されている同一スペクトル型のもの等が用いられる. 被検スペクトルから標準スペクトルを差し引いたものを差分スペクトルと呼ぶとするが, この中でノイズレベルに対し $n\sigma$ の輝線が検出されたとする. この場合に放射された連続レーザの出力 P_t は,

$$P_t = \frac{1}{4\pi} \left(\frac{\lambda}{D_t} \right)^2 \frac{1}{N_s} \frac{n\sqrt{2}}{SN} L_s \qquad (4.10)$$

---

[14] ちなみに $D_t = 10$ m, λ を 1 μm の設定だと, 円錐形で近似できるレーザ光線の広がりが太陽系に到達したとき, その底面の直径は式 (4.6) も使って求めると, 約 6 au となる.

となる．ここで SN は得られた差分スペクトルの SN 比，L_s は母星の光度である．また，N_s は得られるスペクトルの波長域 ED を観測するピクセル数であり，

$$N_s = \frac{ED}{\Delta\lambda} \tag{4.11}$$

となる．なお，$\Delta\lambda$ は分光器の波長分解能である．

たとえば，ケック望遠鏡の HIRES 分光器の場合では，ED が 400 nm，$\Delta\lambda$ が 0.0075 nm である．また，L_s は 3.8×10^{26} W である．D_t を 10 m，λ を 450 nm，SN を 200 とすると，式（4.10）と式（4.11）から P_t は 50 kW が得られる．現在までに地球人が開発した最高出力の連続レーザの例としては，2×10^6 W などという強力なものもある．

パルスレーザの場合では以下のように考える．露出時間 T の間に，パルス幅がナノ秒のパルスレーザが N_p 回放射されるとする．この場合の P_t は，式（4.10）に $T/(N_p \times 10^{-9})$ 秒を乗ずればよく，T が 600 秒，N_p は 1 回とすると，P_t は 3×10^{16} W となる．なお，上述のように地球上で実現しているパルスレーザの最大出力は 10^{16} W である．

ここまでの議論から，測光法にしても，分光法にしても，OSETI 観測では地球人と同水準の知的生命の検出が可能であることがわかる．なお，コロナグラフを用いた観測では，マスク外からレーザ光線が放射された場合には，当然ながら母星が放射する光は無視できるので，原理的には上述の設定よりも測光法の場合には低時間分解能，分光法の場合では低波長分解能での検出が可能となる．

ところで，電波 SETI における魔法周波数に対応するものとして，魔法波長（magic wavelength）も提唱されている．たとえば，高出力・高効率で放射が可能な ガラスレーザのシード（種）光となる Nd: YAG レーザの中でも最強である（$R_2 \rightarrow Y_3$）遷移の 1.06414 μm や，その第 2 次高調波発生[*15]による 532.0 nm などである．また，Nd: YAG や Nd: YLF レーザまたはそれらの第 2 次高調波発生や和周波発生[*16]の組み合わせで，天体物理学上で頻繁に観測されている波

[*15] ある種の光学結晶に光を入力させると，波長が 1/2 となって出力する現象を第 2 次高調波発生という．

[*16] 波長 λ_1 と λ_2 の 2 色の光を，ある種の光学結晶に入力させたとき，出力した光の波長を λ とすると，$1/\lambda = 1/\lambda_1 + 1/\lambda_2$ となる現象を和周波発生という．

長が合成できるという考察もある.

　人間と同様の生命がよその天体にも存在するか否かという議論の記録は，少なくとも古代ギリシャ時代に遡ることができる．これは個々の人間の単純な知的好奇心からの発動というばかりでなく，つまるところ人の存在の意味を問うという哲学的な疑問も背景にあるためであろう．このため，地球外知的生命の存在に関する疑問は長年にわたり人類共通のテーマとなっている．

　紙幅の都合で詳細は割愛するが，ここで紹介したものの他にも各種の手法で現在も SETI の観測・調査が行われ，主要学術誌で報告がなされている．SETI が成功した暁には，科学的成果はもちろんのこと，上述した人類共通のテーマにも答えが得られ，いわば地球人としてのアイディンティティの確立に繋がるのではないだろうか．このような意味においても，SETI の継続的な観測が今後も期待される．

4.6　恒星間飛行と惑星大気圏突入

4.6.1　恒星間飛行

　太陽系にもっとも近いとされているケンタウルス座アルファ星（Alpha Centauri）で距離は約 4.3 光年，バーナード星（Barnard's Star）で約 6 光年となり，一生の間に探査ミッションを完了させるためには，少なくとも光速の 10% 程度の超高速で飛行する宇宙船が必要となる．恒星間飛行（interstellar flight）技術は宇宙工学における究極の挑戦的課題として，しばしば検討がなされてきた．1970 年代に実施された机上設計研究ダイダロス計画（Project Daedalus）では，重水素とヘリウム 3 を燃料としたレーザー核融合をエネルギー源とする検討が行われた．搭載するヘリウム 3 は事前に木星大気から調達しておく．探査機は噴射速度 $10000\,\mathrm{km\,s^{-1}}$ の 2 段式ロケットにより光速の 12% の速度を得て，出発から約 50 年でバーナード星に到達する．到着時の機体重量は約 450 トンで，そのときの運動エネルギーは日本のエネルギー総消費量の約 30 年分に相当する 3×10^{20} J と壮大な計画であった．ダイダロスとは逆に，探査機の極小化で実現を狙った計画が 2016 年に発表された．故ホーキング博士が提案者として参加したことで有名となったブレークスルー・スターショット（Breakthrough

Starshot）計画である．これはセイル型宇宙船で，エンジンは持たず，地上から発するレーザービームを帆で受け，それを反射する際に発生する光子の反力として推進力を得る．推進力は，単位時間あたりの受信エネルギーを光速で割った程度であるから非常に小さい．そこで，機体質量はできるだけ小さく，かつ受信面は大きくして大きな加速度を得る．すなわち，超軽量かつ大面積の極薄フィルムのような宇宙船である．この計画では大きさ 1 m，質量 1 グラム程度の超軽量フィルム宇宙船を，地上に設置された合計 100 GW のレーザーフェーズドアレイシステムで追尾してエネルギーを送信する．機体は光速の 20% まで加速され，ハビタブルゾーン内で公転する系外惑星が発見されたケンタウルス座アルファ星系のプロキシマ星に約 22 年かけて到着する．ダイダロス計画と比べて探査機に与えなければならないエネルギーは格段に小さくなるものの，超強力な宇宙用レーザーアレイを開発し，安全かつ平和的に運用することや，わずか 1 グラムの探査機に搭載するマイクロ機器（少なくともカメラなどの観測機器，航行システム，地球へのデータ送信システムは必要）を開発することなど，実現にはさまざまな分野での技術的ブレークスルーが求められる．

　両方とも光速の 10–20% で目的の恒星を通り過ぎる，すなわち，フライバイ（flyby）する計画である．超高速で移動しながら撮影した映像で科学的に意味のある情報を得るための技術も必要である．一方，恒星の重力圏に入って人工惑星となり，じっくり観測するためには減速が必要であり，それには加速と同様のエネルギーと時間がかかる．恒星からの光圧や重力，そこにある大気や磁場など，現地の環境を臨機応変に利用していく技術が必要であろう．

　1977 年に NASA によって打ち上げられたボイジャー（Voyager）1 号と 2 号は約 40 年の飛行を経て，いずれも太陽風と恒星間物質（interstellar medium）の境界であるヘリオポーズ（heliopose）領域（太陽から 120 au 付近）を通り抜けつつある．恒星間空間の探査であれば，現在の技術でも可能である．たとえば，遠日点（apohelion）距離，すなわち太陽中心からの最大距離 r_a が 200 au の恒星間空間に探査機を送り，はやぶさ，はやぶさ 2 のように恒星間物質のサンプルを地球に持って帰れないか考えてみよう．探査機は地球公転軌道から出発し，近日点（perihelion）距離 r_p が 1 au で遠日点距離が 200 au の太陽を中心とした細長い楕円軌道を飛行する．万有引力定数 G，太陽質量 M_{sun} とすると，軌

道力学より，近日点での速度 V_p は

$$V_p = \sqrt{\frac{G \cdot M_{\mathrm{sun}}}{(r_a + r_p)/2} \cdot \frac{r_a}{r_p}} \tag{4.12}$$

で与えられ，約 $42\,\mathrm{km\,s^{-1}}$ となる．地球の公転速度は約 $30\,\mathrm{km\,s^{-1}}$ であるから，探査機は地球の重力圏を脱して人工惑星になってからさらに $12\,\mathrm{km\,s^{-1}}$ の増速が必要ということがわかる．コストは別として，この数字は不可能なものではない．遠日点での速度は約 $200\,\mathrm{m\,s^{-1}}$ とゆっくりで，恒星間空間の観測に適している．しかし，この軌道の周期 $T_{200\mathrm{au}}$ を計算してみると，軌道力学の公式

$$T_{200\mathrm{au}} = 2\pi \sqrt{\frac{(r_a + r_p)^3/8}{G \cdot M_{\mathrm{sun}}}} \tag{4.13}$$

から約 1000 年であることがわかる．残念ながら，今の技術では恒星間物質のサンプルリターンミッションは時間的に成立しない．

4.6.2　物質の恒星間移動と惑星大気圏突入

　物質の恒星間移動であれば，1000 年という飛行時間は問題にならない．太陽の年齢 46 億年の時間スケールで考えればこの時間は無視しうるほど短い．そこで，物質が恒星間を移動して太陽系にやってくる時間，距離，速度のスケールについて考えよう．ヘリオポーズの外側がどうなっているかはまだよくわかっていないが，これまでの人工衛星による観測結果から，数密度 n が 10^5–10^7 個 $\mathrm{m^{-3}}$ で，温度が $10^4\,\mathrm{K}$ 程度の恒星風（interstellar wind）が $V = 25\,\mathrm{km\,s^{-1}}$ くらいの速度で太陽系に向かって吹いていると考えられている．風の主成分が水素原子であるとすれば，音速 a は約 $12\,\mathrm{km\,s^{-1}}$ であり，恒星風は $\dfrac{V}{a}$ で定義されるマッハ数（Mach number）が 2 の超音速（supersonic）であることがわかる．太陽系の風上側前方には超音速で飛行するジェット機と同じように衝撃波（shock wave）が形成されることになる．

　気体分子運動論（molecular gas dynamics）によれば，ひとつの分子が他の分子と衝突するまでに進む距離，すなわち平均自由行程（mean free path）λ は，

$$\lambda \sim \frac{1}{\pi d^2 n} \tag{4.14}$$

で与えられる．分子の直径 d は 1 オングストローム，すなわち 1.0×10^{-10} m 程度であるから，恒星間での λ は 1.0×10^{12}–1.0×10^{14} m ときわめて長い．一方，ここで考えている長さスケール L も恒星間距離のオーダーと大きく，仮に 10 光年（$= 9.5 \times 10^{15}$ m）とすれば，λ と L の比であるクヌーセン数（Knudsen number）は 3×10^{-5}–3×10^{-3} と見積もることができる．すなわち，恒星間距離の長さスケールで考えれば，恒星風の中で分子間衝突は十分に起こっているといえ，流体として扱ってよい．

　そこで，恒星間を物質がどう移動するか流体力学的に考える．いま，恒星間空間のどこかで注目すべき物質（たとえば生命前駆物質）が作られ，恒星風で輸送されるとする．輸送理論（transport theory）によれば，拡散係数（diffusion coefficient）D の大きさは

$$D \sim v_{th}\lambda \tag{4.15}$$

で評価される．ここで v_{th} は分子の熱速度のスケールであり，音速と同程度となる．したがって D は 10^{16}–10^{18} m^{2}s^{-1} と見積ることができる．拡散によって物質は恒星風方向のみならずその垂直方向にも広がることができ，その広がりの距離 δ は粘性流体力学（viscous fluid dynamics）の理論から，

$$\delta \sim \sqrt{Dt} \tag{4.16}$$

と見積ることができる．物質が速度 V の恒星風に乗って距離 L を進む時間 t は 0.001 億年で，太陽年齢より十分短く，その間に進行方向（恒星風の方向）と直角方向に $\delta = 2500$–25000 au だけ拡散することになる．この大きさは太陽系の大きさ（ヘリオポーズを半径とする円の直径，すなわち 240 au）より十分大きい．すなわち，恒星間の流体的拡散はひとつの恒星系をすっぽりとカバーするのに十分な大きさがあり，恒星風に乗った物質のやり取りが行われる可能性は流体力学的に見て十分にあるといえる．

　恒星間を移動する物質は，気体分子だけとは限らない．固体の粒として，あるいは固体中に吸着された形で移動する可能性もある．固体粒子は気体分子と比べてはるかに重いため，慣性の効果を無視することができない．すなわち，固体粒子の運動と気体の運動は異なる．いま，恒星間空間のどこかで半径 r_d，密度 ρ_d の固体粒子が作られ，V より十分速い速度 V_0 で放出されたとしよう．$V_0 \gg V$

なので，恒星間気体はつねに静止していると近似する．速度 V_0 を持つ固体粒子は恒星間気体との衝突で流体的な抵抗を受けて減速し，やがて周囲の流体と同じ速度に漸近，すなわち静止するであろう．万有引力や光圧，電磁気力は無視し，固体粒子は恒星間気体からの抵抗のみを受けて直線運動すると考える．粒子速度 V_d に関する 1 次元の運動方程式は，恒星間気体の質量密度を $\rho = m_{\mathrm{H}} \cdot n$（$m_{\mathrm{H}}$ は水素原子の質量）として

$$m_d \frac{dV_d}{dt} = -\frac{1}{2}\rho V_d^2 S C_D, \qquad m_d = \frac{4}{3}\pi r_d^3 \rho_d, \qquad S = \pi r_d^2 \qquad (4.17)$$

と書くことができる．C_D は抵抗係数（drag coefficient）であり，1 程度の値である．この微分方程式を解くと

$$V_d = \frac{V_0}{AV_0 t + 1}, \qquad A = \frac{3}{8}\frac{\rho}{\rho_d}\frac{C_D}{r_d} \qquad (4.18)$$

となって，固体粒子は $\frac{1}{AV_0}$ なるスケールの時間遅れで恒星風の速度に追随することがわかる．その間に進む距離は $\frac{1}{A}$ であり，固体粒子が直径 $1\,\mu\mathrm{m}$ の氷球だとすると，ここで考えている長さスケール L の 2–200 倍にもなる．すなわち，固体粒子の運動において，恒星間気体による流体的な抵抗の効果は無視できる．このことは，固体粒子は衝撃波を突き抜けて太陽圏内に入っていくことができ，さらに，太陽系内にある天体の重力に捕捉されれば，地上へと落下していくことを意味する．ただし，これは固体粒子が 1 粒の単独で存在するケースであり，集団としてダスト雲を形成している場合は，気体の流れとの干渉が強くなるため固気二相流（gas-solid two-phase flow）あるいはダスト流れ（dusty flow）としての扱いが必要となり，状況が異なってくる．

　恒星間を飛行した固体粒子が，地球のように大気を有する天体表面に到達するには，大気圏突入（atmospheric entry）飛行時に発生する空力加熱（aerodynamic heating）に耐えなければならない．話を簡単にするために，固体粒子は一様な密度 ρ_d を持ち，空力加熱で損耗しても，つねに半径 r の球形状を保つとしよう．すなわち，固体粒子の半径 r のみが時間とともに変化すると考える．突入体に働く力として，空気抵抗 D 以外は無視すると，その速度 V の変化を表す運動方程式は，球の質量を m として

$$\frac{dV}{dt} = -\frac{D}{m} = -\frac{3}{8}\frac{\rho V^2}{r}\frac{C_D}{\rho_d} \tag{4.19}$$

となる．この式から半径が小さくなるほど，空気抵抗による減速が大きくなることがわかる．さらに，水平線から角度が θ で一定の直線軌道を描いて飛行すると近似すれば，飛行高度 h の時間変化は

$$\frac{dh}{dt} = -V\sin\theta \tag{4.20}$$

となる．大気密度 ρ をスケールハイトモデル（scale height model）で近似すると高度 h の関数として，地上での大気密度 ρ_{SL}，スケールハイトと呼ばれる定数 H を用いて，

$$\rho = \rho_{SL}\exp\left(-\frac{h}{H}\right) \tag{4.21}$$

で与えられる．大気圏飛行中に物体が受ける空力加熱は，単位時間あたりにぶつかってくる気体分子の運動エネルギーの一部が変換されたものである．簡単のため，その変換率 C_H は一定 (0.1) であるとしよう．空力加熱量 Q が大きいと物体表面は昇華や融解の相変化を起こす．これをまとめてアブレーション（ablation）という．アブレーションの潜熱 ΔH が，入ってくる空力加熱のエネルギーとバランスしていれば，物体の温度は一定に保たれる．このとき，大気圏突入物体の質量 m の時間変化は

$$\frac{dm}{dt} = -\frac{Q}{\Delta H} = -\frac{C_H\frac{1}{2}\rho V^3\pi r^2}{\Delta H} \tag{4.22}$$

となる．空力加熱の総量は r^2 に比例する一方，物体の質量は r^3 に比例するから，r が大きいほどアブレーションによる質量損耗を受けにくい．その反面，空気抵抗による減速の効きは弱く，高速で地面に衝突する．逆に r が小さい場合，空力加熱による損耗は大きくなるが，大気飛行中にほぼ $V=0$ まで減速し，軟着陸（soft landing）できる可能性が出てくる．$V=0$ となったときの粒子半径 r_{final} と初期半径 r_0 の比は，上式を解くと

$$\frac{r_{\text{final}}}{r_0} = \exp\left(-\frac{C_H}{6C_D\Delta H}V_0^2\right) \tag{4.23}$$

となる．表面での融解はなく，昇華のみを起こしながら大気圏に突入する氷球を想定して，$\Delta H = 2.8 \times 10^6 \, \mathrm{J\,kg^{-1}}$ を代入すると，突入速度 V_0 が $10\,\mathrm{km\,s^{-1}}$ のときの $\dfrac{r_\mathrm{final}}{r_0}$ は 0.55 となる．このことは，小さな粒子であれば，空力加熱で失われる質量はあるものの，一部は地上に軟着陸できる可能性を示唆している．もちろん，実際の現象は上記のような単純なものではない．飛行経路は直線ではないし，アブレーションにより形状は複雑に変化する．空気抵抗による強い減速 G を受けて破壊や分裂が起こるかもしれない．天然物質の大気圏突入は多様で興味深いテーマである．

4.7　宇宙論から考える生命の未来

　本シリーズ第 2 巻，3 巻において詳しく紹介されているように，私たちの宇宙は熱い火の玉として生まれ，それが膨張，冷却する過程で銀河や恒星が生まれ，恒星の周りに惑星が形成された．宇宙ではありきたりの銀河，天の川銀河の中で生まれた，太陽という，これまたありきたりの恒星の周りを周回する惑星として地球が生まれた．この惑星に生命が発生し，その進化の中で高度な知的生命体である人類が生まれている．私たち人類は進化の過程で獲得した知性を発揮し，138 億年前の宇宙の誕生から現在にいたる宇宙誌を描き出し，自らが宇宙の中でどのような存在なのかも知ることができた．知性や意識，自由意思を獲得した人類は宇宙の中でもっとも高度な構造物の一つであろう．本節では描き出された宇宙誌の中で生命とはどのような存在なのかを概観したい．また，宇宙はこれからも進化する．宇宙は現在加速膨張を続けている．このまま永遠に加速膨張を続けるのか，いつか減速を始め収縮に転じるのか，理論的にも観測的にも不明である．では，それぞれの場合に生命はどのように発展するのだろうか？ それとも消滅する運命にあるのだろうか？ 宇宙の未来論は現在のところ直接に観測的に実証されることは難しく，その理論には反証可能性もなく科学ではないという主張もありうる．したがって学術論文は少ない．しかし，知的生命体として生まれた人類としては，私たちの住むこの宇宙の未来を知りたい．本節では，これまで私たちが知りえた科学を外挿して，未来の宇宙，生命についてどのような議論がされているか振り返る．

4.7.1 宇宙における構造形成と知的生命体の誕生

宇宙は"無"の状態から量子重力的効果によって極微小な時空として生まれた. その宇宙はインフレーションと呼ばれている加速膨張を起こす. インフレーションが終わるとき宇宙は加熱され火の玉宇宙となる. これが火の玉宇宙として宇宙が始まることを説明する現在のパラダイムである. 無からの宇宙創生論はその根拠となる一般相対性理論を量子論的に記述する量子重力理論ができ上がっておらず, この理論も未完のままである. インフレーション理論は, 1980年代初め電磁力, 弱い力, 強い力を統一する理論, 大統一理論から導かれたが, この理論も実験的に実証困難で未完のままである. しかし, インフレーション理論は, この理論の予言する宇宙構造の種, 密度ゆらぎが宇宙背景放射のゆらぎとして発見され, それがピタッと予言と一致することから強い観測からの支持が得られている. 宇宙が始まって38万年頃まで, 物質は電離したプラズマ状態にあり電磁波に対して不透明だった. しかしこのころ中性化が始まり宇宙は透明になったので, もし現在からもっとも遠方の宇宙を観測したとき, 見えてくるのはこの宇宙が晴れ上がった瞬間である. 1992年, アメリカの宇宙背景放射観測衛星, COBEは, この宇宙背景放射を観測しこの頃の宇宙の姿を描き出した. わずか10万分の1というマイクロ波電波の強弱のゆらぎであるが, インフレーション理論は, ゆらぎの波長ごとの振幅の大きさを表すパワースペクトラムが, 波数 k の1次の冪に比例することを予言している. COBE衛星によって観測された物質密度のゆらぎのパワースペクトラムの冪は, 0.958で, これはインフレーション理論の予言する「1よりはわずかに小さいがほとんど1に近い」とほぼ一致する. その後, COBEの後継機, WMAP衛星やヨーロッパ宇宙研究機構のPlanck衛星は角度分解能を数十倍高め, より小さなスケールから高精度までの観測によってインフレーション理論と一致することを示した.

インフレーション時に形成される密度ゆらぎは物質エネルギーの分布や時空の量子論的ゆらぎがインフレーションという急膨張によって引き伸ばされたものである. インフレーションによって仕込まれた密度ゆらぎは, 現在の宇宙構造の種となった. この密度ゆらぎが重力やその他の多様な物理プロセスによって成長し, 銀河分布の蜂の巣構造から生命までが作られ, 今日の豊かで多様な宇宙が形成された.

　20 世紀前半，宇宙膨張が発見されビッグバン宇宙モデルが確立されるまで，宇宙は静的であると信じられており，宇宙空間が膨張するなどとは考えられていなかった．宇宙は神によって秩序だった美しい構造をもって創造された後は，エントロピー増大の法則，つまり熱力学第 2 法則にしたがって，宇宙はただ「熱的死」に向かうだけと考えられていた．しかし，膨張する宇宙においては，宇宙全体の温度は低下するので，構造を形成する過程で発生するエントロピーをいくらでも宇宙空間に捨てることができる．宇宙の熱的死は生じない．

　宇宙の大きなスケールでは重力が物質の運動を支配している．重力は万有引力と呼ばれるように引力しか存在しない．密度が一様な物質系はその熱運動エネルギーが低ければ不安定で，微小な物質密度のゆらぎさえあれば自発的に非一様な凸凹だらけの状態へと自発的に「相転移」を起こす．宇宙全体のエントロピーは増大しても，局所的には多様な構造が作られそこでのエントロピーは減少する．また宇宙の空間スケールは巨大で，熱平衡に向かおうとするプロセスは宇宙膨張の時間スケールよりもはるかに長く，宇宙全体としては熱平衡にはなりえない．インフレーション理論は，微小ではあるがあらゆるスケールの密度ゆらぎを準備する．ゆらぎの波長が宇宙の地平線内に入り，かつその波長が物質の温度と密度で決まるジーンズ波長より大きければゆらぎは重力不安定性により成長を始める．

　銀河分布の蜂の巣構造や銀河の形成においては暗黒物質（ダークマター）の寄与が大きな役割を果たす．暗黒物質は観測されている宇宙構造を作っている普通の物質のおよそ 5 倍であり，まず暗黒物質が重力的に収縮し，それに引っ張られるようにしてこれらの構造は造られる．これらの大構造の形成がコンピュータシミュレーションによって多くの研究者によって行われているが，計算の初期設定はインフレーション時期に作られ WMAP 衛星や Planck 衛星によって描き出された密度分布（たとえば第 3 巻口絵 3 を見よ）によってなされている．シミュレーションの結果は，この設定によって観測された蜂の巣構造を見事に描き出すことに成功している．蜂の巣構造はインフレーション時に作られた量子ゆらぎによって生まれたものである．蜂の巣構造の密度の高い領域をズームアップして細かな計算を行い，宇宙はじめの恒星形成，また銀河の形成が研究されている．最近のシミュレーションやすばる望遠鏡など大望遠鏡の原始銀河の観測から，宇宙が始まってほぼ 2 億年以内には恒星が生まれ銀河も生まれ始めていることが明

らかとなっている.

　火の玉で始まった何の秩序もない宇宙の中で構造が発生し，多様性が増大する理由は，多くの物理法則の数学的構造にアトラクターやカオスを引き起こす性質があるからである．複雑系の科学が示すように，多くの種類の物質系にはこれにより自己組織化も起こる．散逸構造形成，自己組織化の例としてもっともよく知られているのはベナール対流である．浅い皿を下から一様に温めたとき規則正しいセル状の対流が生じる．対流が生まれるためにはゆらぎが必要であり，ゆらぎは物理法則が量子論に従うことによって生じるからである．量子論的なゆらぎに加えて初期条件が確率的であること，すなわちカオスによって最終的物理状態は予言不可能となる．宇宙の構造は大きい蜂の巣構造から，銀河団，銀河から始まって，生命系の発生まで物理法則によって織りなされる美しいタペストリーである．

　いまのところ，宇宙で唯一知られている地球上の生命は液体の水が存在する環境での H, C, N, O を中心とした化学反応系である．タイタンなどメタンの海の存在する環境では別の科学反応系の生命が存在するのではないかと期待されている．さらには本節の最後に紹介するような化学反応系とは異なる電磁現象，さらには原子核反応系である生命も想像されている．

　ただ，生命の発生は，このような物理法則，原理に基づくものであっても，発生した生命系の進化は，まったく異なった新たな構造原理，突然変異と自然選択による進化となるはずである．地球の生命系の進化が示すように，何億年という時間は必要だが，突然変異と自然選択での進化による構造形成は，物理化学的機構をすべて知りつくしたようなきわめて高度な構造・機能をつくりあげる．カメラやビデオなどは光学や光と物質の相互作用を知りつくして製作できたが，動物の眼は，でたらめな試行と小さな成功を天文学的数だけ繰り返して発明されたのだ．宇宙でありきたりの元素，HCNO など使ってできたアミノ酸と核酸等の系が生命を作り出し，進化によってこれほどの高度の構造・機能を生み出すのは宇宙最高の構造形成のメカニズムである．中でも，世界を認知することができる認識主体でありかつ自由意思を持つ知的生命体は宇宙最高の作品といえるだろう．

　では，自由意思とよばれるものがいつ，どのように発生したのだろうか？　アメーバのような単細胞生命でもあたかも「意識」があるように栄養となるものに

向かって進むし，自らを傷つけ，死に至らせるような危険なものは避ける．これらの機能は突然変異と自然選択によって遺伝子，ゲノムに書き込まれているからである．この段階ではロボットと同じくプログラムされた自動機械と呼んでも良い段階である．多細胞生物が生まれたとき外界からの刺激に反応し，その興奮を他の細胞に伝達する能力を備えた細胞が生まれ，それが神経系へと進化した．やがて神経系はゲノム情報とは異なり，その個体内で情報を蓄えたり書き換えたりする機能をもつようになり，やがてそれが進化し情報の蓄積，処理を集中して行う脳が誕生した．そしてその過程で連続的に自由意思と呼べるようなものへと進化したと推定される．

　この段階で物理学的自然観と矛盾が生じる．物理法則はすべて初期条件が設定されれば後の状態は物理法則を記述する方程式で決定される．古典物理学の範囲ではその状態は一意的に決まることになり自由意思の入り込む余地はない．では量子論を考慮すれば自由意思は生まれるのか？　しかし量子論においても波動関数の時間的発展はシュレーディンガー方程式によって決まり，初期の波動関数から後の状態を表す波動関数は一意的に決まる．具体的な発現現象は観測した時点で波動関数がどの状態に収縮するかで決まる．どこに収縮するかは波動関数の振幅の 2 乗で決まる確率にしたがって決まるが，あくまでも確率的であって好きな行き先を勝手に決めることはできない．量子力学の多世界解釈に基づけば，世界はつねに無限に分岐し，異なる意思決定した "あなた" がそれぞれの世界に存在することになる．しかし，自分が行くことになる宇宙を自由に選択できるわけではない．哲学者，カール・ポパーは「この世界の物理法則が自立的なら，我々は自由でない．我々が自由なら，物理法則は自立的ではない」と語っている．自由意思問題は物理学の根幹の大問題である．

　しかし，高名な数理物理学者，R. ペンローズは，量子論が自由意思にかかわっていると主張している．意識は脳全体の広範囲な領域に広がる量子的干渉にあるものだとし，量子重力理論により波動関数はまだ知られていない "客観的収縮"（Objective Reduction）をおこすという．ペンローズは現在の物理学を超える新たな物理学が必要なことを主張している．しかし彼と特異点定理について共著者でもある S. ホーキングはこの主張に対して，「彼の議論は，意識は神秘的であって，量子重力はもう一つの神秘的であるので両者は関連するにちがいないと

言っているようなものに思える」とコメントしている．量子論によって，方程式は決定論的であっても現象は決定論的ではなくなった．自由意思の起源を量子論に求めるのは心情的に理解できるが，しかし，ホーキングが批判するように具体的に量子論の寄与は見えない．

　近年の人工知能の研究の発展は人間社会の在り方を変えつつある．この進歩はディープラーニングという手法による．いわば人間の知的営みを，ビッグデータとして学び，ただただものまねをしそこから知性を得，さらに機械の中で試行を繰り返しその成功によって知性を高度なものとしている．実際，人間は他人の成功した営みをエミュレート（模倣）することによって，より高度な知性を獲得している．人工知能は，生命の進化を模倣しているともいえる．それでは人間の知的な営みを，ほぼエミュレートする機械を作れば自由意思は生まれるのか？上記した大言語モデルは，近年，Chat GPT をはじめとする例にみられるように，急激に進歩した．いまや，検索サイトなどに実装され，人間社会の在り方を変えつつある．また，これまでも，Google Assistant や Apple Siri など人間と口頭で対話するソフトウエアはあったが，これらも急激に進歩している．私たちは対話の相手がロボットか生身の人間か区別できなくなるであろう．討論会の一人の論客として登場することも将来あり得るであろう．そうならこのようなロボットは自由意思を獲得したのか？人間をエミュレートすることにより，SF 映画にあるように自意識も欲望も持つ知的生命体が生まれるのだろうか？もしそうだとすれば，自由意思は物理学の根幹にかかるほどのものではなく，自由意思は物理法則と何ら矛盾することなく宇宙の多様な構造物と同じく物理法則，その数学的構造，そして突然変異と自然選択というメカニズムによって創発されたことになる．

4.7.2　宇宙の未来と生命

　私たちの住む宇宙はこれからどのように発展していくのだろうか？この節のはじめに記されているように宇宙論でいう未来とは，何兆年，何京年，さらにこれらをはるかに超える時間スケールであり，現在の科学を著しく外挿してしか考えることができない．ほとんど SF といってもよいが，それを承知でも私たちは，このような外挿をしてでも自分の住む宇宙の未来を知りたいのである．

　宇宙的な未来は，まず大きく 2 つに可能性に分けられる．第 3 巻で紹介され

ているように現在宇宙は加速膨張をしている．第 1 は，I：「現在の膨張が永遠に続く場合」，である．現在の加速度膨張が永遠に続くなら，われわれの宇宙は限りなく広がり，限りなく希薄な宇宙に向かう．しかしビッグバン宇宙創生時の加速度的膨張，インフレーションがしばらくして終わったように，II：「現在の加速膨張もいつか終了」するかもしれない．現在の宇宙を加速膨張させているダークエネルギーが消え，通常の物質や暗黒物質のエネルギーだけの宇宙となる可能性もある．ダークエネルギーが消えた場合の中で，II-a：「宇宙の曲率が正の場合」は収縮を始め，宇宙は 1 点に帰る．これはビッグクランチと呼ばれている．一方，II-b：「宇宙の曲率が負やゼロの場合」は永遠に膨張を続ける．

I：現在の膨張が永遠に続く場合

まず I，現在の宇宙の膨張が永遠に続く場合，現在ダークエネルギーの割合は全エネルギーのおよそ 7 割だが，今から 100 億年も膨張が続けば 9 割を超えるようになる．ダークエネルギーの密度は時間的に一定だが，普通の物質や暗黒物質の密度は膨張に伴って減少するからである．宇宙はほとんど指数関数的な膨張，つまり倍々で大きくなる．過激な理論では，ダークエネルギーエネルギー密度まで増加に転じ，その結果，原子や分子というようなミクロな構造体にも宇宙の加速膨張が及び，引き裂かれてしまう．当然，生命体はその前に引き裂かれている．ここでは，その密度は一定のままとする．

加速度膨張をしている宇宙では，遠方にある天体から順にわれわれの視界から消えていく．近年の大規模探査観測により 100 億光年を超えるような遠方の銀河は無数に見つかっているが，これらの銀河は，宇宙の膨張の効果ですでに光速度に近い速度でわれわれから遠ざかっている．1000 億年後には今観測されている銀河の後退速度は限りなく光速度に近いかこれを超えてしまっており，これらからやってくる可視光は波長が引き延ばされるため電波になっているか地球に届かなくなる．ただし，アンドロメダ銀河など我々の天の川銀河近傍の銀河は例外である．アンドロメダ銀河と天の川銀河を中心にして，40 の大小の銀河がグループを作っており，局所銀河群と呼ばれている．これらは重力的に結合しており宇宙膨張の影響は受けない．天の川銀河は，大マゼラン雲や小マゼラン雲など矮小銀河をもっている．いずれの矮小銀河も将来，しだいに 2 つの親銀河と合体

し飲み込まれてしまう．アンドロメダ銀河と天の川銀河も互いに回っている関係にあり 2, 3 回回ったところで数十億年後，両者は衝突・合体して一つの楕円銀河となる．衝突のときに飛び散る「しぶき」の部分を除けば，数十年億年後には合体して，巨大な銀河，ミルコメダと呼ばれる「超銀河」となる．地球はとっくに太陽に焼き尽くされているか，もしくは飲み込まれ，その太陽も輝きを失い，黒色矮星となっている．

　1000 億年後，私たちの末裔がこの超銀河のどこかに生存できているかどうかはまったくわからない．もし生存していれば，彼らが知ることのできる宇宙は，自身の住む超銀河と周りの無限の空虚な空間であろう．これは 18 世紀 W. ハーシェルが描いた宇宙である．ビッグバンの証拠であるマイクロ波背景放射は極端に赤方偏移し観測不可能になっているかもしれない．L. クラウスなどは，「宇宙がビッグバンで始まったという "神話" は，残っているかも知れないが，はたして信じるだろうか？」と述べている．10^{14} 年ころ，小質量星も燃え尽き宇宙は輝きを失うだろう．10^{18} 年後，銀河も中心に近い星は巨大ブラックホールに落下，外の星は銀河外に蒸発していくと考えられている．大統一理論は陽子や中性子などの核子は崩壊すると予言している．スーパカミオカンデの主要な目的はこの崩壊を見つけることである．まだそのような崩壊は発見されていないことから寿命は 10^{34} 年より長いことが示されているが，宇宙の年齢が核子の寿命より長くなったとき，核子の崩壊が始まる．10^{100} 年後には銀河中心に形成されたブラックホールの蒸発も起こる．永遠の存在を許された宇宙だが，消え入るような死に向かう．

II：現在の加速膨張が終了する場合

　可能性の II，ダークエネルギーが何らかの相転移のような現象で消えてしまう場合を考えよう．ダークエネルギーが消失した宇宙の曲率はほとんどゼロである．このシリーズ第 2 巻で示されているように，宇宙の曲率は正であろうと負であろうと加速的宇宙膨張が起これば，曲率は急激にゼロに近づく．第 2 のインフレーションとも呼ぶことのできるダークエネルギーによる加速膨張によっても同様に曲率はさらにゼロに向かうのでダークエネルギー消失後の宇宙は限りなく曲率ゼロである．ダークエネルギー消失の時刻が 1000 億年以後，つまりほとんど

すべての銀河が地平線の彼方に消えてしまった後ならば，その時代に住む私たちの末裔は，自身の住む超銀河の存在しか知らない．しかし宇宙膨張が減速し始めるに伴って宇宙の地平線がしだいに拡大してゆく．そして地平線外に遠ざかっていた銀河が，再び我々の視界内に入ってくる．次第に多くの銀河が観測されるようになり，銀河が満ち溢れた宇宙に住んでいることを再発見することになる．ただ，すでにほとんどの恒星は燃え尽きているので電磁波で観測するのは難しくなっている．

II-a：宇宙の曲率が正の場合

　まず，II-a，宇宙の曲率が正の場合，つまり宇宙がいつか収縮に向かい，ビッグクランチとして終わる場合を考える．宇宙がいつ収縮に転じるかは，宇宙初期のインフレーションやダークエネルギーによる加速膨張がどの程度の時間続いたかに依る．加速膨張の時間が長ければ限りなく宇宙は平坦になっており，ダークエネルギーが消えたとしても，減速膨張ではあるが宇宙はそのまま膨張を続ける．収縮に転ずるまでには限りなく長い時間がかかるのではないかと思われる．もしその時刻が 10^{100} 年より後ならば I. の場合と同じで，宇宙は陽電子，電子，ニュートリノ，光子のガスだけの宇宙となっている．収縮に転じても，その宇宙で起こることは単純であろう．この時刻より早い時期に収縮が始まるとすれば，その時期に残っている物質である天体の進化を考慮しなければならず複雑である．しかしいずれにせよ，宇宙のエントロピーは，恒星が放出した電磁波に加え，核子崩壊，ブラックホールの蒸発によって大量に増加している．宇宙誕生時のインフレーションの逆過程はおこらず，素直に宇宙はホーキングの特異点定理により一般相対性理論的特異点となって終焉する，ビッグクランチである．しかし，このビッグクランチという終末はどうしても避けられないのだろうか？特異点近傍では量子重力的効果が強くなるはずでその効果によって宇宙は跳ね返って膨張に転ずる可能性が完全に否定されているわけではない．私たちの宇宙は 10 次元世界の中の，膜宇宙であるとする理論の中で，宇宙は膨張と収縮を無限に繰り返すというサイクリック宇宙モデルも提唱されている．また，宇宙がビッグクランチで終わったとしても，新たな宇宙がそこから生まれるという憶測もある．ホーキングも，特異点に帰してしまった宇宙は量子重力的効果で新たな宇宙

として生まれる変わる可能性も語っている.

理論物理学者, L. スモーリンは, この憶測を発展させ, 宇宙そのものもダーウィン的進化をするのだ, その中で私たちの宇宙は自然選択で選ばれたものではないかという SF を超えるようなシナリオを考えている. 宇宙の中でブラックホールが形成され, それが蒸発をおこして消える過程は, 別の宇宙を新たに作ることになるのだと仮定すれば, ブラックホールをたくさん造ることのできる宇宙は子孫をたくさん残せる宇宙ということになる. 生命の進化の場合の遺伝子に対応するものは, 宇宙の場合の物理法則だが, 新たに宇宙が生まれるとき, 完全にコピーされるのではなくミスコピーされるため, いくらか異なった物理法則が新たに生まれた宇宙を支配することになる. したがって物理法則の相違によって宇宙の進化の過程でブラックホールが形成される量は異なることになる. 当然子孫をたくさん残せる遺伝子, つまりブラックホールが大量に造られるような法則を持った宇宙が次第にその割合を高めていくことになる. 我々の宇宙は特別なものではなく, ありきたりのものだというコペルニクスの原理を仮定すれば, 我々の宇宙はそのようなものではないかというのがスモーリンの結論である. もちろんブラックホールの蒸発で新たな宇宙が形成されるというプロセスはあくまで仮定で, あくまでも理論物理学者の「遊び」なのかもしれない.

II-b：宇宙の曲率が負やゼロの場合

II-b 宇宙の曲率が負やゼロの場合, つまり宇宙が永遠に膨張を続ける場合を考えよう. これは II-a で宇宙が収縮する時間が無限に先の時刻になったものに相当する. 減速によって宇宙の地平線は拡大し次から次へと視界に入ってくるが, 核子崩壊やブラックホールの蒸発により, 宇宙は陽電子, 電子, ニュートリノ, 光子のガスだけの宇宙となっている. プリンストン高等研究所の理論物理学者ダイソンは, 宇宙についての物理学を超えて, 核兵器や平和問題など人間社会について, 独創的かつスケールの大きい考えを発信している科学者である. ダイソンは, 生命は十分な時間と十分な物質とエネルギーが供給されれば, どのような環境にも適応できるという「適応性の公理」を主張している. 生命はその環境に応じて形態を多様に変えながら生き続けられるという主張である. 彼はこのような宇宙つまり陽電子, 電子, ニュートリノ, 光子のガスだけの宇宙になっても, 生

命は存在できるのではないかと主張している．その生命体として電子と陽電子の
ガスからなる生命体を示唆している．

　かつて英国の著名な天体物理学者，F. ホイルは銀河空間に浮かぶ暗黒星雲が
知的生命体となって太陽系にやってくるという SF 小説（『暗黒星雲』鈴木敬信
訳，法政大学出版局，1958 年）を書いている．生命体の運動，また生命体内情
報処理はイオン化したガスの電磁現象による．ダイソンの生命体は電子・陽電子
からなるプラズマ生命体であり，その電磁現象により活動する．電子と陽電子は
結合しエキゾチックな原子，ポジトロニウムを作る．基底状態にある，ポジトロ
ニウムは寿命 125 ピコ秒で対消滅し 2 個の光子になってしまうが，ダイソンの
生命体では電子，陽電子の間隔も宇宙論的スケールであり寿命も宇宙論的長さで
ある．したがってその情報処理のクロックタイムも宇宙論的に長い．しかし，た
とえば 10^{34} 年以上の寿命をもつならばクロックタイムが 100 億年でも生涯に
10^{24} もの情報処理をおこなうことができるのだから，豊かな生涯をおくること
ができる．II. の宇宙ではそのような生命体がありうる．しかし，I. の永遠に加
速膨張が続く宇宙では地平線内から物質はどんどん出て行ってしまうために，こ
の生命体は形成されないであろう．

4.7.3　最後に

　ずいぶん昔になるが，1992 年，ダイソンは東京で「人類 7 つの年代」という
講演を行った．人類の発展段階をふりかえるとともに，人類の未来についても
語っている．人類の発展段階の 7 番目は「宇宙生命体への発展」であるとして，
人類の生物学的，社会学的，精神的未来について次のように語っている．

　人類は 100 年スケールで太陽系内に多くの居住区を持つようになり，さらに
単なる遺伝子操作を超えて自らの設計によって人類は進化するであろう．元人類
であった知的生命体は，さらに核酸とタンパク質という形態をかえ，多様な存
在様式に次から次へと変えながら発展していくであろう．そして 1 千万年のス
ケールで太陽系内に満ちあふれ，10 万年スケールでは天の川銀河に満ちるであ
ろう．天の川銀河には私たちの太陽と同じように自ら輝く恒星が 2 千億個以上
存在する．彼は，恒星をすっぽり覆ってしまってエネルギーを効率的に利用する
「ダイソン球」を提案している．この段階の知的生命体は「ダイソン球」をおも

なクリーンなエネルギー源としているであろうという予言である．「未来の私た
ちの末裔は，私たちとは似ても似つかぬ姿であろうが，まず230万年光年彼方に
ある隣の銀河，アンドロメダ銀河への進出をはかるだろう．1000万年スケール，
さらに何億年というスケールでは多くのさまざまな銀河へと広がり，宇宙論的な
生命体となり，宇宙全体をさらに豊かで多様な世界へと発展させていくであろ
う」と語っている．

　人類は太陽という銀河系ではありきたりな恒星の第3惑星に発生した1つの
生物にすぎない．しかし人類は，その進化の中で大きな脳を獲得し，宇宙の中で
その開闢から138億年の現在に至る宇宙誌を描き出し，またその宇宙の中で自
分がどのような位置にあるのかはっきり知ることができた知的生命体である．し
かし，地球温暖化をはじめ地球規模の環境問題，核爆弾の拡散，民族問題，宗教
問題などに発するテロ，そして大国が，その風格もないエゴ丸出しの政策をとる
などの国際社会の現実をみるとき，人類はいずれ自滅するのではないかと憂慮さ
れる．今人類は自滅か，もしくはダイソンの描くように「宇宙生命体」として繁
栄するかの岐路にあるように思われる．

参考文献

第 1 章

須藤 靖著『ものの大きさ：自然の階層・宇宙の階層 [改訂版]』，東京大学出版会，2020

C. Sagan, *Cosmos,* Random House, 1980

C. Sagan, W.R. Thompson, R. Carlson, D. Gurnett, and C. Hord, *Nature*, 365, 1993, 715.

観山正見，野本憲一，二間瀬敏史編『天体物理学の基礎 I [第 2 版]』，シリーズ現代の天文学 11，日本評論社，2023

第 2 章

小林憲正著『生命の起源 宇宙・地球における化学進化』，講談社，2013

山岸明彦編『アストロバイオロジー』，化学同人，2013

田村元秀著『太陽系外惑星』，新天文学ライブラリー 1，日本評論社，2015

M. Gargaud, W.M. Irvine (Eds), *Encyclopedia of Astrobiology* 2nd Edition, Springer, 2015

小林憲正著『宇宙からみた生命史』，筑摩書房，2016

日本地球惑星科学連合編『地球・惑星・生命』，東京大学出版会，2020

小林憲正著『地球外生命』，中央公論新社，2021

小林憲正著『生命と非生命のあいだ』，講談社，2024

A. Yamagishi, T. Kakegawa, T. Usui (Eds), *Astrobiology: From the Origins of Life to the Search for Extraterrestrial Intelligence*, Springer, 2019

R.E. Blankenship *et al.*, Comparing photosynthetic and photovoltaic efficiencies and recognizing the potential for improvement, *Science* 332, 805-809, doi:10.1126/scien, 2011

Paul G. Falkowski, John A. Raven, *Aquatic Photosynthesis*, Second Edition, Princeton University Press, 2007

N.Y. Kiang *et al.*, Spectral signatures of photosynthesis II, Coevolution with other stars and the atmosphere on extrasolar worlds, *Astrobiology* 7, 252–274, doi:10.1089/ast.2006.0108, 2007

V.S. Meadows *et al.*, Exoplanet Biosignatures: Understanding Oxygen as a Biosignature in the Context of Its Environment, *Astrobiology* 18, 630–662, doi:10.1089/ ast.2017.1727, 2018

Ruban, Alexander, *The Photosynthetic Membrane: Molecular Mechanisms and Biophysics of Light Harvesting*, John Wiley & Sons, Ltd., 2012

Robert E. Blankenship, *Molecular Mechanisms of Photosynthesis*, 2nd Edition, Wiley-Blackwell, 2014

E.W. Schwieterman *et al.*, Exoplanet Biosignatures: A Review of Remotely Detectable Signs of Life, *Astrobiology* 18, 663-708, doi:10.1089/ast.2017.1729, 2018

高井 研編『生命の起源はどこまで分かったか ——深海と宇宙から迫る』, 岩波書店, 2018

K. Takai, *Limits of terrestrial life and biosphere*, In: Astrobiology（Eds. A. Yamagishi, T. Kakegawa, T. Usui）, Springer, pp.322–344, 2019

N. Merino, H.S. Aronson, D.P. Bojanova, J. Feyhl-Buska, M.L. Wong, S. Zhang, D. Giovannelli, Living at the extremes: extremophiles and the limits of life in a planetary context, *Front. Microbiol.*, 10, Article No. 780, 2019

北台紀夫他「代謝の起源：ひとつの展望」, 地球化学, 50, 155–176, 2016

J. Takahashi, K. Kobayashi, *Symmetry*, 11, 919, 2019

第 3 章

阿部 豊著「6.1 水惑星の形成と進化」,『人類の住む宇宙［第 2 版］』, シリーズ現代の天文学 1, 日本評論社, 2017

F. Forget and R.T. Pierrehumbert, Warming early Mars with carbon dioxide clouds that scatter infrared radiation, *Science*, 278, 1273–1276, 1997

J.F. Kasting, Runaway and moist greenhouse atmospheres and the evolution of Earth and Venus, *Icarus*, 74, 472–494, 1988

M.A. Mischna, Influence of carbon dioxide clouds on early Martian climate, *Icarus*, 145, 546–556, 2000

J.F. Kasting *et al.*, Habitable zones around main sequence stars, *Icarus*, 101, 108–128, 1993

R.K. Kopparapu *et al.*, Habitable zones around main-sequence stars: new estimates, *The Astrophysical Journal*, 765:131, 2013

渡部潤一, 井田 茂, 佐々木 晶編『太陽系と惑星［第 2 版］』, シリーズ現代の天文学 9, 日本評論社, 2021

佐々木 晶・土山 明, 笠羽康正, 大竹真紀子編『太陽・惑星系と地球』, 現代地球科学入門シリーズ 1, 共立出版, 2019

田近英一「全球凍結と生物進化」, 地学雑誌, 116:79, 2007

J.C.G. Walker *et al.*, A negative feedback mechanism for the long-term stabilization of Earth's surface temperature, *J. Geophys. Res.*, 86:9776, 1981

Y. Sekine, T. Shibuya, F. Postberg *et al.*, High-temperature water-rock interactions and hydrothermal environments in the chondrite-like core of Enceladus, *Nat. Comms*, 6:8604, 1–8, 2015

G. Schubert, F. Sohl, H. Hussmann, in *Europa*（Eds. R. Pappalardo *et al.*）, Univ. Arizona Press, 353–367, 2009

G. Cooper, N. Kimmich, W. Belisle, J. Sarinana, K. Brabham and L. Garrel, Carbonaceous meteorites as a source of sugar-related organic compounds for the early Earth, *Nature*, 414, 879–883, 2001

M.J. Mumma and S.B. Charnley, The chemical composition of comets-emerging taxonomies and natal heritage, *Annual Review of Astronomy and Astrophysics*, 49, 471-524, 2011

薮田ひかる「始原天体有機物研究の今とこれから」, Ⅰ アミノ酸, 日本惑星科学会誌, 遊星人, 19, 28–35, 2010

癸生川陽子「隕石母天体における有機物進化をひも解く」, 地球化学, 50, 67–76, 2016

S. Tachibana *et al.*, Pebbles and sand on asteroid (162173) Ryugu: In situ observation and particles returned to Earth, *Science*, 375, 1011–1016, 2022

H. Yabuta *et al.*, Macromolecular organic matter in samples of the asteroid (162173) Ryugu, *Science*, 379, DOI: 10.1126/science.abn9057, 2023

S.L. Miller, A Production of Amino Acids Under Possible Primitive Earth Condition, *Science*, 117, 528–529, 1953

C. Chyba and C. Sagan, Endogenous production, exogenous delivery and impact-shock synthesis of organic molecules: an inventory for the origins of life, *Nature*, 355, 125–132, 1992

C.M.O.D. Alexander, G.D. Cody, B.T. De Gregorio, L.R. Nittler and R.M. Stroud, The nature, origin and modification of insoluble organic matter in chondrites, the major source of Earth's C and N, Chemie der Erde Geochemistry, 77, 227–256, 2017

C.M.O.D. Alexander, M. Fogel, H. Yabuta and G.D. Cody, The origin and evolution of chondrites recorded in the elemental and isotopic compositions of their macromolecular organic matter, *Geochimica et Cosmochimica Acta*, 71, 4380–4403, 2007

Y. Furukawa, Y. Chikaraishi, N. Ohkouchi, N.O. Ogawa, D.P. Glavin, J.P. Dworkin, C. Abe and T. Nakamura, Extraterrestrial ribose and other sugars in primitive meteorites, *Proceedings of the National Academy of Sciences*, 116, 24440–24445, 2019

第 4 章

田村元秀著『太陽系外惑星』, 新天文学ライブラリー 1, 日本評論社, 2015

田村元秀著『教養としての宇宙生命学 アストロバイオロジー最前線』, PHP 研究所, 2022

井田 茂, 田村元秀, 生駒大洋, 関根康人編『系外惑星の事典』, 朝倉書店, 2016

阿部 豊著『生命の星の条件を探る』, 文藝春秋, 2015

佐々木 晶, 土山 明, 笠羽康正, 大竹真紀子著『太陽・惑星系と地球』, 現代地球科学入門シリーズ 1, 共立出版, 2019

田近英一著『地球環境 46 億年の大変動史』, 化学同人, 2009

J.F. Kasting, D.P. Whitmire, R.T. Reynolds, Habitable zones around main sequence stars, *Icarus*, 101, 108, 1993

R.K. Kopparapu *et al.*, Habitable zones around main-sequence stars: new estimates, *Astrophysical Journal*, 765, 131, 2013

ド・デューブ著, 中村桂子監訳『進化の特異事象』, 一灯社, 2007

河原創著『系外惑星探査——地球外生命をめざして』，東京大学出版会，2018

J・バロウ著，松浦俊輔訳『宇宙に法則はあるのか』，青土社，2004

R・ペンローズ著，中村和幸訳『心は量子で語れるか』，講談社ブルーバックス，1999

F.C. Adams, G. Laughlin, *A dying universe*: *the long-term fate and evolution of astrophysical objects*, Reviews of Modern Physics. 69:, 1997

F. アダムズ，G. ラフリン著，竹内薫訳『宇宙のエンドゲーム』，ちくま学芸文庫，2008

L. スモーリン著，野本陽代訳『宇宙は自ら進化した——ダーウィンから量子宇宙論へ』，NHK 出版，2000

F.J. Dyson, *Time without end*: *Physics and biology in an open universe*, Reviews of Modern Physics, 51, 447, 1979

F.J. ダイソン著，鎮目恭夫訳『多様化世界』，みすず書房，2000

L.M. クラウス，R.J. シェラー「宇宙の歴史が消える日」，日経サイエンス，6 月号 22 頁，2008

L.M. クラウス G.D. スタークマン「知的生命体は永遠か」，日経サイエンス，4 月号 42 頁，2000

Eugene F. Mallove, Gregory L. Matloff, *The Starflight Handbook*: *A Pioneer's Guide to Interstellar Travel*, John Wiley & Sons, Inc., 1989

Breakthrough Starshot, `https://breakthroughinitiatives.org`（2024/3/5 閲覧）

Francis J. Hale, *Introduction to Space Flight*, Prentice-Hall, Inc., 1994

鈴木宏二郎，安倍賢一，亀田正治著『粘性流体力学』，丸善出版，2017

インターネット天文学辞典，日本天文学会編，https://astro-dic.jp/
天文・宇宙に関する 3000 以上の用語をわかりやすく解説．登録不要・無料．

須藤　　靖　高知工科大学・東京大学名誉教授（1.1 節）

関根　康人　東京工業大学地球生命研究所（3.5 節）

高井　　研　海洋開発研究機構（2.5 節）

高橋慶太郎　熊本大学大学院理学研究科（4.5 節）

高橋　淳一　神戸大学大学院海事科学研究科（2.7 節）

滝澤　謙二　アストロバイオロジーセンター（2.3 節）

竹田　洋一　元国立天文台（1.5 節）

田近　英一　東京大学大学院理学系研究科（3.1 節，3.4 節）

橘　　省吾　東京大学大学院理学系研究科（3.6 節）

田村　元秀　東京大学大学院理学系研究科（はじめに，4.1 節）

鳴沢　真也　兵庫県立大学自然・環境科学研究所（4.5 節）

野村　英子　国立天文台（1.2 節）

濱野　景子　東京工業大学地球生命研究所（3.2 節）

藤井　友香　総合研究大学院大学先端学術院（4.3 節）

堀　　安範　アストロバイオロジーセンター（4.2 節）

前田　公憲　埼玉大学大学院理工学研究科（2.4 節）

皆川　　純　基礎生物学研究所（2.3 節）

武藤　恭之　工学院大学教育推進機構（1.4 節）

百瀬　宗武　茨城大学理学部（1.4 節）

薮田ひかる　広島大学大学院先進理工系科学研究科（3.6 節）

山岸　明彦　東京薬科大学名誉教授（2.2 節，2.6 節）

アストロバイオロジー
シリーズ現代の天文学　第18巻

発行日　2024年9月15日　第1版第1刷発行

編　者　田村元秀・井田 茂・田近英一・山岸明彦

発行所　株式会社 日本評論社
　　　　170-8474 東京都豊島区南大塚 3-12-4
　　　　電話　03-3987-8621（販売）　03-3987-8599（編集）

印　刷　三美印刷株式会社

製　本　牧製本印刷株式会社

装　幀　妹尾浩也